기상 예측 교과서

기상 예측 교과서

위성사진과 일기도로 날씨를 예측하는
폭우 · 태풍 · 폭염 기후 변화 메커니즘 해설

후루카와 다케히코 · 오키 하야토 지음 | **신찬** 옮김

보누스

머리말

혼잡한 도심일지라도 하늘을 올려다보면 대자연이 펼쳐져 있습니다. 바로 '대기'이지요. 대기는 우리가 매일 관심을 가지고 탐구하는 대상이기도 합니다. 구름, 비, 바람 등 대기 현상을 기상이라고 합니다. '기상학'은 이런 기상에 얽힌 궁금증을 해소하는 학문입니다.

어린 시절 누구나 한 번쯤 '구름은 어떻게 생길까?' '어째서 하늘 위에 떠 있을 수 있을까?' 이런 의문을 품어봤을 겁니다. 물론 이제는 구름을 타고 하늘을 나는 공상이 현실적으로 불가능하다는 사실을 알고 있습니다. 그러나 구름 한 점의 질량이 수십 톤에 이른다는 사실을 아시나요? 어린 시절 품었던 의문이 모두 풀렸다고는 말할 수 없습니다.

이 책에서는 아무렇게 떠 있는 구름 한 점을 출발점으로 해서 기상학의 문을 여는 열쇠를 하나씩 확인해갈까 합니다. '왜 저기압과 고기압이 생길까?' '태풍이 오면 왜 바람이 강해질까?' '하늘에는 왜 제트기류가 생길까?'와 같은 의문에 명쾌한 답을 드리겠습니다.

기상학은 '일기예보' 기술의 기초입니다. 우리는 어디에 살든, 세계 어디를 여행하든 날씨로부터 자유로울 수 없습니다. 때로는 큰비나 강풍을 만나기도 하고 태풍으로 재산이나 생명을 잃기도 합니다. 일기예보는 아침에 외출할 때 우산을 챙길지 말지, 빨래를 할지 말지 등 일상생활에 도움을 줄 뿐만 아니라 다양한 경제 활동이나 사회 활동에도 긴요한 정보입니다. 농업은 물론이고 편의점 운영도 날씨의 영향을 받습니다. 날씨 변동에 따라 상품 진열이 달라지고, 야외 공사나 각종 행사도 날씨를 예측해서 계획하고 운영합니다.

일기예보 뉴스에서는 기상 캐스터가 구름 모양이나 일기도를 활용하여 "기압골이 접근하여 서쪽에서부터 날씨가 흐려지겠습니다." "대기가 불안정하여 낙뢰가 발생하기 쉽습니다."와 같은 말을 하며 날씨를 해설합니다. 이때 '기압골' '상공의 한기' 등 기상학 용어가 등장하는데, 인터넷을 검색해보면 지상 일기도나 고층 일기도, 기상 위성 사진, 기상 레이더 사진 등 고도로 발전한 기상 정보를 찾을 수 있습니다. 이렇게 기상학은 우리 주변에서 친근하게 활용되고 있으며, 그 정보 또한 자유롭게 찾아볼 수 있습니다.

시중에는 날씨 관련 교양서가 많이 출판되어 있습니다. 물론 기상청 공무원 수험서도 있지요. 날씨에 관심이 있는 사람이라면 누구나 자기가 원하는 책을 고를 수 있습니다. 그런데《기상 예측 교과서》는 기존 책과는 성격이 조금 다릅니다.

먼저, 원리와 구조를 철저히 밝히는 쪽으로 구성했습니다. 날씨 관련 책을 읽은 많은 사람들이 "잘 모르겠다." "상세하고 쉬운 설명이 필요하다."라고 말합니다. 이 점을 고려해서 누구나 날씨의 구조와 원리를 익힐 수 있는 책이 되도록 내용과 구성을 신중하게 다듬었습니다. 날씨의 기본 메커니즘을 차례대로 익힐 수 있도록 배려한 것입니다.

다음으로 일반인 누구나 이해할 수 있는 글을 쓰려고 노력했습니다. 구조와 원리를 철저하게 밝힌다는 목적에 부합하면서도 쉽게 이해할 수 있는 글을 쓰려다 보니, 그림과 사진 자료를 많이 담았습니다. 기상학이 생소한 사람들도 다양한 그래프와 지상 일기도, 고층 일기도, 적외선 사진, 수증기 사진 같은 풍부한 기상 관측 자료를 활용하면 보다 쉽게 기상학에 접근할 수 있는 길이 열립니다.

이 책으로 익힌 기상학 지식은 주변의 기상 현상이나 미디어가 전하는 기상 정보를 보다 깊이 이해할 수 있게 도와줄 것입니다. 집필은 기상학 전문가인 후루카와 다케히코와 과학 전문 작가인 오키 하야토가 각자의 장점을 살려 진행했습니다. 출간을 준비하는 동안 많은 분들이 중요한 조언과 격려를 해 주셨습니다. 모두에게 감사의 말씀을 전하고 싶습니다.

후루카와 다케히코 · 오키 하야토

차 례

제 5 장 저기압, 고기압 그리고 전선의 구조

제 6 장 태풍의 구조

제 7 장 일기예보의 구조

일러두기

1. 한국 독자의 이해를 돕기 위해 본문의 일부 표현과 일기 기호 등을 수정하고 덧붙였습니다. 예를 들어 강우량을 도쿄돔 몇 개분이라고 표현한 곳을 장충체육관 부피로 환산해 수정했고, 비의 세기를 나타내는 지표를 한국 기상청 자료로 대체했습니다.
2. 본문에 등장하는 '동해'는 특별한 언급이 없다면 일본의 동쪽 바다가 아닌 한국의 동해를 지칭합니다.

제 1 장

구름의 구조

구름이 공중에 떠 있을 수 있는 이유

구름이 지상으로 떨어지지 않는 이유는?

우리는 쾌청한 하늘에 둥실 떠 있는 구름을 친밀하게 '뭉게구름'이라고 부릅니다. 정식 명칭은 **적운**(積雲)이며 아래에서 위로 쌓이며 발달하기 때문에 붙여진 이름입니다. 여름철에는 적운이 크게 발달하는 모습을 자주 볼 수 있습니다. '소나기구름'이라고도 하며 정식 명칭은 **웅대적운**(雄大積雲)입니다. 웅대적운이 더욱더 발달하면 천둥을 동반한 비를 내리는 구름인 **적란운**(積亂雲)이 됩니다. **그림 1-1**

모든 구름은 작은 물방울이나 얼음 입자의 집합체입니다. 앞으로 이들을 '구름 입자'라고 부르겠습니다. 적운은 언뜻 가벼워 보이지만 실은 그렇지 않습니다. 보통 구름 한 점을 구성하는 구름 입자의 총량은 수십 톤이나 됩니다. 이렇게 큰 질량을 가진 구름이 왜 지상으로 떨어지지 않을까요?

그림 1-1 **발달 정도에 따라 구름의 명칭이 다르다**

그림 1-2 **적운의 무게**

구름 입자는 계속해서 낙하한다

구름 입자 하나의 크기는 대개 반경 0.01mm입니다. 작지만 질량이 있기 때문에 지구 중력이 작용합니다. 따라서 구름 입자도 낙하합니다.

17세기 과학자 뉴턴(Isaac Newton, 1642년~1727년)은 낙하하는 물체의 속도가 1초당 9.8m씩 증가한다는 사실을 밝혔습니다. 즉 낙하 시작부터 1초 후 속도는 초속 9.8m, 2초 후 속도는 초속 19.6m, 3초 후 속도는 초속 29.4m가 되는 것입니다. 이는 물체의 중량이 무겁든지 가볍든지 상관없이 똑같습니다. 뉴턴이 태어나기 직전에 세상을 떠난 갈릴레오(Galileo Galilei, 1564년~1642년)도 이런 사실을 알고 피사의 사탑에서 철과 나무로 만든 공을 동시에 떨어트리는 실험을 했다는 이야기는 많이 알려져 있습니다.

다만 이런 가속도는 공기 저항을 무시했을 때나 가능한 일입니다. 일상생활에서 공기 저항을 무시할 수는 없으며, 되레 물체가 운동하는 속도에 비례하

그림 1-3 **공기 저항과 중력이 균형을 이루면 속도는 일정해진다**

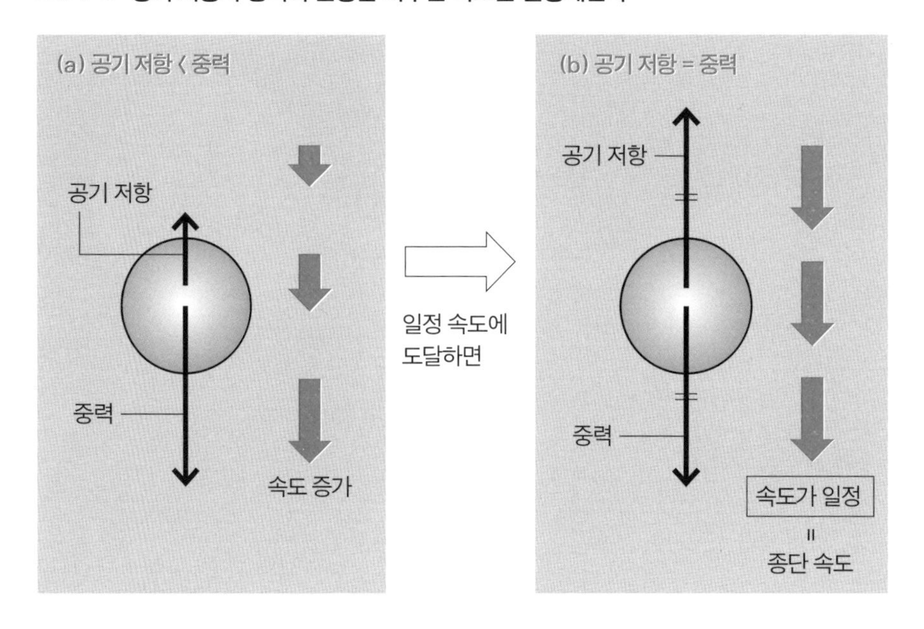

여 공기 저항이 커지는 성질이 있습니다. 그리고 특정 속도에 도달한 물체는 속도가 일정해지는데, 이는 물체에 작용하는 중력과 공기 저항이 균형을 이루었기 때문입니다. **그림 1-3**

여기서 '속도가 일정'해지는 사례로 구름 입자보다 큰 반경 1mm인 '비 입자'의 낙하 속도를 생각해봅시다. 공기 저항이 없다면 상공 1,000m에서 낙하하는 비 입자의 속도는 초속 140m나 됩니다. 이는 공기총에서 발사한 탄환 속도와 맞먹습니다. 그러나 실제 비 입자는 초속 6~7m에 도달하면 공기 저항과 중력 크기가 동일해져 더는 속도가 증가하지 않습니다. 이렇게 일정해진 속도를 '종단 속도'(終端速度)라고 합니다.

공기 저항을 결정하는 요인은 낙하 속도뿐만이 아닙니다. 공기 저항은 물체의 표면에서도 발생하므로 표면적이 크면 클수록 커집니다. 둥글게 똘똘 뭉친 티슈보다 넓게 펼친 티슈가 받는 공기 저항이 더 크다는 사실을 떠올리면, 무

그림 1-4 **잘게 나누면 표면적이 늘어나 공기 저항이 커진다**

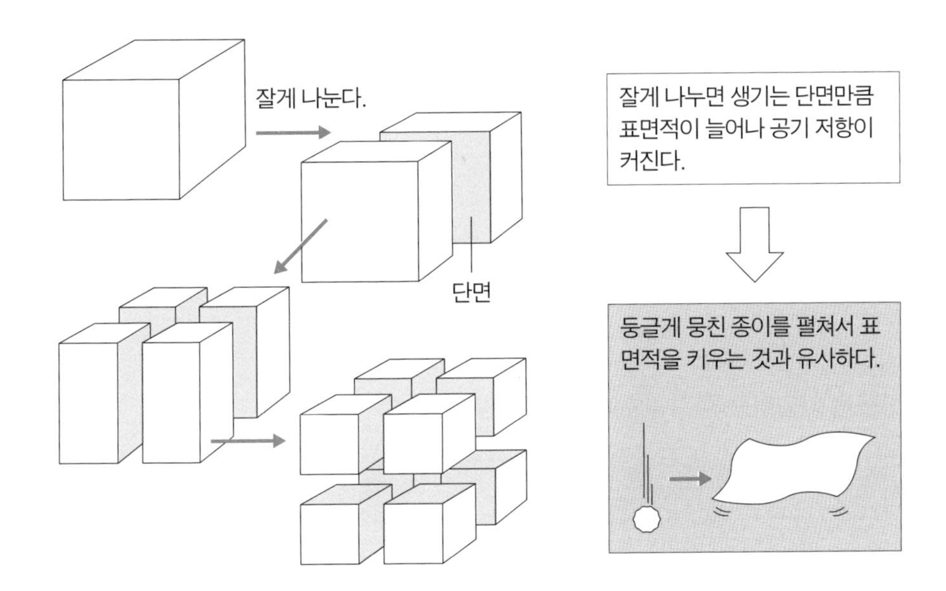

은 의미인지 알기 쉬울 것입니다. 그러나 둥글게 뭉쳤다고 해서 '물체 크기가 작을수록 저항이 작다'고 생각하면 잘못입니다. 문제는 전체 표면적입니다.

이해를 돕기 위해 비 입자를 입방체로 가정하고 절반으로 잘라보았습니다. **그림 1-4** 단면적이 새로 생기기 때문에 표면적이 늘어납니다. 잘게 자를수록 새로운 단면이 생겨서 표면적은 더 늘어납니다. 입자를 나누는 것은 둥글게 뭉친 종이를 펴서 표면적을 키우는 것과 동일합니다. 입자를 잘게 나눌수록 공기 저항은 커집니다.

다음으로 비 입자보다 훨씬 작은 **구름 입자의 낙하 속도**를 살펴봅시다. 표 1-1은 다양한 반경을 가진 물방울의 종단 속도입니다. 반경 1mm 빗방울의 종단 속도는 초속 6.5m이지만 반경 0.01mm인 구름 입자는 초속 0.01m입니다. 반경이 100분의 1일 때 종단 속도는 650분의 1로 급격하게 감소합니다.

즉 구름 입자도 낙하하지만 종단 속도가 겨우 초속 1cm이기 때문에 1m 낙하하는 데 1분 이상이 걸립니다. 낙하하더라도 멀리서 보면 쉽게 알아차릴 수 없는 것입니다. 정리하면 수십 톤이나 되는 구름이 떨어지지 않는 이유 중 하나는 미세한 구름 입자의 표면적이 너무 커서 낙하를 알아차릴 수 없을 정도로 종단 속도가 느려지기 때문입니다.

어쨌든 구름은 느리긴 해도 수 시간에 걸쳐 100m나 200m를 낙하하는 셈입니다. 사실 적운 전체가 낙하하는 것도 아닙니다. 그럼 구름이 공중에서 떨어지지 않는 또 다른 이유를 설명하겠습니다.

적운은 상승하는 공기 속에서 만들어진다

적운은 대부분 지상 부근에서 거품처럼 피어오르는 공기 덩어리에서 발생합니다. 그림 1-5처럼 지표면의 한 부분이 강한 태양 광선에 노출되면, 그 부분에 있던 공기 덩어리의 온도가 주위 공기보다 올라가면서 가벼워진 공기가 상승합니다. 이렇게 거품처럼 떠오른 공기를 서멀(thermal)이라고 합니다. 서멀은 눈에 보이지 않지만 대기 중에서 빈번히 발생합니다. 서멀이 발생하고

표 1-1 **물방울의 반경과 낙하 속도(종단 속도)**

반경	종단 속도	종류
0.0001mm	0.0000001m/s	응결핵*
0.010mm	0.01m/s	전형적인 구름 입자
0.050mm	0.27m/s	큰 구름 입자
0.100mm	0.70m/s	안개비 입자
0.500mm	4.0m/s	작은 비 입자
1.000mm	6.5m/s	전형적인 비 입자
2.500mm	9.0m/s	큰 비 입자

* 30쪽에서 설명
《최신 기상 백과》의 자료를 수정

그림 1-5 **서멀의 상승**

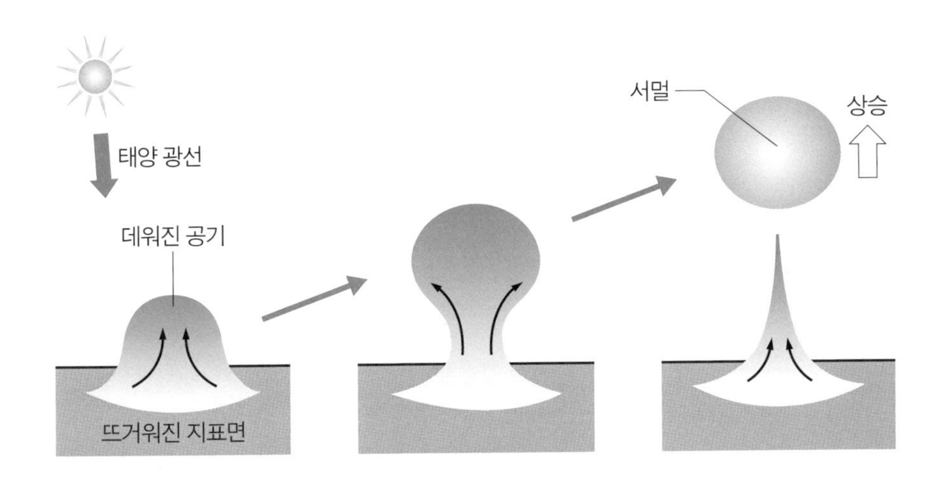

어떤 필요조건을 갖추면 구름 입자가 생겨서 적운으로 발달합니다.

이런 공기의 흐름을 상승 기류라고 합니다. 작은 구름 입자 하나하나가 상승 기류를 타기 때문에 구름 전체가 떠 있는 것입니다. 초속 1cm 정도의 상승 기류만 있어도 구름 입자를 지탱할 수 있습니다. 이렇듯 상승 기류는 구름이 지상으로 떨어지지 않는 이유입니다.

데워진 공기를 상승시키는 힘

대기압으로 발생하는 부력

여기서는 데워진 공기가 상승하는 이유를 살펴보겠습니다. 겨울철 방에 난로를 켜두면 바닥은 차가운데 천정 쪽은 따뜻할 때가 있습니다. 데워진 공기가 위로 올라가는 현상은 이를 통해 알 수 있습니다. 이처럼 주변보다 온도가 높은 공기가 위로 향하는 이유는 부력이 작용하기 때문이며 부력의 원인은 대기압입니다.

부력의 작용을 이해하기 위해 지구 대기의 구조를 살펴봅시다. 지구를 둘러싼 대기는 상공으로 갈수록 옅어집니다. 예를 들어 히말라야 산맥이 있는 고도 5km 부근 공기의 양은 지상(고도 0m)의 약 60%이며 50km에서는 겨우 0.1% 수준입니다. 더 올라가 국제우주정거장이 있는 고도 400km에 이르면 공기는 지상의 약 4,000억 분의 1밖에 없습니다. 여기서는 공기 분자가 극히 드물기 때문에 우주 정거장을 운행할 수 있는 것입니다. 그렇지만 적어도 이곳의 공기 분자에는 지구 중력이 작용하기 때문에 우주로 방출되지는 않습니다. 다만 고도 500km 이상의 공기는 우주로 날아가버립니다. 이 부근이 대기권의 상한선입니다.

대기의 90%는 지상에서 고도 16km 부근에 집중되어 있습니다. 반경 6,400km인 지구를 사과라고 생각하면 대기는 사과 껍질보다 얇습니다. 그렇지만 지구를 둘러싼 대기 전체의 무게는 약 5천조 톤이나 됩니다.

대기를 지상에서 꼭대기까지 바닥 면적이 1cm^{2}인 '공기 기둥'으로 잘라냈다고 가정하면 그 공기의 무게는 약 1kg입니다. 이 무게가 공기 기둥의 바닥 면으로 집중되면서 **대기압**(기압)이 발생합니다. **그림 1-6** 표고 0m인 해수면과 표고 3,776m인 산 정상은 공기 기둥의 길이가 다르기 때문에 기압도 다릅니다. 즉 표고가 높을수록 기압은 낮아집니다. 이처럼 공기 기둥 개념으로 대기압을 이해하면 알기 쉽기 때문에 이 책에서는 자주 등장할 예정이니 기억해 둡시다.

기상학에서 압력 단위는 헥토파스칼(hPa)입니다. 표고 0m인 지표면, 즉 해수면 높이의 평균 기압은 약 1,000hPa로 **1기압**이라고 합니다. 1기압의 정확한 수치는 1,013.25hPa인데 이를 '표준 기압'이라고도 합니다.

그림 1-6 **대기압은 공기 기둥의 무게로 발생한다**

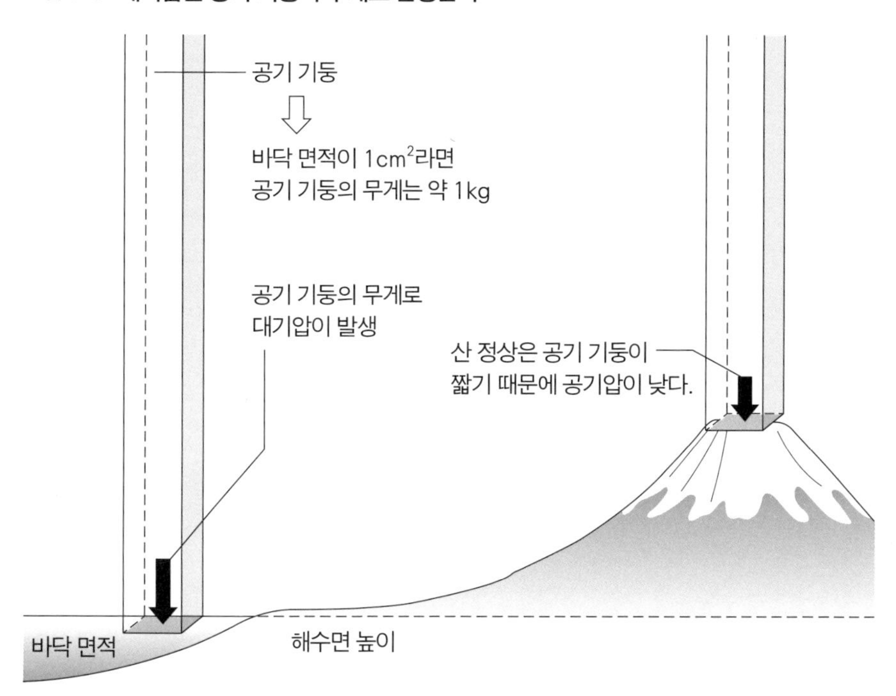

그림 1-7은 연직(鉛直. 중력 방향) 방향으로 본 대기의 기압 분포입니다. 고도가 높아질수록 기압이 떨어지는 사실을 확인할 수 있습니다. 다만 고도가 올라갈수록 기압이 떨어지는 정도가 커집니다. 이는 대기가 중력에 의해 압축되어 하층일수록 공기 밀도가 커지기 때문입니다.

이와 같은 기압 분포를 고려하면서 그림 1-8을 살펴봅시다. 그림은 대기 중에 작용하는 부력을 나타낸 것입니다. 그림에서 표현한 사각형은 공기 덩어리를 의미합니다. 대기압은 위에서뿐만 아니라 옆과 아래에서도 작용합니다. 그 이유는 뒤에서 다시 설명하겠지만 여기서는 공기가 유동적이기 때문에 옆이나 아래에서도 작용한다고 생각합시다. 이때 윗면보다는 아랫면에 작용하는 기압이 크기 때문에 전체적으로 봤을 때 상승하는 힘이 발생합니다. 기상

그림 1-7 **연직 방향으로 본 대기의 기압 분포**

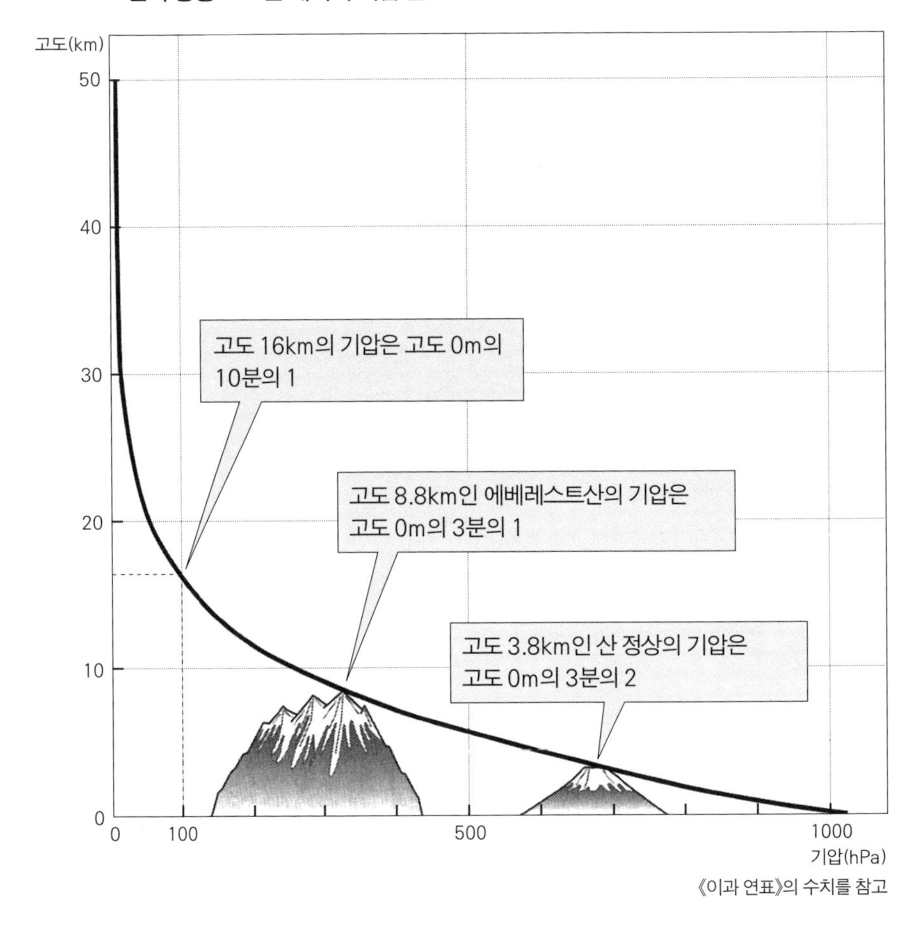

《이과 연표》의 수치를 참고

학에서는 이렇게 기압차로 발생하는 힘을 **기압 경도력**이라고 합니다.

공기 덩어리에 작용하는 힘에는 기압 경도력뿐만 아니라 질량을 가진 공기가 하강하는 데 작용하는 힘인 중력도 있습니다. 기압 경도력과 중력의 크기가 동일하면 상하 방향의 힘이 균형을 이룹니다. 이러한 균형 상태를 **정역학 평형**이라고 하며 정역학 방정식은 대기 운동을 계산할 때 중요하게 쓰입니다.

정역학 평형은 공기 덩어리의 밀도가 주위의 대기와 동일한 상태를 말합니다. 이 상태에서 공기 덩어리는 멈춰 있습니다. 그런데 공기를 데우면 밀도가

그림 1-8 **대기 중의 공기 덩어리가 받는 기압 경도력과 중력**

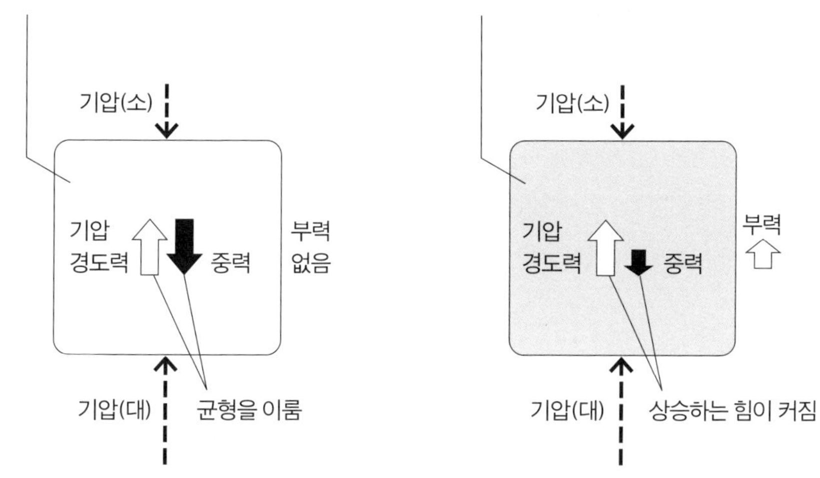

작아집니다. 즉 부피가 같더라도 더 가볍다는 의미입니다. 그래서 중력보다 기압 경도력이 커지면 연직 상향으로 운동합니다. 공기보다 밀도가 작은 헬륨을 넣은 풍선이 떠오르는 이유도 이와 같은 이치입니다. 이렇게 부력은 기압 경도력과 중력의 차이로 발생합니다.

기압 경도력은 연직 상향뿐만 아니라 수평 방향으로도 작용합니다. 이는 수평 방향으로 움직이는 공기, 즉 바람과 관련이 크기 때문에 제4장 '바람의 구조'에서 자세히 살펴보겠습니다.

분자의 충돌로 기압이 발생한다

대기압은 공기 기둥의 무게로 발생한다고 앞서 설명했습니다. 하지만 무게는 위에서 아래로만 작용할 뿐입니다. 아래에서 위로 작용하는 기압은 없을까요? 이를 설명하기 위해 조금 다른 관점에서 대기압을 생각해봅시다. 바로 떠돌아다니는 **기체 분자**가 서로 충돌하면서 기압이 생긴다는 관점입니다.

기체 분자는 고체나 액체와 달리 모두 제각기 떨어져 돌아다닙니다. 이런 분자는 서로 충돌하고 튕기는 등 혼란스럽게 움직이며 간격을 유지합니다. 또 지면이나 물체에도 반복해서 충돌합니다. 기체 압력(기압)은 기체 분자의 반복된 충돌로 충격이 쌓이면서 발생합니다.

이렇게 대기 중의 물체에 작용하는 힘은 옆 또는 아래에서도 작용한다는 것을 알 수 있습니다. 손바닥을 위로 하고 앞으로 내밀어보면 위에서뿐만 아니라 아래에서도 기체 분자가 충돌하기 때문에 공기 무게를 느낄 수 없는 것입니다.

분자가 만드는 기압의 크기는 그림 1-9처럼 공기가 주입된 상자로 설명할 수 있습니다. 상자 속 기체 분자의 수가 많을수록 상자 벽에 충돌하는 시간당 분자 수가 많기 때문에 기압은 커집니다. 즉 기압 크기는 일정 부피당 기체 분자 수(기체 밀도)가 좌우합니다. 대기는 고도가 낮을수록 밀도가 커지는데 밀도가 커지면 기압도 함께 커집니다.

기체 분자 운동과 온도는 밀접한 관계가 있습니다. 기체 온도가 높을수록 분자는 격하게 운동하고 빠른 속도로 돌아다닙니다. 기체 분자의 속도가 빠

그림 1-9 **기체 분자 수와 기압의 관계**

(a) 분자가 적다(밀도가 낮다)

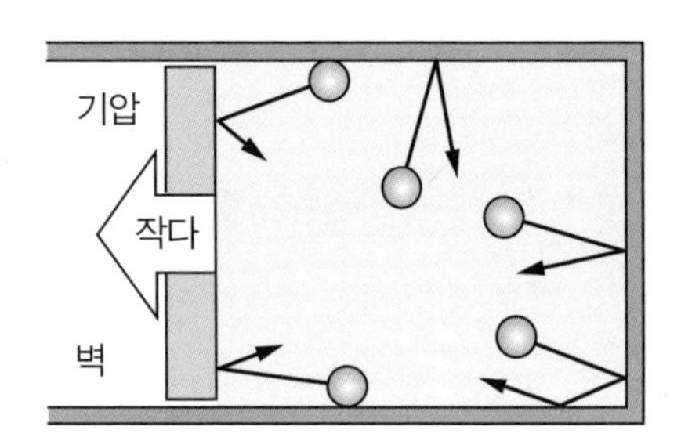

벽에 충돌하는 분자가 적다.

(b) 분자가 많다(밀도가 높다)

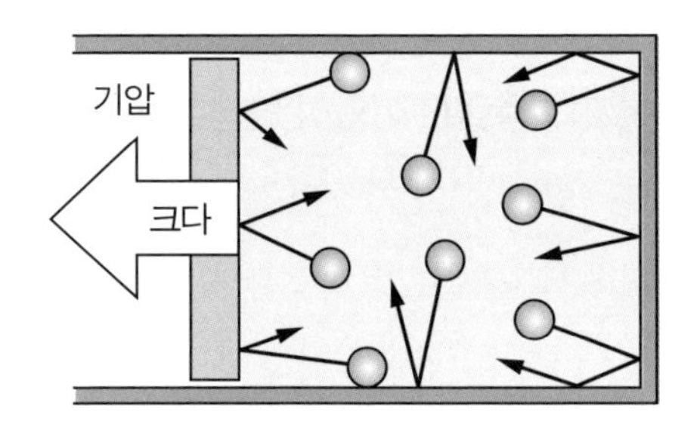

벽에 충돌하는 분자가 많다.

그림 1-10 **기체 분자의 온도와 압력의 관계**

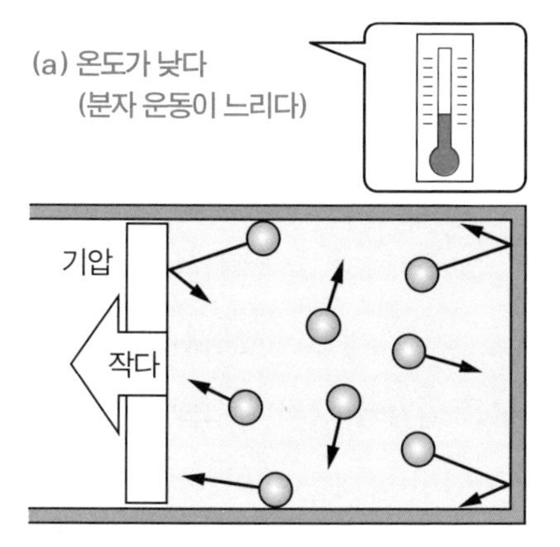

벽에 충돌하는 충격이 작고 충돌 횟수가 적다.

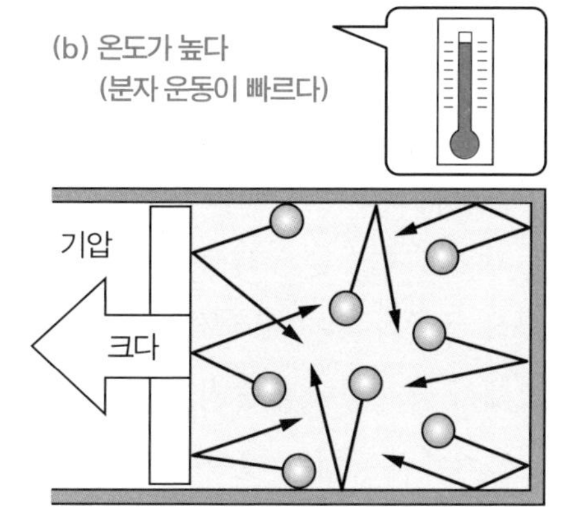

벽에 충돌하는 충격이 크고 충돌 횟수가 많다.

르면 충돌 시 충격이 커지고 충돌 횟수도 많아지기 때문에 기체 온도가 높을수록 기압이 커집니다. **그림 1-10**

기상학에는 기압이나 부피, 기온 간의 비례 및 반비례 관계가 빈번하게 나오기 때문에 지금 설명하는 관계를 확실히 기억해둡시다. 이들 관계는 고등학교 물리 과목에서 배우는 **이상 기체 상태 방정식**으로 정리할 수 있습니다. 기압은 P, 부피는 V, 분자 수(정확히는 몰mole 수)는 n, 온도는 T, 그래서 $PV=nRT$로 표시합니다. R은 기체 정수(定數)라는 일정한 수치입니다. 온도 T와 부피 V가 일정하다는 가정하에 이 수식을 살펴보면 분자 수 n이 많을수록 기압 P가 커짐을 알 수 있습니다. 분자 수 n과 온도 T가 일정하면 부피 V가 작을수록 기압 P는 커집니다. 이러한 이상 기체 상태 방정식도 기상학의 기본으로 활용되는 물리 법칙입니다.

수증기를 머금은 공기는 무겁지 않다

수증기도 공기를 구성하는 분자 중 하나다

앞서 적운은 상승하는 공기 거품(서멀)에서 발달한다고 설명했습니다. 구름 입자는 공기 중의 수증기가 작은 물방울(또는 얼음 입자)로 변해서 생깁니다. 그래서 공기 중에 수증기가 많고 습할수록 구름 입자가 생기기 쉽습니다.

공기가 수증기를 많이 머금고 있다는 것은 어떤 상태를 의미할까요? 눈으로 확인할 도리가 없으니 물을 머금고 있는 스펀지를 떠올려보면 쉽게 이해할 수 있습니다. 물기를 머금은 스펀지는 외관 변화가 없으나 손으로 짜면 물이 나옵니다. 물론 스펀지로 공기 중 수증기를 설명하는 데는 주의해야 합니다. 만약 수증기를 머금은 공기가 물을 머금은 스펀지와 같은 성질이라면 습기가 많은 공기는 마른 공기보다 무거울 것입니다. 그런데 사실은 그 반대입니다.

이 궁금증을 해결할 수 있는 열쇠는 고등학교 물리나 화학 과목에서 배우는 **아보가드로의 법칙**에 있습니다. 즉 일정 온도, 일정 기온, 일정 부피의 기체에 포함된 분자 수는 기체 종류에 상관없이 동일하다는 것입니다. 기체가 1기압에서 0℃일 때 기체 22.4L에 포함된 기체 분자 수는 약 6×10^{23}개입니다.

수증기 분자도 질소나 산소 분자와 마찬가지로 공기를 구성하는 분자 중 하나입니다. 그런데 교과서에서는 공기 조성이 '질소 약 78%, 산소 약 21%'라고 설명합니다. 왜 그럴까요? 여기에는 공기가 건조하다는 전제가 빠져 있습니다. 공기가 수증기를 머금으면 수증기 분자가 유입된 만큼 질소 분자나 산소 분자는 제외됩니다. 왜냐하면 지상의 기압은 약 1기압으로 정해져 있어 아보가드로의 법칙에 따라 일정한 부피의 공기 속에 포함된 분자 수는 변하지 않기 때문입니다. 이때 제외된 질소와 산소의 분자량(분자의 질량을 나타내는 양)

을 살펴보면 각각 28과 32인 데 비해 수증기 분자량은 18입니다. 즉 수증기를 머금은 공기는 무겁기는커녕 더 가벼워집니다.

실제 공기는 표 1-2에서 보듯 0~4%의 수증기를 포함하지만 장소나 시간에 따라 변화 폭이 크기 때문에 공기 조성을 말할 때 아예 수증기를 빼는 것이 일반적입니다. 그러나 어느 정도 습한 공기에서 수증기는 질소, 산소 다음으로 부피비가 큰 기체입니다.

공기 중 최대 수증기량은 얼마나 될까?

매 순간 변하는 공기 중 수증기량은 어떻게 표시할까요? 먼저 '수증기 압력'을 알아야 합니다. '양'을 나타내는 데 '압력'을 사용한다니 어색할지 모르겠지만 기체의 압력은 양을 나타내는 좋은 척도입니다. 이미 설명했듯이 분자 수가 많을수록 압력이 커지기 때문입니다.

1기압(약 1,013hPa)의 건조한 공기 속에 분포하는 분자 비율은 질소 78%, 산소 21%입니다. 이 비율은 숫자 그대로 각각의 기체가 가지는 압력이 어느 정

표 1-2 **공기 조성**

영구가스(건조한 공기)			가변 가스		
기체 이름	화학식	부피비(%)	기체 이름	화학식	부피비(%)
질소	N_2	78.08	수증기	H_2O	0~4
산소	O_2	20.95	이산화탄소	CO_2	0.038
아르곤	Ar	0.93	메탄	CH_4	0.00017
네온	Ne	0.0018	아산화질소	N_2O	0.00003
헬륨	He	0.0005	오존	O_3	0.000004
수소	H_2	0.00006	에어로졸*		0.000001
제논	Xe	0.000009			

《최신 기상 백과》의 자료를 일부 수정

*에어로졸(aerosol)은 분자보다 큰 미세한 고체나 액체 입자

도인지를 나타냅니다. 즉 1기압의 공기는 질소 0.78기압(790hPa), 산소 0.21기압(213hPa)으로 구성됩니다. 혼합 기체의 기압을 개별 기체별로 구분해서 표시한 것을 **분압**이라고 합니다. 따라서 분압이 실제로 각각의 기체에 포함된 분자 수를 표시한다고 생각할 수 있습니다. 각 기체의 분압을 합한 것은 전체 기압과 맞아떨어지는데 이를 **돌턴의 분압 법칙**이라고 합니다.

그럼 수증기를 머금은 공기를 생각해봅시다. 수증기 분압을 **수증기압**이라고 합니다. 수증기를 4% 함유한 공기는 수증기압이 0.04기압(41hPa)입니다. 앞으로 '수증기압'은 '공기 중에 포함된 수증기량'과 같은 의미로 사용하겠습니다.

자연 상태의 대기가 아니라면 상당히 많은 수증기를 포함한 경우도 있습니다. 예를 들어 물이 끓어오르는 100℃ 주전자 내부의 공간은 수증기로 가득 차 있기 때문에 수증기압이 1기압입니다. 물론 일반적인 대기 온도로는 수증기압이 1기압까지 될 수 없습니다. 만약 공기 중 수증기압이 1기압이라면 숨을 쉴 수가 없습니다. 따라서 대기 중 수증기압은 온도에 따른 최댓값이 존재합니다. 이 최댓값은 구름 발생의 원인과 밀접한 관계가 있는데 그림을 통해 살펴봅시다.

그림 1-11은 액체 상태의 물을 구성하는 물 분자와 공기 중을 떠다니는 기체 상태의 물 분자가 수면을 경계로 나누어진 상태를 나타냅니다. 액체 상태의 물 분자는 분자끼리 서로 끌어당기는 힘으로 밀착되어 있지만 조금씩 움직입니다.

물 분자 중에 일부는 주변의 물 분자에 의해 밀려나 운동이 격해지면서 수면에서 공중으로 튀어나가기도 합니다. 이 현상이 바로 물의 **증발**입니다. 반대로 공중을 떠다니던 수증기 분자가 수면으로 뛰어 들어와 액체 상태의 물로 진입하기도 합니다. 이는 수증기가 액체 상태의 물로 바뀌는 현상으로 **응결**이라고 합니다.

그림 1-11 **수면에서 튀어나가는 분자와 뛰어 들어오는 분자**

(a) 증발이 진행되는 상태

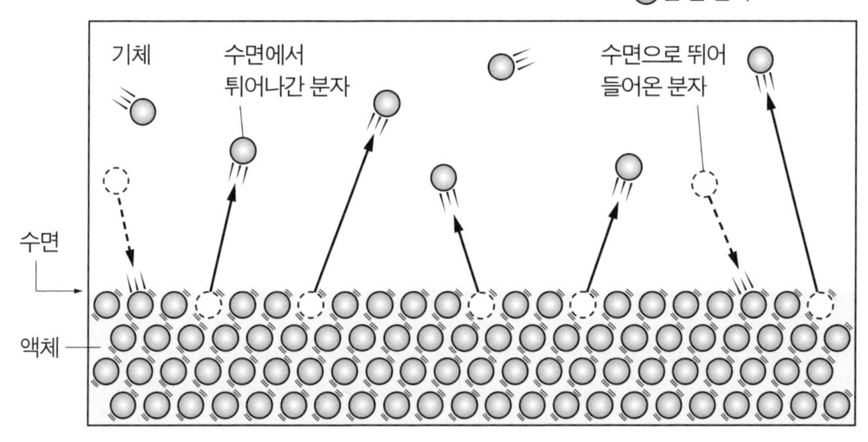

(b) 포화 상태

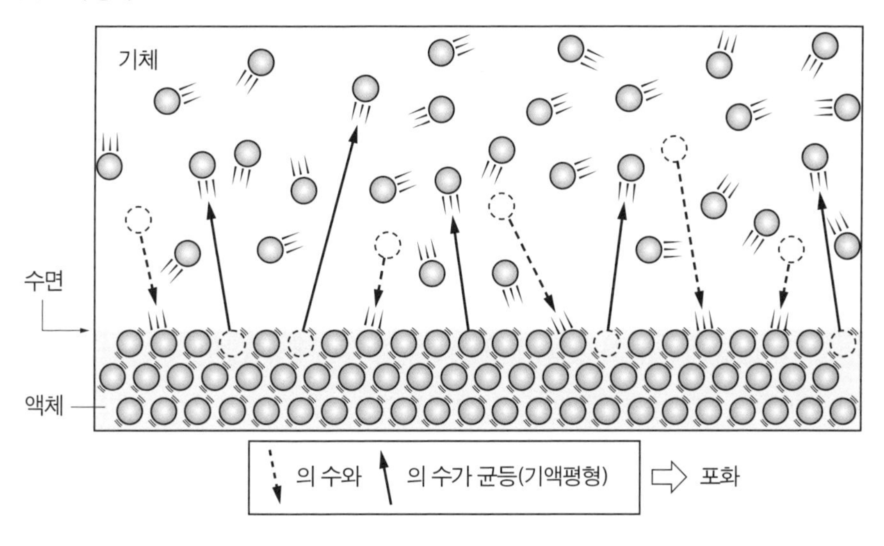

그림 (a)처럼 수면에서 튀어나간 물 분자 수가 수면으로 뛰어 들어온 물 분자 수보다 많아지면 전반적으로 증발이 진행되어 공기 중 수증기압이 커집니다. 반면 공기 중의 물 분자 수가 많아지면 공기 중에서 수면으로 뛰어 들어오

는 물 분자 수가 늘어납니다. 그림 (b)처럼 튀어나가는 물 분자 수와 뛰어 들어오는 물 분자 수가 균등한 상태를 **기액평형**(氣液平衡)이라고 합니다.

여기서 평형이란 상반된 방향의 변화가 현저한 속도로 진행되어 외관상 변화가 없는 상태를 의미합니다. 이런 평형 상태가 되면 수증기량은 변하지 않습니다. 이를 수증기가 **포화**되었다고 합니다. 포화 상태의 수증기압을 **포화 수증기압**이라고 합니다.

액체 상태의 물은 수면에 가해지는 일정한 압력 없이는 존재할 수 없습니다. 압력이 0에 가까워지면 모두 증발해서 기체가 됩니다. 지구에 액체 상태의 물이 존재할 수 있는 것은 중력으로 대기압이 발생하기 때문입니다.

온도에 따른 습기의 변화

포화는 기체 상태의 물 분자 수와 액체 상태의 물 분자 수가 서로 균형을 이뤘다는 의미이며, 공기 외의 성분과는 아무런 관계가 없습니다. 즉 우리는 편의상 공기가 수증기를 머금고 있다고 표현하지만 실제로는 공기가 수증기를 머금는 것이 아닙니다. 수증기는 스스로 자신의 상태를 결정해서 액체 상태 또는 기체 상태로 공기 중에 존재하는 것입니다. 그리고 존재 가능한 수증기량은 물과 수증기의 온도로만 정해집니다.

온도가 올라가면 분자 운동이 활발해지고, 수면에서 튀어나가는 분자 수가 증가합니다. 이로 인해 증발이 진행되어 수증기압도 커집니다. 특정 상태에 이르면 다시 포화 상태에 도달합니다. 즉 포화 수증기압은 온도가 높을수록 커지고 온도가 낮을수록 작아집니다. 이는 그림 1-12의 그래프를 살펴보면 알 수 있습니다.

이 그래프에는 100℃까지 표시되어 있지 않지만 100℃에서 포화 수증기압은 1기압입니다. 물의 **비등점**이 100℃인 이유는 포화 수증기압이 1기압이기 때문입니다. 물이 끓으면 물속에서 수증기 거품이 발생하는데, 이 거품은 거

그림 1-12 **포화 수증기압과 온도의 관계(0℃ 이상인 경우)**

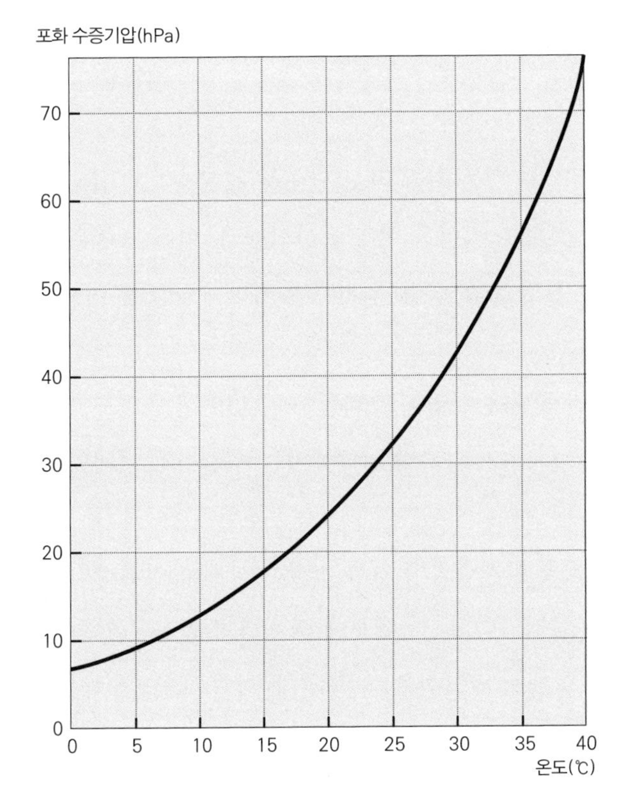

온도 (℃)	포화 수증기압 (hPa)
40	73.8
38	66.3
36	59.4
34	53.2
32	47.6
30	42.4
28	37.8
26	33.6
24	29.8
22	26.4
20	23.4
18	20.6
16	18.2
14	16.0
12	14.0
10	12.3
8	10.7
6	9.35
4	8.14
2	7.06
0	6.11

수치는 Tetens의 공식을 따름

품 내부의 수증기압이 1기압 이상이어야 생깁니다. 1기압의 대기압이 수면에 작용하기 때문에 수증기압도 그 이상이 아니면 수증기 거품은 생기지 않습니다. 그래프를 보면 기압이 73.8hPa인 경우, 물은 겨우 40℃에서 끓어오릅니다. 참고로 표고가 높고 기압이 낮은 산 속에서 밥이 설익는 이유는 물의 끓는점이 낮기 때문입니다.

수증기는 어떻게 구름 입자로 변하나?

과포화 상태

수증기 포화를 '공기가 머금을 수 있는 한계'라고 단순히 표현하기도 합니다. 마치 스펀지가 물을 머금고 있다는 식의 표현과 유사합니다. 이런 표현은 알기 쉽지만 현상의 한쪽 면만 설명할 뿐, 구름 입자가 발생하는 구조를 이해하는 데 오히려 방해가 됩니다.

왜냐하면 실제 대기는 공기 중 수증기압이 포화를 조금 넘어서는 일도 있기 때문입니다. 이를 **과포화**라고 합니다. 과포화 상태에서는 수증기가 액체인 물방울로 바뀌기 쉽습니다.

수증기 포화를 스펀지가 물을 한계점까지 가득 머금은 상태로 이해하면 아직 과포화가 발생하지 않은 상태입니다. 이 때문에 과포화가 뭔가 신기한 현상처럼 보이는데 과연 어떤 상태를 말할까요? 이해를 돕기 위해 수면에서 튀어나가는 분자와 공중에서 뛰어 들어오는 분자를 나타낸 그림으로 생각해봅시다. 그림 1-13 그러면 과포화가 신기한 일이 아님을 알 수 있습니다.

과포화란 '공기 중에 수증기 분자 수가 많아서 수면으로 뛰어 들어오는 분자 수가 수면에서 공중으로 튀어나가는 분자 수보다 많다.' 단지 이런 의미일 뿐입니다. 이 상태로 내버려두면 포화 상태일 때보다 공기 중의 수증기가 많기 때문에 수면으로 응결이 진행되어 포화에 이르면서 다시 안정을 찾습니다. 즉 과포화는 곧바로 해소되고 포화 상태로 되돌아갑니다.

이 그림에는 '수면'이 존재하는데 만약 수면이 없다면 어떨까요? 아무리 공기 중에 수증기 분자가 많더라도 수면이 없다면 수증기 분자는 액체 상태의 물이 되지 못하고 제각기 떠다닐 수밖에 없습니다.

떠다니는 수증기 분자끼리 서로 접촉하여 합체하는 경우도 있지만 구름 입

그림 1-13 **과포화는 신기한 현상이 아니다**

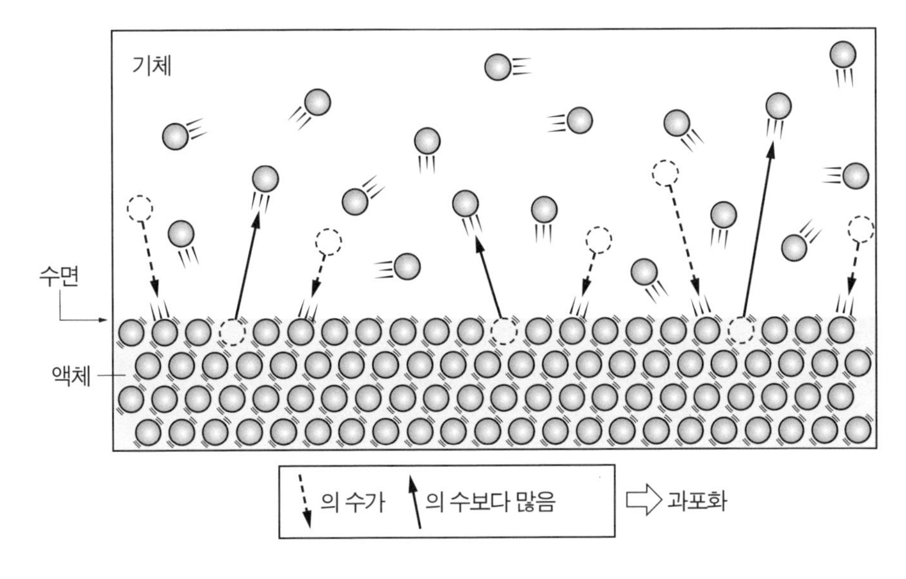

자(물방울)가 되려면 10^{14}개 정도 모여야 합니다. 결국 이는 극히 드문 일입니다.

예를 들어 수증기압이 극단적으로 포화 수증기압의 수배에 이른다고 가정하면, 수증기 분자끼리 합체하여 구름 입자를 만들 수도 있습니다. 하지만 실제 대기 중에서는 포화 수증기압이 1%가 되기 전에 많은 구름 입자가 발생합니다. 이처럼 과포화 상태의 수증기는 구름을 만드는 데 중요한 역할을 하지만, 이 외에 없어서는 안 될 또 다른 요인이 있습니다.

공기가 깨끗하면 구름 입자가 만들어지지 않는다

앞의 표 1-2를 보면 공기에 포함된 기체 이외의 성분 중 에어로졸이 있습니다. 에어로졸의 정체는 흙먼지(암석의 작은 입자)나 화산재, 공장이나 산불로 인한 연기 속 검댕, 파도가 만들어내는 물보라가 증발하고 남은 소금 입자, 어떤 기체가 대기 중에서 화학 변화를 겪어 만들어진 고체나 액체의 입자 등입니다.

이런 작은 입자는 낙하 속도가 매우 느리고 공기 분자의 충돌로 흔들리기 때문에 조금씩 움직이며 항상 공중을 표류합니다. 액체로 말하면 우유 같은 상태입니다. 우유의 작은 지방 입자는 물속에 흩어져 있어 주위 물 분자와 충돌하고 항상 흔들리면서 조금씩 움직이기 때문에 시간이 지나도 바닥에 가라앉지 않습니다. 이런 입자를 콜로이드(colloid) 입자라고 하며 액체나 기체 상태를 '졸'(sol)이라고 합니다. 장소에 따라 다르지만 에어로졸은 대기 중에 $1cm^3$당 1,000~1만 5,000개 정도 존재합니다.

에어로졸에는 흡습성(吸濕性)이 있어 수증기 분자가 접촉하면 흡착하여 표면에 물 분자의 막을 만듭니다. 수면이 없는 공중에서도 이 물 분자 막 때문에 수증기 응결이 발생하여 물방울, 즉 구름 입자가 생깁니다. 높은 하늘 위에 '수면'을 대신할 물질이 있다니 대기의 구조는 놀랍기만 합니다.

특히 구름 입자의 핵이 되는 에어로졸을 **응결핵**이라고 합니다. 반경 0.3μm(1μm=10-6m)인 응결핵은 포화 수증기압이 0.4%를 넘으면 응결이 진행됩니다. 이 정도의 응결핵은 그 크기가 적절하고 수도 많아서 구름을 만드는 데 중요한 역할을 합니다. 이는 표 1-3의 분류로 보면 큰 응결핵에 해당합니다.

소금 입자는 거대해서 수증기압이 포화 수증기압의 73%뿐인 공기 중에서도 수증기를 흡착할 수 있습니다. 요리용 소금이 들어 있는 봉지 입구를 밀봉한 채 방치해두면 물기를 띠는데, 이런 경험을 통해 소금의 흡습성을 알게 된 분도 계시리라 생각합니다. 소금 입자는 강력한 응결핵이지만 그 수가 많지 않습니다. 그 대신 구름에서 비 입자를 생성하는 중요한 역할을 합니다. 이 부분은 다음 장에서 자세히 살펴보겠습니다.

고도가 높으면 기온이 낮기 때문에 그곳에 있는 구름 입자는 빙정(氷晶. 얼음 결정) 상태입니다. 과포화된 수증기가 얼어붙기 쉬운 성질의 에어로졸도 있는데 이를 빙정핵이라고 합니다.

표 1-3 **수증기 분자, 응결핵, 구름 입자의 크기와 수**

종류	크기(반경)	개수(1cm³당)
수증기 분자	$10^{-4}\mu m$	10^{17}개
작은 응결핵	0.21μm 이하	1,000~1만 개
큰 응결핵	0.2~1.0μm	1~1,000개
거대 응결핵	1.0μm 이상	1 이하~10개
전형적인 구름의 입자	10μm 이상	10~1,000개

《최신 기상 백과》 자료를 일부 수정

이처럼 구름이 만들어지려면 응결핵이나 빙정핵과 같은 작은 먼지가 대기 중에 있어야 합니다. 깨끗한 공기에서는 구름 입자가 만들어지지 않습니다.

온도가 내려가면 공기는 습해진다

구름을 생성하는 과포화 공기가 만들어지는 원리를 알기 위해 '습도'에 대해서도 살펴보겠습니다. 습도를 나타내는 방식은 두 가지입니다. 먼저 공기 중 실제 수증기량을 나타내는 **절대 습도**가 있습니다. 말하자면 공기 $1m^3$에 포함된 수증기가 10hPa일 때보다 20hPa일 때 더 습합니다.

다음으로 포화 수증기압에 대해 실제 수증기압이 몇 퍼센트인지 나타내는 **상대 습도**가 있습니다. 우리는 보통 이것을 **습도**라고 말합니다. 수증기로 포화된 공기는 습도가 딱 100%입니다.

그런데 우리가 느끼는 습함의 정도는 피부나 점막에서 물이 얼마나 증발했는지에 따라 변합니다. 증발이 왕성할 때는 코나 목의 점막이 마르고 피부도 건조해지지만, 증발이 더디면 습한 상태를 유지합니다. 습도가 동일한 조건이라면 물이 증발하기 쉬운 상태일수록 공기가 건조하다고 느낍니다.

그림 1-14에서 수증기압과 습도가 모두 다른 A와 B 두 가지 공기 중 어느 쪽이 더 습한지 생각해봅시다. 12℃인 공기 A는 수증기압이 14hPa입니다. 그

그림 1-14 **상대 습도**

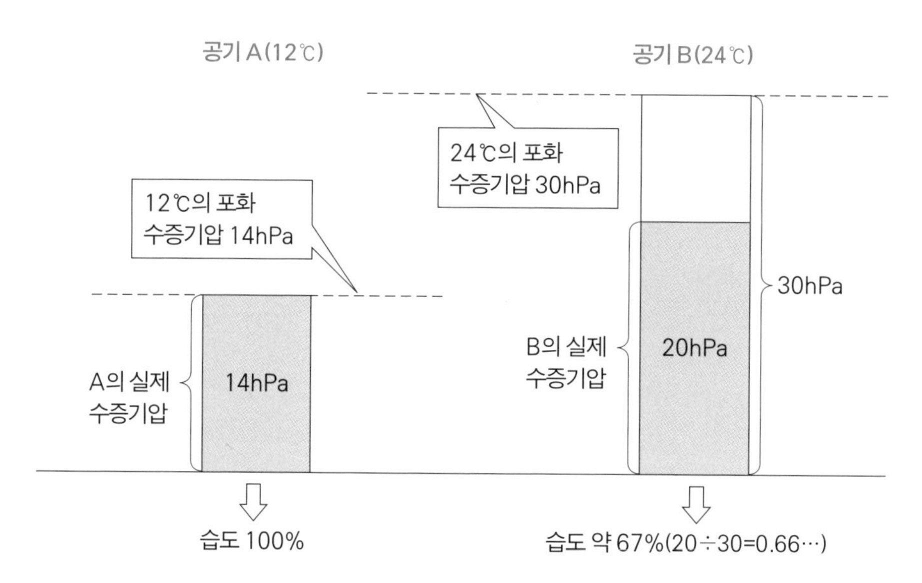

상대 습도 : 실제 수증기압이 포화 수증기압의 몇 퍼센트인지를 나타낸다.

림 1-12를 보면, 이 온도일 때의 포화 수증기압과 동일한 것을 알 수 있습니다. 수증기가 포화 상태이므로 증발은 더 진행되지 않고 공기는 매우 습한 상태입니다.

24℃인 공기 B는 수증기압이 20hPa입니다. 절대 습도는 공기 A보다 크지만, 이 온도일 때 포화 수증기압인 30hPa보다 수증기압이 훨씬 작기 때문에 물의 증발이 잘 이루어지는 상태입니다. 이럴 때 우리는 A보다 B가 더 건조하다고 느낍니다. 즉 절대 습도보다 상대 습도가 사람이 느끼는 일상적인 감각에 가깝습니다. 다만 습도 이외에 온도나 바람, 피부 상태에 따라 차이가 날 수는 있습니다.

상대 습도는 실제 수증기량이 변하지 않아도 온도가 변하면 달라집니다. 그림 1-15를 봅시다. 온도가 20℃일 때 습도는 약 68%이지만 온도가 10℃로 떨

그림 1-15 **이슬점**

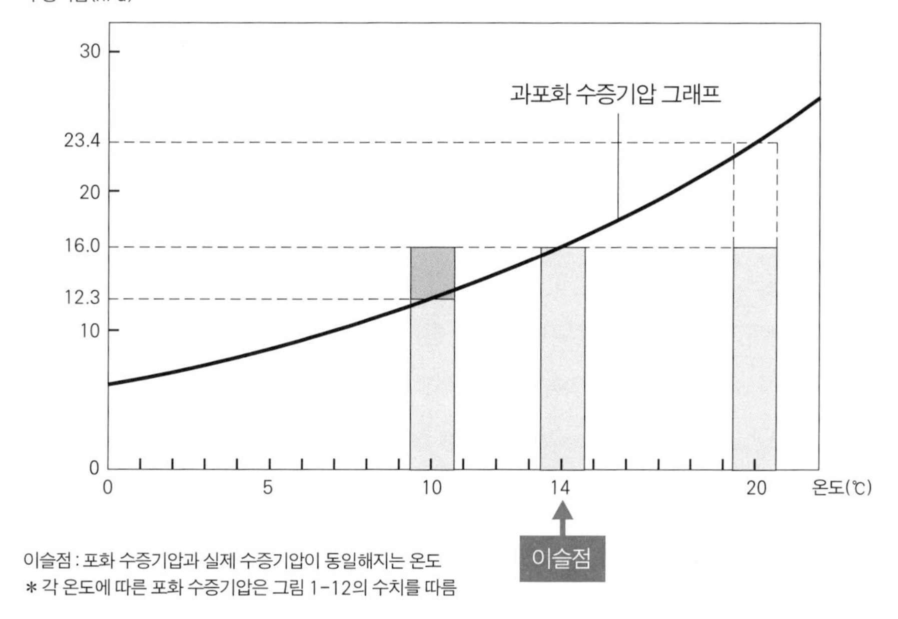

이슬점 : 포화 수증기압과 실제 수증기압이 동일해지는 온도
* 각 온도에 따른 포화 수증기압은 그림 1-12의 수치를 따름

어지면 포화 수증기압이 낮아지기 때문에 과포화 상태로 변합니다. 즉 온도가 내려가면 공기의 상대 습도는 올라가서 특정 온도에서 포화에 도달하고, 온도가 더 내려가면 과포화가 됩니다. 포화 시점의 온도를 **이슬점**이라고 합니다.

열전도가 쉬운 금속 컵에 물을 붓고 얼음을 조금씩 넣으면 컵 온도는 점점 내려가고, 온도가 어떤 지점에 이르면 컵 표면에 물방울이 맺힙니다. 이때의 온도가 이슬점입니다. 차가운 컵과 접촉한 공기의 온도가 내려가 이슬점에 이르면 포화 상태가 되어 공기 중의 수증기가 컵 표면에 응결합니다. 물체 표면이 수면이나 응결핵을 대신하는 것입니다.

이슬이 맺히는 자연 현상도 같은 원리입니다. 이슬은 밤사이 온도가 떨어진 지면이나 풀잎 등의 물체에 공기가 접촉하면서 이슬점 이하로 온도가 떨어지고 수증기가 응결하면서 만들어진 물방울입니다. 또 겨울철 유리 창문 안쪽에 끼는 성에나 물방울도 냉각된 유리에 접촉하는 공기의 온도가 이슬점 이하로 떨어지기 때문에 생기는 현상입니다. 이렇게 이슬이 생기는 현상을 '결로'라고 하는데 결로가 방 벽에 생기면 곰팡이의 원인이 되기 때문에 환기가 어려운 주택에서는 단열재를 사용해야 합니다.

온도 때문에 습도가 변하는 현상은 결로뿐만이 아닙니다. 예를 들어 방을 난방할 때나 드라이어기로 공기를 데울 때는 절대 습도가 변하지 않지만, 상대 습도가 떨어져 건조해집니다. 또 아침에 공기가 습하더라도 낮 동안 맑아져 기온이 올라가면 상대 습도가 떨어져 건조해지고, 밤에 기온이 떨어지면 다시 습해집니다.

구름이 생성될 때 왜 기온은 내려갈까?

다시 적운 이야기로 돌아가겠습니다. 지금까지 살펴본 바에 따르면 높은 고도로 상승한 서멀(데워진 공기 덩어리)이 냉각되어 이슬점에 도달하고, 나아가 과포화가 되면 응결핵에 수증기가 응결하여 구름 입자가 생성됩니다. 그럼 높은 고도로 상승한 공기 덩어리는 어떻게 냉각될까요?

누구나 산이나 고지대에 오르면 저지대보다 공기가 선선하다고 느낍니다. 이런 경험을 통해 상승한 공기 덩어리가 주위의 찬 공기와 접촉하면 냉각된다는 사실을 예측할 수 있습니다. 그런데 잘 생각해보면 공기 덩어리가 주변의 공기와 접촉한다고 해도 그 안쪽까지 접촉하지는 않습니다. 구름이 될 공기 덩어리는 매우 크며, 맑은 날 둥실 떠오르는 적운의 부피는 야구장의 몇 배나 됩니다.

공기는 열전도가 낮기 때문에 외부에서 내부로 냉기가 전해지려면 상당한 시간이 걸립니다. 예를 들어 건물 단열재는 공기를 많이 품고 있는 재료로 만들고, 단열 효과가 뛰어난 이중창은 유리와 유리 사이에 공기층이 존재합니

그림 1-16 **기체를 팽창시키면 분자 운동이 느려진다**

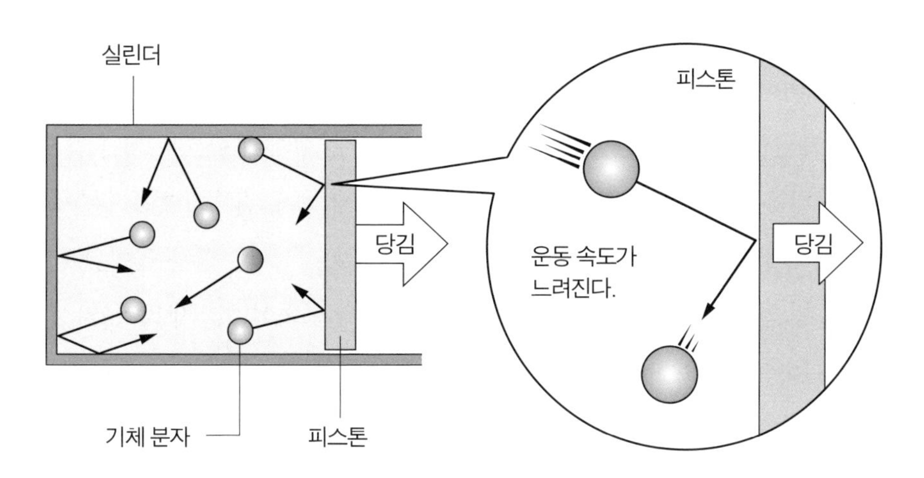

다. 겨우 이 정도만으로도 단열에 효과적이기 때문에 구름이 될 거대한 공기 덩어리가 외부에서 중심까지 차가워질 가능성은 거의 없습니다.

그럼 구름이 될 공기는 어떻게 차가워질까요? 그 대답은 일상생활 속에서 찾아볼 수 있습니다. 자동차 타이어에 공기를 가득 주입한 뒤 타이어 밸브에서 공기 펌프를 제거하면, 압축된 공기의 일부가 소리를 내며 뿜어져 나옵니다. 이때 공기가 순간적으로 희게 보일 때가 있습니다. 적어도 공기는 투명한 기체로 알고 있는데 흰색으로 보이는 겁니다. 희게 보이는 이유는 공기 중의 수증기가 응결되어 작은 물방울이 된 상태, 즉 구름 입자와 같은 상태이기 때문입니다. 타이어에 주입하는 공기는 공기 펌프의 피스톤 작용 때문에 기압이 높습니다. 이 공기가 밸브에서 빠져나올 때는 급격히 팽창하여 기압이 떨어집니다. 이때 온도가 떨어지는 것입니다.

기체가 팽창하면 온도가 떨어진다는 현상은 바로 이해하기 힘듭니다. 단순히 생각하기 위해 그림 1-16처럼 실린더에 들어 있는 기체를 피스톤으로 당겨서 급속히 팽창시키는 실험을 해봅시다. 이때 실린더나 피스톤 벽은 모두 단열성이 있다고 가정하겠습니다.

기체 분자는 멀어져 가는 벽에 부딪치기 때문에 정지한 벽에 부딪칠 때보다 그 기세가 다소 떨어집니다. 야구에서 타자가 번트로 내야수 앞으로 공을 보낼 때 배트를 살짝 당기면서 공이 튕겨나가는 힘을 약하게 만드는 것과 같은 이치입니다. 많은 기체 분자가 연이어 부딪치면서 기체 전체의 분자 운동이 서서히 안정되고 이윽고 온도도 떨어집니다.

구름을 만드는 거대한 공기 덩어리에는 움직이는 벽이 없지만, 고도가 올라갈수록 주위 기압이 떨어지기 때문에 공기 덩어리는 팽창하여 부피가 커집니다. 공기 덩어리의 바깥 부분이 중심에서 멀어질 때, 다시 말해 피스톤 벽의 역할을 하는 공기 덩어리의 바깥 부분이 멀어지면 공기 덩어리 속 기체의 분자 운동이 약해지고 온도가 떨어지는 것입니다.

이처럼 열의 출입 없이 공기가 팽창하는 현상을 **단열 팽창**이라고 하며 공기 온도를 떨어뜨리는 작용을 합니다. 단열 팽창에 의한 공기 변화는 기상학에서 **열역학 제1법칙**이라는 물리 법칙으로 설명하는데, 여기서는 '멀어지는 피스톤에 의한 분자 운동의 변화'라는 표현으로 알기 쉽게 설명했습니다.

열역학 제1법칙은 에너지 보존 법칙입니다. 공기 덩어리가 팽창할 때는 에너지가 필요합니다. 공기 덩어리는 외부에서 열에너지를 가하면 팽창하지만, 외부에서 열을 가하지 않아도 공기의 분자 운동 에너지를 이용하여 팽창시킬 수 있습니다. 여기서 분자 운동 에너지의 감소는 온도 저하를 의미합니다.

단열 팽창으로 온도가 떨어지는 비율은 공기의 상태에 따라 다릅니다. 포화에 이르기 직전의 공기는 1km씩 상승할 때마다 약 10℃ 하락합니다. 이 비율을 **건조 단열 감률**이라고 합니다. 반면 포화된 공기는 1km씩 상승할 때마다 4~6℃ 하락하는데, 이 비율은 '습윤 단열 감률'이라고 합니다. 건조한 공기와 왜 차이가 나는지는 제2장에서 설명하겠습니다.

한편 열의 출입 없이 공기가 압축하는 현상은 **단열 압축**이라고 하며 온도가 상승합니다. 투명한 실린더에 공기와 솜을 넣고 피스톤으로 압축하면 공기가 뜨거워져 솜이 발화합니다. 물론 자연계에서라면 발화할 정도는 아니지만 상공에서 공기가 하강하면 1km당 온도가 약 10℃씩 상승합니다. 이런 이유로 하강 기류 속에서는 온도가 올라가기 때문에 수증기가 응결하여 구름이 발생하는 일은 없습니다.

구름은 생성하고 소멸한다

지금까지 하늘에 떠 있는 적운이 어떻게 만들어지는지 원인을 살펴봤습니다. 간단히 정리하면 다음과 같습니다.

지표상에서 데워져 상승한 서멀은 상공의 낮은 기압 때문에 팽창하고, 단열 팽창으로 온도가 내려갑니다. 온도가 이슬점 이하로 떨어지면 공기 중에 있던 수증기가 과포화합니다. 습한 공기일수록 이슬점이 높기 때문에 작은 고도 상승으로도 과포화가 일어납니다. 공기는 응결핵의 역할을 하는 흡습성 입자를 가지고 있기 때문에 과포화 수증기는 그 입자 위에서 응결하고, 이윽고 구름 입자가 생성됩니다. 생성된 구름 입자는 떨어지더라도 그 속도가 매우 느리며 상승 기류가 지지해주기 때문에 사실상 낙하하지 않습니다.

발생한 지 얼마 안 된 적운은 구름 윤곽이 명확하지만 윤곽이 흐린 적운도 있습니다. 이는 소멸 중인 구름입니다. 서멀의 상승이 멈춘 구름은 상승 기류로 지탱할 수 없기 때문에 구름 입자가 천천히 떨어지며, 건조한 공기와 만나 증발합니다. 또 구름 윗면이나 측면에도 주위의 건조한 공기를 만난 구름 입자들은 증발합니다. 그래서 맑은 날에 적운은 시간이 지나면 대부분 소멸합니다.

또 다른 곳에서는 서멀 덕분에 새로운 적운이 생성됩니다. 구름 하나하나의 수명은 짧든 길든 수십 분입니다. 하늘에 많은 구름이 떠 있는 풍경은 구름의 생성과 소멸이 반복되고 있음을 말해줍니다.

구름이 생성되는 대기의 구조

구름이 만들어지는 높이는 정해져 있다

앞부분에서 언급했듯이 적운은 발달하면 수직 방향으로 커지고, 더 발달하면 적란운이 됩니다. 하지만 적란운의 높이에는 한계가 있습니다. 일본 부근에서는 고도 11km 정도까지 커지는데 후지산의 약 세 배 높이가 한계입니다. 이 높이까지 발달하면 적란운의 꼭대기 부분은 더 자라지 못하고 수평으로 넓어집니다. 이런 형태의 구름을 특히 모루구름이라고 합니다. 그림 1-17 대장간에서 금속을 때려 가공할 때 쓰는 받침대인 '모루'와 생김새가 유사하여 붙여진 이름입니다.

모루구름이 발생하는 높이가 구름의 한계 고도입니다. 이 이상 높다면 다른 종류의 구름도 생기지 않습니다. 왜 이런 한계 고도가 존재하는지는 대기 구조를 '습도'의 관점에서 살펴보면 알 수 있습니다.

대류권의 구조

산 위에서 느끼는 공기가 평지에서 느끼는 공기보다 차가운 이유는 상공으로 올라갈수록 공기의 온도가 떨어지기 때문입니다. 온도가 떨어지는 비율은 평균적으로 1km당 약 6.5℃입니다. 이렇게 온도가 떨어지는 비율을 **기온 감률**이라고 합니다.

공기가 지표 부근에서 데워져 상공으로 올라가 차가워지는 이유는 태양 광선이 공기를 그대로 통과해 지표만 달구기 때문입니다. 뜨거워진 지표는 공기를 아랫부분부터 데웁니다. 공기가 데워지는 현상을 공기가 지면에 접촉해 있기 때문이라고 생각하면 이해하기 편하지만, 보다 정확히 이해하려면 적외선을 알아야 합니다. 이에 대해서는 제3장에서 자세히 살펴보겠습니다.

그림 1-17 **모루구름**

그림 1-18은 대기의 연직 방향 온도 분포입니다. 그림에 따르면 고도가 올라갈수록 온도가 낮은 영역은 지상에서 고도 약 11km까지입니다. 여기를 **대류권**이라고 하며 대류권 가장 위 부분을 **대류권계면**이라고 합니다. 모루구름은 대류권계면에서 발생합니다. 이 때문에 모루구름의 관찰 여부에 따라 대류권의 두께를 직접 눈으로 확인할 수 있습니다. 대류권계면의 높이는 중위도 지역에서 약 11km이지만, 저위도에서는 좀 더 높고 고위도에서는 좀 더 낮습니다.

대류권은 대기가 상승하고 하강하는 움직임, 즉 **대류**가 존재하는 곳이라는 의미입니다. 지금까지 서멀의 상승으로 적운이 발생한다고 설명했는데, 이 또한 대류의 사례 중 하나입니다. 대류권은 대류가 일어나기 쉬운 온도 구조입니다. 왜 그런지는 실제 대류권과 달리 상공으로 올라가도 온도가 변하지

그림 1-18 **대기의 연직 방향 온도 분포**

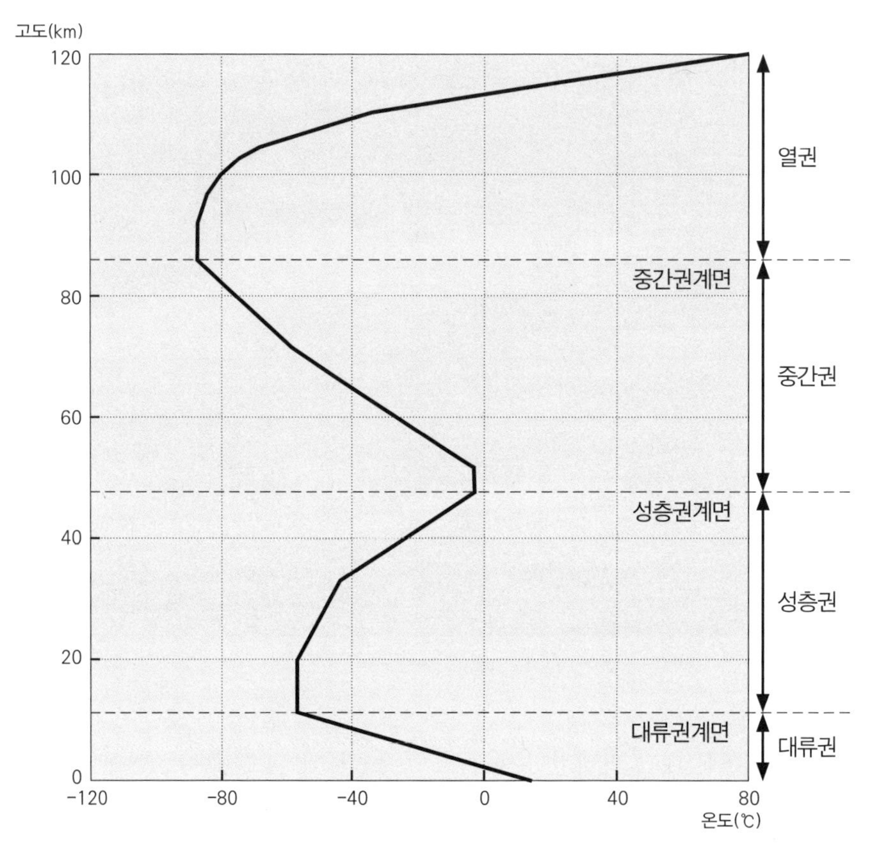

《이과 연표》의 그림을 수정

않는 가상 대기(등온 대기, 기온 감률 0)를 통해 살펴보겠습니다. **그림 1-19**

가상 대기에서 지상 부근의 공기 덩어리가 조금 상승했다고 합시다. **그림 1-19의 ①** 그러면 단열 팽창으로 온도가 내려갑니다. **그림 1-19의 ②** 온도가 떨어진 공기 덩어리는 지상 온도와 동일한 주위 대기보다 차가워져 무겁기 때문에 지상으로 하강합니다. **그림 1-19의 ③** 만약 지상 부근의 공기를 주위보다 따뜻하게 하더라도 상승한 공기는 금방 주위 공기보다 차가워지기 때문에 상승은 극히 한정적이며 대류는 발생하지 않습니다.

그림 1-19 **대기 온도가 상공까지 일정하면 공기는 상승할 수 없다**

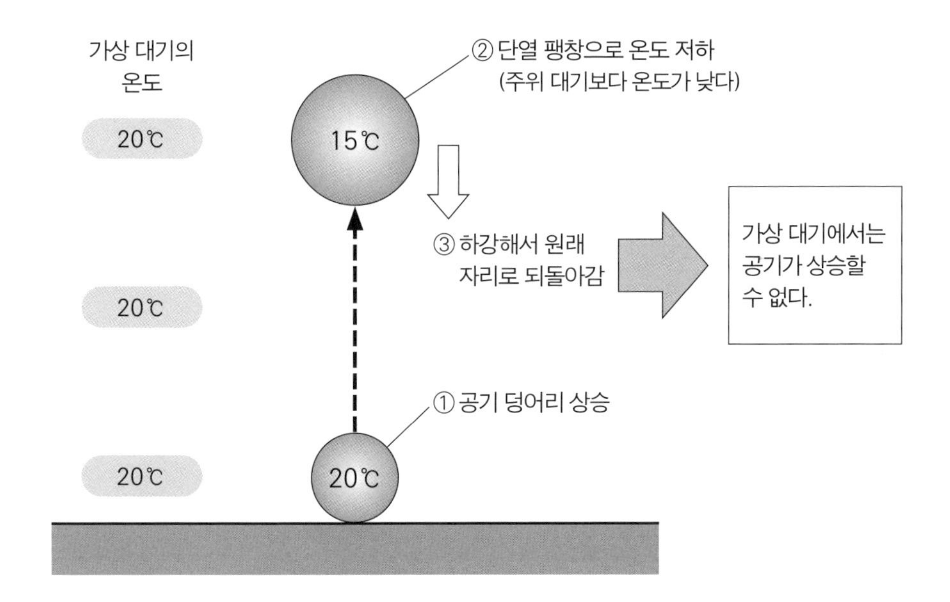

그런데 이런 가상 대기와 달리 실제 대류권 대기는 상공일수록 차갑습니다. 공기가 상승하여 단열 팽창이 발생하고, 그 결과로 온도가 떨어져도 주위 대기보다는 온도가 높기 때문에 대류가 일어나기 쉬운 구조입니다.

성층권, 중간권, 열권

대류권계면 위 약 50km 부근까지는 대류권과는 반대로 상공일수록 온도가 올라가는 **성층권**입니다. 성층권 온도가 상공일수록 올라가는 이유는 태양 광선의 자외선을 흡수하는 기체가 존재하기 때문입니다. 자외선이 강한 상공일수록 그 에너지를 흡수해서 따뜻해집니다. 하지만 아래로 내려갈수록 자외선이 약해지기 때문에(상공에서 이미 흡수) 공기는 따뜻해지지 않습니다.

자외선을 잘 흡수하는 기체는 오존(O_3)입니다. 오존이 많은 층을 **오존층**이라고 하며 생물에 유해한 자외선을 흡수하는 역할을 합니다.

성층권은 온도 분포가 대류권과 다르기 때문에 대류가 쉽게 일어나지 않습니다. 구름이 만들어지거나 비가 내리는 현상은 없습니다. 그러나 오존 농도가 떨어지면 유해 자외선이 지상으로 곧바로 내리쬐기 때문에 인간이 살아가는 대류권뿐만 아니라 성층권도 매주 중요한 역할을 합니다.

성층권보다 높은 곳은 점차 오존이 적어지기 때문에 상공일수록 온도가 떨어집니다. 이 층을 **중간권**이라고 합니다. 대기 조성은 질소와 산소가 8 대 2 비율로 지상에서 중간권까지 거의 일정합니다.

대기 최상층인 **열권**에서는 질소나 산소의 분자 또는 원자가 태양 광선의 고에너지 성분을 흡수합니다. 그래서 태양에 가까운 상공일수록 기체 분자는 에너지를 얻어 활발한 운동을 하고 온도도 올라갑니다. 열권은 고도 500km 부근까지이며 공기가 극히 희박합니다. 500km 이상은 외기권이라고 하며 여기서는 기체 분자의 운동 속도가 지구 중력을 이기기 때문에 공기가 우주 공간으로 달아나버립니다. 이렇게 손실된 대기는 화산 마그마에서 방출되는 화산 가스로 보충됩니다.

열권 아랫부분에서는 우주 공간에서 고속으로 날아온 먼지(작은 운석 또는 입자)가 희박하게나마 존재하는 공기와 마찰을 일으켜 빛을 내는데, 이것이 지상에서 볼 수 있는 유성입니다. 지상에서 볼 수 있는 오로라도 열권 아랫부분에서 발생합니다. 오로라는 태양풍(태양에서 주위로 내뿜는 입자)과 지구 자장의 작용으로 지구 주위에 생성되는 전류가 지구 대기로 흘러 들어와 생기는 현상입니다. 이렇게 열권에서는 대기와 천문의 경계가 만들어내는 현상을 관찰할 수 있습니다

구름의 종류

다양한 상승 기류

구름은 적운처럼 뭉게뭉게 피어오르는 모양뿐만 아니라 새털 모양, 생선 비늘처럼 작은 알맹이 모양, 넓게 퍼져 하늘 전체를 뒤덮는 모양 등 실로 다양합니다.

구름은 모양에 상관없이 모두 공기의 상승으로 생성됩니다. 다만 공기가 상승하는 이유는 지표 부근의 공기가 태양 광선으로 데워져 생기는 서멀 이외에 다른 원인도 있습니다. **그림 1-20** 만약 공기가 상승하는 원인이 서멀뿐이라면 햇볕이 없는 밤에는 구름이 만들어지지 않겠지만 실제로는 밤에도 구름이 발달하고 비도 내립니다.

그림 1-20의 ②처럼 특정 지형을 맞닥뜨린 바람의 방향이 변하는 경우에도 공기는 상승합니다. 산 정상에 삿갓처럼 걸려 있는 구름(삿갓구름)은 이런 바람의 상승 기류로 발달합니다. 또한 지형에 따른 상승 기류를 계기로 구름이 연직 방향으로 발달하는 경우도 있습니다. 산에서 조금 떨어진 곳에서 구름이 생성되기도 하는데, 이는 산의 상공이나 풍하(風下. 바람이 산을 넘어간 뒤쪽 면-옮긴이)에서 난류가 발생하여 위아래로 출렁이기 때문입니다. 이런 식으로 만들어지는 구름을 '지형성 구름'이라고 합니다.

그림 1-20의 ③처럼 서로 다른 온도의 공기 덩어리가 지표에서 만나 따뜻하고 가벼운 공기가 차고 무거운 공기 위로 올라서면서 상승 기류를 만들기도 합니다. 이는 제5장에서 살펴볼 '전선'을 동반하는 구름으로 '전선성 구름'이라고 합니다. 특히 ③의 (b)처럼 따뜻한 공기가 찬 공기 위를 비스듬하게 올라타서 상승하면, 구름이 적운처럼 연직 상향으로 발달하지 않고 거의 수평으로 넓게 발달합니다. 바로 뒤에서 다시 설명하겠지만 층운(層雲)은 대부분

그림 1-20 **구름을 만드는 상승 기류**

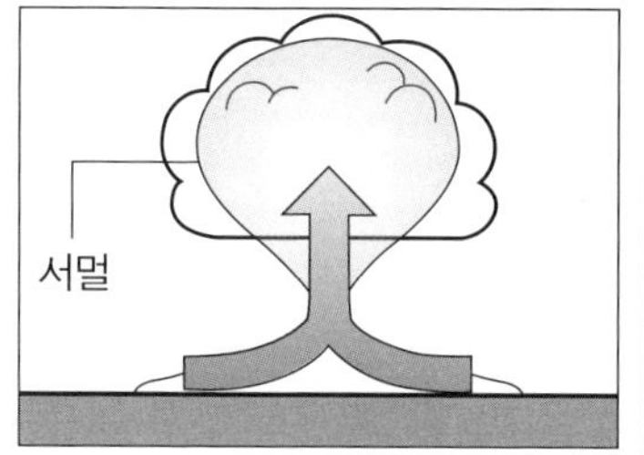

① 햇볕에 의한 상승 기류

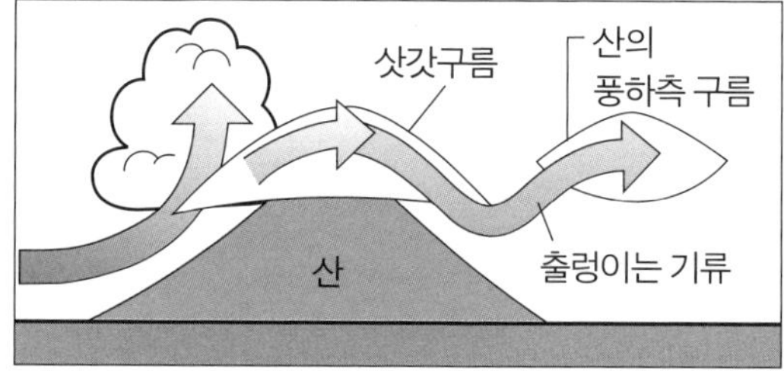

② 지형에 의한 상승 기류

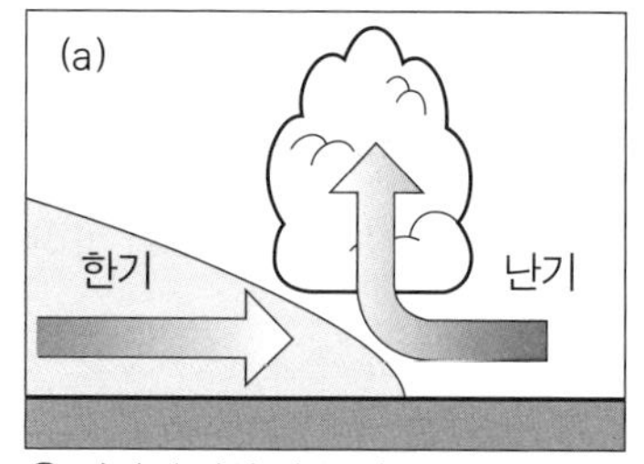

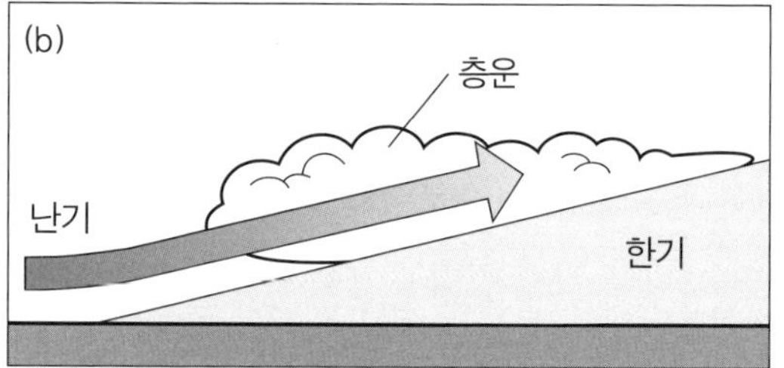

③ 전선에 의한 상승 기류

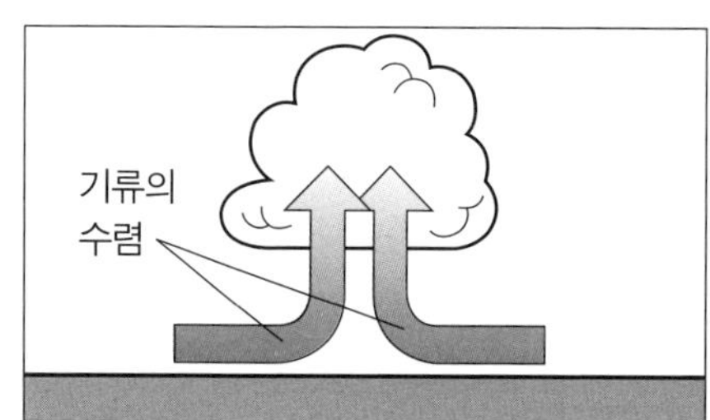

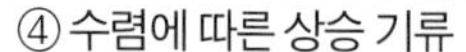
④ 수렴에 따른 상승 기류

⑤ 상공의 한기에 의한 상승 기류

이런 형태로 발달합니다.

그림 1-20의 ④처럼 지표 부근에서 방향이 서로 다른 바람이 충돌하여 공기가 상승하기도 합니다. 이처럼 공기가 어떤 일정한 장소로 모이는 현상을 **수렴**이라고 합니다. 제4장에서 살펴볼 저기압 중심 부근에서는 이런 수렴 때문에 상승 기류가 발생합니다. 이보다 작은 규모로, 예를 들어 일본의 간토 평

야(일본에서 가장 큰 평야-옮긴이)의 일부에서는 서로 다른 방향에서 부는 습한 바람이 수렴하여 구름을 생성하기도 합니다. 마지막으로 ⑤는 '상공의 한기' 때문에 발생하는 상승 기류인데 제2장에서 자세히 살펴보겠습니다.

구름의 분류 방법

구름은 모양이 다양할 뿐만 아니라 그 높이도 서로 다릅니다. 지상에서 구름의 높이를 정확히 알 수는 없지만, 맑은 날에 새털구름(권운)은 뭉게구름(적운)보다 한참 높은 곳에 떠 있음을 육안으로도 확인할 수 있습니다. 적운은 지상에서 약 1km 상공에서 발생하는데, 권운은 7~8km 혹은 그보다 높은 곳에서 발생하기 때문에 그 차이는 큽니다.

구름은 두께 약 11km인 대류권에서 생깁니다. 높이에 따라 상층, 중층, 하층으로 구분하고, 연직 상향으로 발달하는 구름을 **대류운**(對流雲), 수평 방향으로 넓어지는 구름을 **층운**이라고 합니다. 이 두 가지 분류법을 조합하여 세분화한 10종 **운형**(雲形)이 국제적으로 통용됩니다. **그림 1-21**

먼저 10종 운형 중 **적운**과 **적란운**은 대류운입니다. 발생하는 높이(구름 아랫부분의 높이)는 하층이지만 구름 꼭대기는 중층이나 상층까지 발달합니다. 하층에서 구름 입자는 물 입자이고, 상공으로 향할수록 얼음 입자(빙정)가 많아집니다. 발달한 적운을 특히 '웅대적운'이라고 하며 일상적으로 '소나기구름'이라고 합니다. 다만 웅대적운은 10종 운형 분류상 따로 구분하지 않고 단지 적운으로 부릅니다.

적란운이란 웅대적운이 더욱 커져 대류권계면까지 발달해 구름 정상이 평평해진 모루구름을 말합니다. 다만 적란운을 만드는 상승 기류가 매우 강할 경우, 구름 꼭대기가 대류권계면을 돌파하기도 하는데 이를 '오버 슛'(over shoot)이라고 합니다. 적란운은 강한 비와 천둥을 동반하기 때문에 '뇌운'이라고도 합니다. 발달 중인 웅대적운에서도 비를 관측할 수 있습니다.

그림 1-21 **10종 운형**

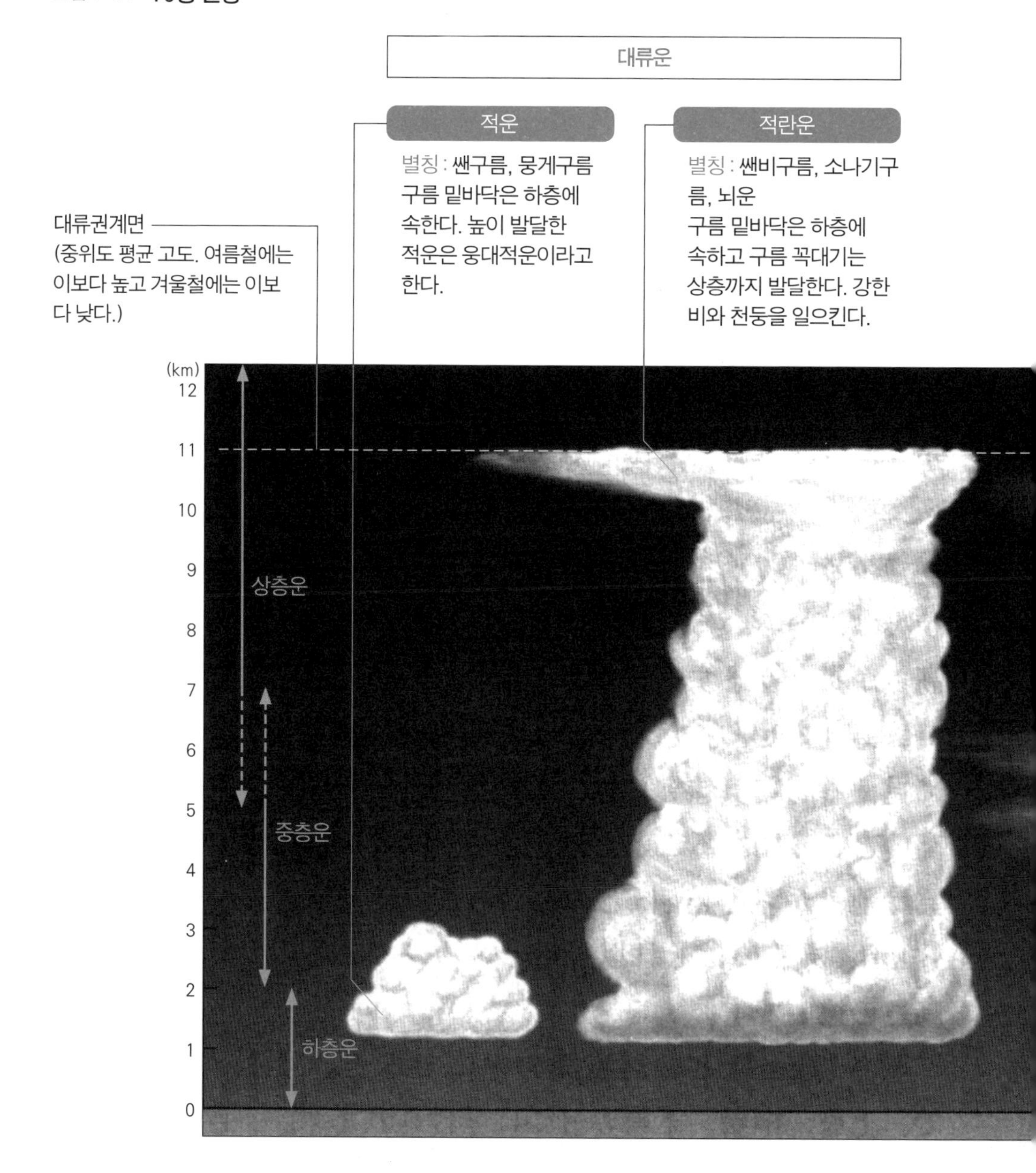

위 그림은 중위도인 경우이며 위도에 따라 높이는 달라진다.
상층운 : 극지방 3~8km, 온대지방 5~13km, 열대지방 6~18km
중층운 : 극지방 2~4km, 온대지방 2~7km, 열대지방 2~8km
하층운 : 지표 부근~2km

층운

권층운

별칭 : 털층구름
베일처럼 넓게 퍼진다.
태양 주위에 빛나는
고리(무리)가 보인다.

권적운

별칭 : 털쌘구름, 비늘구름, 조개구름
물고기 비늘과 같은
패턴으로 넓어진다.

권운

별칭 : 새털구름, 털구름
낙하한 얼음 입자에 솔질을
한 듯 새털처럼 보인다.

고층운

별칭 : 높층구름
하늘 한쪽에서 넓어지는
흐린 구름. 태양을 가리기
도 한다.

고적운

별칭 : 높쌘구름, 양떼구름, 얼룩구름
수많은 구름 덩어리가
넓게 정렬하여 늘어선다.

난층운

별칭 : 비층구름, 비구름
중층을 중심으로 두껍고
넓게 퍼진다. 본격적인 비
를 동반한다.

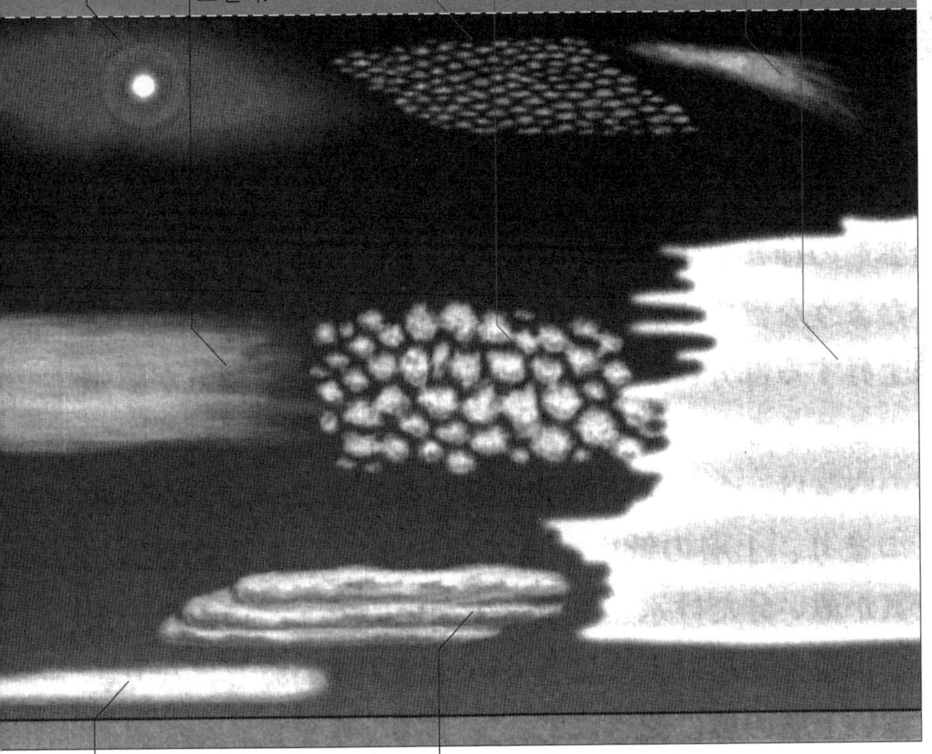

층운

별칭 : 층구름, 안개구름
지상 부근에서 넓게
퍼진다. 지표에 인접하면
안개가 된다.

층적운

별칭 : 층쌘구름
밭두둑처럼 정렬되어
있으며 구름 바닥이
약간 검게 보인다.

10종 운형 중 하나인 **권운**은 대류권 가장 상단에서 발생하는데, 솔질한 듯한 모양의 구름입니다. 이 구름은 상층에서 수평으로 부는 바람이 완만히 상승하는 곳에 발생하거나 바람에 흐트러진 공기가 팽창하면서 차가워져 발생하기도 합니다.

상층의 공기는 낮은 온도와 적은 수증기량 때문에 중층이나 하층처럼 구름 입자가 많이 발생하지 못합니다. 그래서 구름이 옅고, 상층의 강한 바람 때문에 새털 모양이 됩니다.

또한 권운은 모두 빙정으로 구성되어 있습니다. 참고로 권운은 비교적 짙은 부분에서 꼬리처럼 뻗치는 모양이 되기도 하는데, 이는 권운을 만드는 빙정이 낙하하면서 바람에 날리기 때문입니다. 해외여행을 할 때, 비행기의 창가 자리에 앉았다면 권운에서 빙정이 떨어지는 광경을 목격할 수도 있습니다.

마지막으로 이외에 다른 구름들은 발생하는 높이에 따라 상층, 중층, 하층으로 나눕니다. 이 구름들은 모양이나 명칭에 따라 다음과 같이 두 가지로 나눌 수 있습니다.

'~적운'이라는 이름의 구름

먼저 덩어리 모양의 구름이 층 모양으로 넓어지는 구름을 살펴보겠습니다. 이런 구름들은 '~적운'이란 이름이 붙습니다. 이 중 상층에서 생성되는 구름을 **권적운**이라고 합니다. 높은 하늘을 관찰하다 보면 작은 덩어리 모양의 구름을 발견할 수 있습니다. 구름 입자는 모두 얼음 결정이며, 농도가 옅기 때문에 빛이 반사되어 흰색으로 보입니다. 권적운은 물고기 비늘처럼 보이기 때문에 비늘구름이라고도 합니다.

중층에서 발생하는 구름은 **고적운**이라고 합니다. 이 구름은 권적운에 비해 덩어리가 크고 두꺼우며 짙습니다. 구름 입자는 물 입자 또는 얼음 입자입니다. 양떼처럼 보이기 때문에 '양떼구름'으로도 불립니다.

하층에는 층적운이 생성됩니다. 작은 적운 크기의 구름 덩어리가 하늘에 많이 깔린 모양입니다. 적운이 많이 모여 있으면 층적운과 구분하기 힘든 경우가 많은데, 구름 바닥이 밭두둑처럼 정렬되어 있다면 층적운입니다. 보통 구름 전체가 물 입자로 구성되어 있으며 두꺼워서 구름 바닥이 다소 검게 보입니다.

'~층운'이라는 이름의 구름

다음으로 층 모양으로 평평하게 퍼지는 '~층운'이라는 이름의 구름을 살펴보겠습니다. 상층에는 권층운이 발생합니다. 두께가 얇고 구름 입자 밀도도 낮기 때문에 하늘에 베일을 친 것처럼 뿌옇게 보입니다. 태양 광선도 거의 투과하지 못해 하늘이 하얗게 보이고 날씨가 흐립니다. 구름 입자는 모두 빙정이고 태양 광선이 규칙적으로 굴절, 반사되기 때문에 태양 주변에 '무리'라는 크고 동그란 테두리를 관찰할 수 있습니다.

중층에는 고층운이라는 좀 더 두꺼운 층 모양의 구름이 만들어집니다. 비교적 얇을 때는 태양이나 달 모양이 흐릿하게 보입니다. 두꺼워지면 하늘 전체가 회색으로 뒤덮인 흐린 날씨가 됩니다. 고층운이 더욱더 두꺼워지면 하층 또는 상층까지 넓어져 난층운이 됩니다. 난층운은 본격적인 비를 동반하는 구름입니다.

하층에는 층운이 생성됩니다. 층운은 매우 낮게 깔리기도 하는데 지상에 인접하면 안개처럼 보이기 때문에 '안개구름'이라고도 합니다. 안개는 공기가 상승하여 발생하는 구름과 달리 차가워진 지표가 그 위의 공기를 식히면서 발생합니다.

모두 물 입자로 구성되며, 커진 구름 입자가 천천히 낙하하여 '안개비'가 되기도 합니다. 높은 구름에서 이런 입자가 낙하하면 도중에 증발해버리는데, 층운은 구름 중에서도 매우 낮은 곳에서 발달하기 때문에 안개비가 내리는 것입니다. 참고로 층운과 적란운 또는 난층운은 비 입자가 만들어지는 방식이 전혀 다릅니다. 비가 어떤 식으로 내리는지는 제2장에서 상세히 살펴보겠습니다.

제 2 장

비와 눈의 구조

구름 입자가 비 입자로 성장하는 열쇠

비 입자의 모양과 크기

사람들에게 비 입자를 그려보라고 하면 대개 위가 뾰족한 눈물 모양으로 그리지만 실제는 어떨까요?

물방울이 낙하할 때 반경 약 1mm까지는 그림 2-1의 B처럼 둥글지만, 더 커지면 공기 저항의 영향으로 아래가 편평해집니다. 반경 2mm가 넘으면 C처럼 눌린 만두와 같은 모양이 되고 몇 개의 물방울로 분열합니다. 물방울 크기는 반경 3mm가 한계입니다. 그래서 비 입자 크기는 대개 반경 1~2mm 정도입니다.

구름 입자는 쉽게 비 입자로 변하지 않는다

비 입자는 어떻게 만들어질까요? 보통 수증기가 모여서 커지면 비가 된다고 생각합니다. 제1장에서 살펴본 대로라면 작은 구름 입자는 낙하하지 않지만, 크기가 커지면 낙하 종단 속도도 커져서 떨어질 테니 말입니다.

반경 0.1mm인 안개비도 상승 기류가 약하면 구름에서 천천히 떨어지기도

그림 2-1 **비 입자의 모양은?**

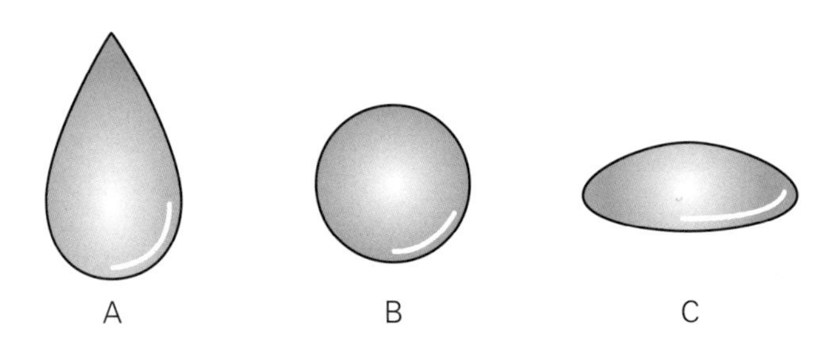

합니다. 그러나 작은 물방울은 구름에서 떨어지는 도중에 포화되지 않은 공기를 만나면 쉽게 증발해버립니다. 안개비는 구름이 극히 낮은 위치에 있을 때만 지상까지 낙하합니다. 이 크기의 물방울은 비 입자라기보다는 오히려 큰 구름 입자로 분류됩니다. 일반적인 비가 내리려면 물방울이 더 커져야 합니다. 크기가 크면 쉽게 증발하지 않고, 종단 속도가 빠르기 때문에 곧장 지면으로 떨어질 수 있습니다. 그럼 비 입자와 구름 입자의 크기를 비교해보겠습니다. 그림 2-2는 비, 안개비, 구름의 일반적인 크기를 비교한 것입니다.

보통 비 입자의 반경은 구름 입자보다 100배 큽니다. 반경이 100배 크면 부피는 100만 배 큽니다. 즉 비 입자가 되려면 먼저 응결핵이 100만 배 커져서 구름 입자가 되어야 하고, 거기서 추가로 100만 배의 수증기를 모아야 합니다. 이는 매우 긴 시간이 걸리며 사실상 불가능에 가깝습니다. 얼마나 많은 시간이 걸리는지 예를 들어보면 반경 0.001mm의 작은 구름 입자가 반경 1mm인 비 입자가 되는 데 약 2주가 걸립니다. 참고로 구름 수명은 길어야 몇 시간

그림 2-2 **비 입자, 안개비 입자, 구름 입자의 일반적인 크기**

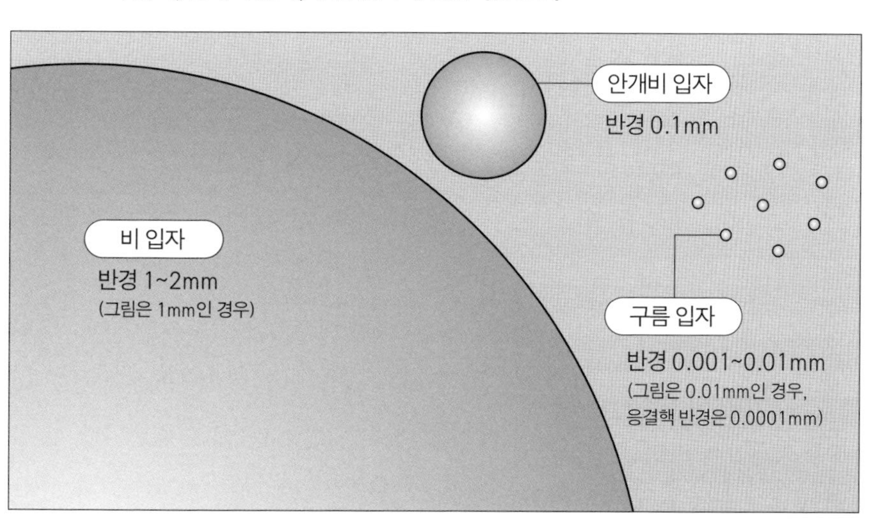

에 지나지 않습니다.

구름에는 막대한 수의 구름 입자가 존재합니다. 이들 입자가 일제히 커지려면 구름 속 수증기를 나눠 가져야 하는데, 결국 각 입자들은 조금씩 커질 수밖에 없습니다. '평등'이라는 말은 구름 입자가 성장하는 데 큰 장해 요인입니다. 일부 구름 입자만 '독점 성장'하는 구조가 필요합니다.

구름 입자의 '독점 성장'이 열쇠다

구름 입자의 일부만 성장하기 위해서는 여러 가지 효과가 필요합니다. 먼저 화학 효과입니다. 구름 응결핵은 종류가 다양하다고 제1장에서 설명했습니다. 그중 염화소듐, 황산, 황화암모늄 등이 포함된 응결핵은 이들 성분이 이온이 되어 구름 입자로 녹아 들어갑니다.

예를 들어 염화소듐(NaCl)을 보면 소듐 이온(Na+)은 플러스, 염소 이온(Cl-)은 마이너스 전기를 띱니다. 그런데 물 분자(H_2O)의 경우 수소 원자 H는 플러스, 산소 원자 O는 마이너스 전기를 띱니다. 이온은 물 분자의 전기를 띤 부분을 끌어당겨 물 분자가 액체 면에서 이탈하여 수증기가 되려는 성질을 억제합니다. 순수한 물에 비해 증발이 잘 일어나지 않는 반면 응결이 쉽게 진행되는 것입니다.

이런 효과 덕분에 구름 속에 이온을 포함한 입자가 그렇지 못한 입자보다 빨리 성장하고 커집니다. 반경이 큰 물방울일수록 물 분자가 그 표면에서 이탈하기 어렵기 때문에 성장이 수월합니다.(곡률 효과라고 하는데 이 책에서는 설명을 생략합니다.)

이런 조합만으로 반경 0.1mm까지 커지려면 약 3시간이나 걸립니다. 이 크기는 큰 구름 입자나 안개비 정도밖에 되지 않습니다. 반경 1mm 이상인 비 입자가 되려면 급속한 성장을 일으키는 '독점 성장' 구조가 필요합니다. 기상학에서는 이 '비 입자가 생성되는 구조'의 차이에 따라 '따뜻한 비'와 '찬 비'로 구분합니다. 그럼 먼저 따뜻한 비에 대해 알아보겠습니다.

소수의 소금 입자가 만드는 '따뜻한 비'

육상과 해상의 대기에 포함된 응결핵을 비교해보면 육상에서는 토양 입자가 바람에 날려 수많은 응결핵이 발생합니다. 이에 비해 해상에서는 육상보다 응결핵 발생 수가 적습니다. 육상에서는 $1cm^3$당 수백 개 이상이지만 해상에서는 수십 개에 불과합니다.

그럼 해상은 응결핵 수가 적으니 구름이 만들어지기 어려울까요? 분명 발생하는 구름 입자는 적습니다. 하지만 입자 수가 적기 때문에 입자당 모을 수 있는 수증기량이 많아 크게 성장할 가능성이 높습니다.

해상의 대기는 파도가 칠 때 물보라가 공중에서 말라서 생기는 소금 입자인 **해염(海鹽)** 입자를 많이 함유하고 있습니다. 해염 입자는 다른 응결핵에 비해 크게는 10배가량 큽니다. 또한 흡습성이 우수해 포화되지 않은 공기 중에서도 수증기를 흡착하여 물을 머금은 입자로 성장합니다. 즉 과포화 이후 발생한 다른 응결핵으로 만들어진 구름 입자보다 크기 때문에 공기가 포화되면 가장 먼저 성장합니다. 앞서 설명했듯이 염분이 녹은 물은 염분이 없는 물에 비해 증발이 억제되어 수증기가 응결되기도 쉽습니다.

이처럼 해염 입자가 만든 구름 입자는 처음부터 독점 성장이 가능한 성질을 가지고 있습니다. 그리고 독점 성장을 가능케 하는 결정적인 요인은 구름 입자의 낙하 속도 차이입니다. 큰 구름 입자는 작은 구름 입자보다 낙하 속도가 빠릅니다. 큰 구름 입자는 낙하하는 작은 구름 입자를 쫓아가 충돌하고 합체하여 더 커집니다. **그림 2-3** 이런 과정을 **충돌 병합 과정**이라고 합니다. 같은 크기의 구름 입자만 존재한다면 각각의 낙하 속도도 같기 때문에 충돌 병합 과정이 일어나지 않습니다.

구름 입자가 0.02mm 정도가 되면 다른 일반적인 크기의 구름 입자에 비해

그림 2-3 **충돌 병합 과정**

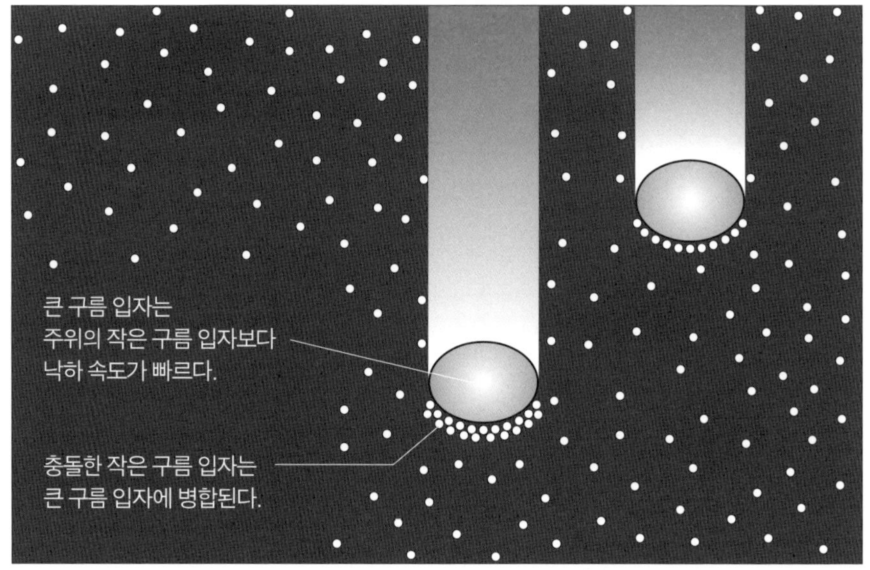

《최신 기상 백과》의 자료를 근거로 작성

속도 차이가 현저하게 나타납니다. 해염 입자가 만든 구름 입자 중에는 처음부터 큰 것이 존재합니다. 그리고 일단 충돌 병합 과정이 시작되어 물방울이 커지면 낙하 속도가 더 빨라지기 때문에 다음 충돌도 일어나기 쉽고, 성장도 급속히 빨라집니다.

이러한 과정을 거쳐 구름 입자가 비 입자로 성장해서 내리는 비를 **따뜻한 비**라고 합니다. 따뜻한 비는 열대 바다의 구름 꼭대기가 그다지 높지 않은 적운에서 자주 관측됩니다. 이 구름은 따뜻해서 빙정이 없고 모두 물방울로 이루어져 있습니다. 구름 발생 후 비가 내리기까지 소요되는 시간이 20분 정도로 단시간이라 샤워기의 물처럼 내리는 게 특징입니다.

한편 따뜻한 비의 충돌 병합 과정의 구조를 이용하여 인공적으로 비를 만들려는 시도도 있습니다. 구름 입자는 많지만 비가 내릴 정도는 아닌 구름을 찾아서 작은 물방울을 뿌립니다. 비를 내리기 위해서 물을 뿌린다는 것이 좀 난

센스처럼 들릴지 몰라도 꼭 그렇지는 않습니다. 구름 속에 구름 입자보다 큰 물방울을 분무하면 낙하하면서 구름 입자가 모입니다. 계산에 따르면 물 1톤을 뿌리면 100톤의 비를 기대할 수 있다고 합니다.

따뜻한 비가 내리는 열대 바다와는 달리 중위도에서는 다른 과정을 거쳐 비가 내립니다. 그럼 따뜻한 비와 다른 생성 구조와 과정을 거치는 '찬 비'를 살펴보겠습니다.

중위도 부근의 비

'찬 비'의 원인인 빙정

구름 속 얼음 입자가 크게 성장하여 낙하할 때 녹아서 비 입자로 변해 내리면, 이를 **찬 비**라고 합니다. 이런 비는 '대륙 이동설'로 유명한 독일의 베게너(Alfred Lothar Wegener, 1880년~1930년)가 최초로 주장했고, 이후 노르웨이에서 연구 활동을 한 기상학자 베르예론(Tor Harold Percival Bergeron, 1891년~1977년)이 1933년에 확립했습니다. 이를 베르예론의 빙정설이라고 합니다.

대기 온도는 1,000m씩 상승할 때마다 약 6.5℃씩 낮아지므로(기온 감률) 지상 기온이 30℃라도 상공 5,000m에서는 얼음이 얼 수 있습니다. 예를 들어 대류권 상층까지 성장하는 적란운의 윗부분 온도는 이미 영하입니다.

대류권 상층의 구름 입자는 물이 아닌 얼음으로 이루어져 있습니다. 이런 얼음 구름 입자를 **빙정**이라고 합니다. 지금까지는 액체 상태의 '구름 입자'만 살펴봤는데 앞으로는 얼음 상태인 구름 입자를 '빙정'이라고 구별하여 부르겠습니다.

빙정은 구름 속에서 어떻게 만들어질까요? 구름 아래쪽에서 만들어진 물방울 구름 입자가 0℃ 이하로 떨어지는 고도까지 상승 기류를 타고 올라가면 곧바로 얼어서 얼음 상태가 될까요? 아닙니다. 공중에 떠 있는 물방울은 영하가 되도 좀처럼 얼지 않습니다. 이처럼 물이 0℃ 이하에서도 얼지 않고 액체로 남아 있는 상태를 **과냉각수**라고 합니다.

실험에 따르면 입자가 작을수록 잘 얼지 않습니다. 액체에서 고체 상태인 빙정이 발생하는 원리를 이해하려면 다음에 설명하는 미시 세계를 알아야 합니다.

미시 세계의 관점에서 고체와 액체의 차이는 분자 상태로만 설명할 수 없습니다. 고체는 구성 분자들의 배열이 규칙적이고 서로 연결되어 있습니다. 물 분자인 H_2O는 수소-산소-수소의 연결 각도가 약 120도이기 때문에 분자가 연결되어 결정이 될 때 육각형을 이룹니다. **그림 2-4**

그림 2-4 **물 분자가 결정을 이룰 때의 구조**

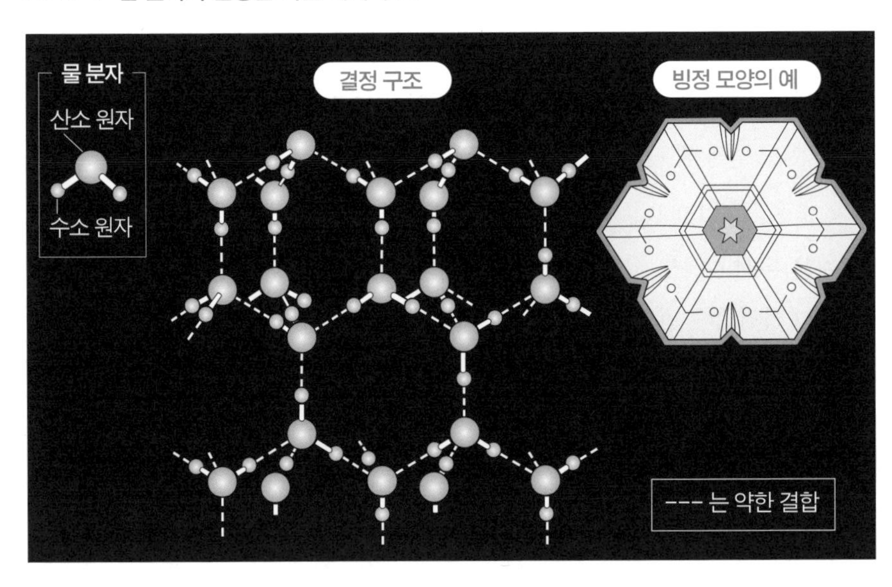

제각기 움직이던 액체 상태의 물 분자는 0℃ 이하가 되면 여기저기서 육각형으로 결합되어 작은 구조(작은 결정)로 변합니다. 이 작은 결정의 씨앗에 물 분자가 규칙적으로 연결되면서 액체 상태의 물은 고체 상태인 얼음으로 변합니다. 얼음 전체가 결정 구조입니다.

이 작은 결정 씨앗은 주위를 돌며 움직이는 액체 분자와 부딪치면 쉽게 부서질 정도로 결합 상태가 약합니다. 온도가 0℃보다 조금 낮은 상태에서는 분자 운동이 여전히 활발해서 결정의 씨앗이 생기더라도 대부분 부서지고 맙니다. 일단 한 번 얼음이 되고 나면 이 정도의 온도로도 얼음 상태를 유지할 수 있지만 처음에는 그렇지 못합니다.

때로는 운 좋게 분자 충돌 없이 살아남아 크게 성장하는 입자도 있습니다. 일정한 크기가 되고 나면 충격으로 조금 부서지더라도 남은 결정 구조를 기반으로 다시 성장을 이어갑니다.

결정 씨앗이 하나라도 살아 있다면 그 결정이 성장해서 물방울 전체를 얼릴 수도 있습니다. 이처럼 단 하나의 가능성을 실현하기 위해서라도 물 분자 수는 가능한 한 많아야 결정 씨앗이 살아남을 확률이 높습니다. 반대로 물 분자 수가 적다면 하나 남은 결정 씨앗도 살아남지 못할 가능성이 큽니다. 즉 물방울이 작을수록 잘 얼지 않습니다. 작은 물방울인 구름 입자는 과냉각수 상태의 물방울(과냉각 물방울)로 남아 좀처럼 잘 얼지 않는 것입니다.

과냉각 물방울 상태인 구름 입자는 자연 상태라면 -33℃ 이하에서 겨우 업니다. 온도가 낮을수록 액체 분자의 움직임이 얌전하기 때문에 작은 결정 씨앗이 깨지지 않고 살아남을 확률이 높아집니다. 약 -40℃ 이하에서는 거의 모든 구름 입자에서 결정 씨앗이 살아남아 구름 입자 전체가 얼어붙습니다. 적란운 꼭대기나 권운이 발생하는 높이의 기온은 -40℃ 이하이기 때문에 구름 입자는 모두 빙정입니다. **그림 2-5의 ①**

반대로 같은 영하라도 -33℃에서는 빙정이 만들어지지만 아직 많은 구름

그림 2-5 **적란운 내부의 상승 기류로 생기는 빙정과 물방울의 분포**

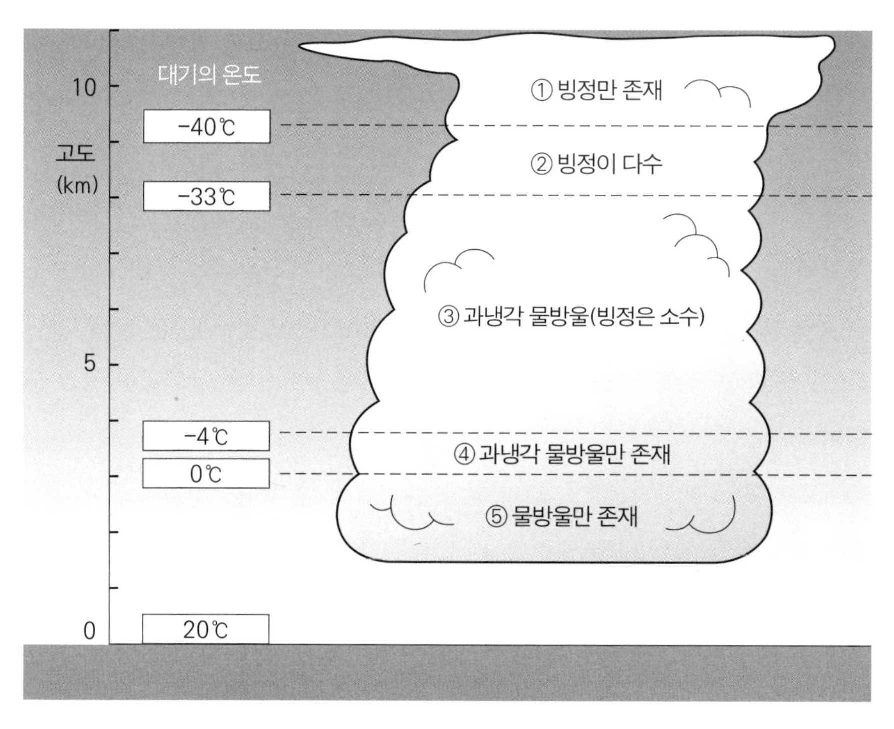

입자가 과냉각 물방울 상태입니다.그림 2-5의 ③ 특히 -4℃에서 0℃ 사이에는 거의 모든 구름 입자가 과냉각 물방울입니다.그림 2-5의 ④ 이렇게 과냉각 물방울 상태의 구름 입자는 온도가 매우 낮더라도 쉽게 얼지 않습니다.

그런데 대기 중에 존재하는 에어로졸의 도움을 받으면 -33℃ 이상인 구름 속에서도 쉽게 얼 수 있습니다. 이런 에어로졸을 **빙정핵**(氷晶核)이라고 합니다. 대표적인 빙정핵은 토양 입자 등을 함유한 광물로 이루어진 에어로졸입니다. 얼음은 물 분자가 규칙적으로 배열되어 결합된 결정이므로 같은 결정 상태인 광물 입자에도 쉽게 결합할 수 있습니다. 물과 결정 모양이 비슷할수록 빙정핵에 더 적합합니다.

이런 종류의 광물에는 점토 입자인 카올리나이트(kaolinite)나 화산 분화로 날리는 화산재 등이 있습니다. 또 봄이 오면 대륙에서 불어오는 '황사'의 토양 분자도 빙정핵이 됩니다. 특히 요오드화은(AgI)은 인공 강우 실험에 사용하는 인공 빙정핵으로 물과 결정 구조가 유사합니다. 요오드화은을 과냉각 물방울 상태인 구름 속에 뿌리면 빙정을 만들 수 있습니다.

대기 중의 빙정핵은 과냉각 물방울 속으로 들어가 결정 씨앗이 되는 물방울을 얼립니다. 또 에어로졸 중에는 구름 입자가 생성될 때 응결핵으로 작용하고, 영하가 되면 그대로 구름 입자 속에서 빙정핵으로 작용하여 구름 입자를 얼리는 종류도 있습니다. 광물로 이루어진 토양 입자 중에는 -15℃에서 -9℃ 사이로 온도가 떨어지면, 공기 중의 수증기가 직접 얼어붙어서 빙정이 되는 것도 있습니다. 이렇게 수증기가 직접 얼음이 되는 변화를 승화 응결(昇華 凝結)이라고 합니다.

그럼 빙정핵만 있다면 과냉각 물방울은 모두 순조롭게 얼까요? 빙정핵은 과냉각 물방울에 비해 수가 적은 게 결점입니다. -20℃일 때 빙정핵 수는 대기 1L당 1개 정도입니다. 이는 물방울인 구름 입자를 만드는 응결핵의 100만분의 1 수준입니다. 따라서 빙정핵이 생성하는 빙정은 구름 입자보다 훨씬 수가 적고, -30℃부터 0℃ 사이의 구름에서는 과냉각 물방울인 구름 입자가 거의 대다수입니다.

구름 속 빙정이 성장하는 특수한 구조

생성된 소수의 빙정은 주위에 있는 수증기 분자를 모아 승화 응결하며 성장합니다. 앞서 물방울 구름 입자의 성장을 설명할 때 응결에 의한 성장은 매우 느리기 때문에 비 입자를 만들지 못한다고 언급했습니다. 빙정의 승화 응결에 의한 성장도 원래는 크게 차이가 없습니다. 하지만 빙정과 과냉각 물방울이 혼재하는 영하의 구름 속에서는 빙정이 특수한 구조 속에서 독점 성장합니다. 이해를 돕기 위해 제1장에서 분자 모델로 설명한 수증기의 '포화 수증기압'을 다시 한번 떠올려봅시다.

액체 상태의 물과 수증기가 수면을 경계로 존재할 때, 수면에서 공중으로 튀어나가는 물 분자 수와 수증기에서 수면으로 뛰어 들어오는 분자 수가 같으면 공중의 물 분자 수에 증감이 없기 때문에 포화 상태라고 부릅니다. 이때의 수증기압이 포화 수증기압입니다. **그림 2-6 (a)**

그럼 액체 상태인 물이 없고, 그 대신 고체 상태인 얼음이 존재한다면 포화 수증기압은 어떻게 결정될까요? 이 또한 동일합니다. 그림 (b)처럼 얼음 표면에서도 물 분자가 공중으로 튀어나가 증발(승화 증발)합니다. 이렇게 증발하는 물 분자 수와 공중에서 얼음 결정으로 뛰어 들어와 승화 응결하는 수증기 분자 수가 같을 때 포화 상태에 이릅니다.

다만 액체 상태인 물과 다른 점은 분자끼리 규칙적으로 배열되듯이 결합하

그림 2-6 **과냉각수와 얼음의 포화 수증기압 차이**

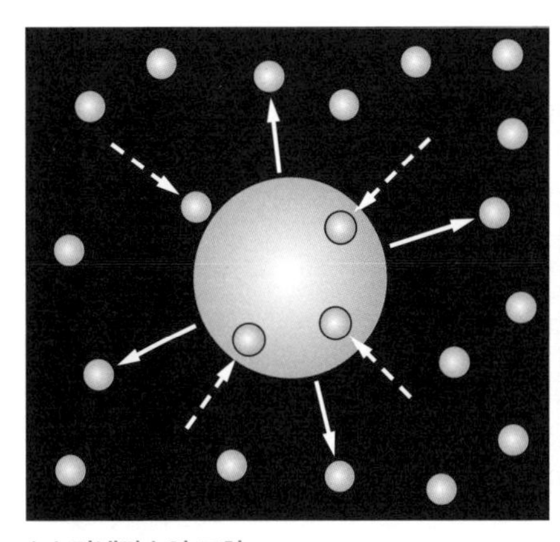

(a) 과냉각수의 포화
물에서 튀어나가는 분자 수와 물로 뛰어 들어오는 분자 수가 동일할 때 수증기는 포화된다.

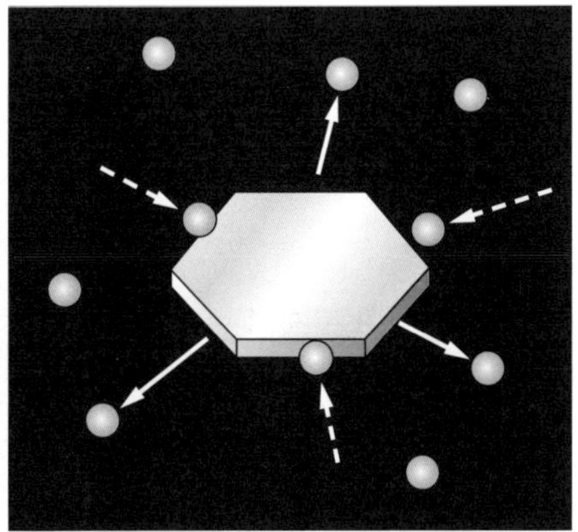

(b) 얼음의 포화
물보다 얼음에서 튀어나가는 물 분자 수가 적기 때문에 주위 수증기가 (a)보다 적을 때 포화된다.

《최신 기상 백과》의 자료를 근거로 작성

여 결정을 만든다는 것입니다. 그래서 액체 상태에 비해 분자끼리 당기는 힘이 강합니다. 결합이 강한 만큼 물 분자는 공중으로 쉽게 튀어나가지 않습니다. 이 때문에 물이 액체 상태일 때보다 공중의 수증기가 적어도 포화됩니다. 그림 (a)와 (b)를 비교해서 보면 얼음 주위가 과냉각수 주위보다 수증기 수가 적음을 알 수 있습니다. 다시 말해 얼음은 과냉각수보다 주위의 수증기압이 작아도 포화됩니다.

이것을 그래프로 나타내면 그림 2-7과 같습니다. 그림 1-12의 포화 수증기압 그래프에서는 0℃ 이상인 경우만 살펴봤기 때문에 그래프 선이 하나였지만, 영하에서는 과냉각수와 얼음의 수치가 각각 다르기 때문에 선 2개가 필요

그림 2-7 **포화 수증기압과 온도의 관계(얼음과 과냉각수)**

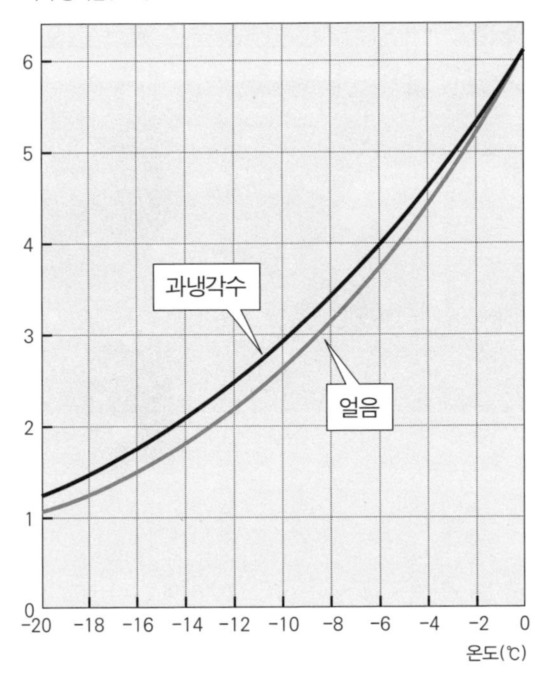

온도 (℃)	포화 수증기압(hPa)	
	과냉각수	얼음
0	6.105	6.105
-2	5.27	5.17
-4	4.54	4.37
-6	3.90	3.69
-8	3.34	3.10
-10	2.86	2.60
-12	2.44	2.18
-14	2.07	1.80
-16	1.75	1.51
-18	1.48	1.25
-20	1.24	1.04

수치 출처 :《일반 기상학》

그림 2-8 **빙정의 성장 과정(빙정 과정)**

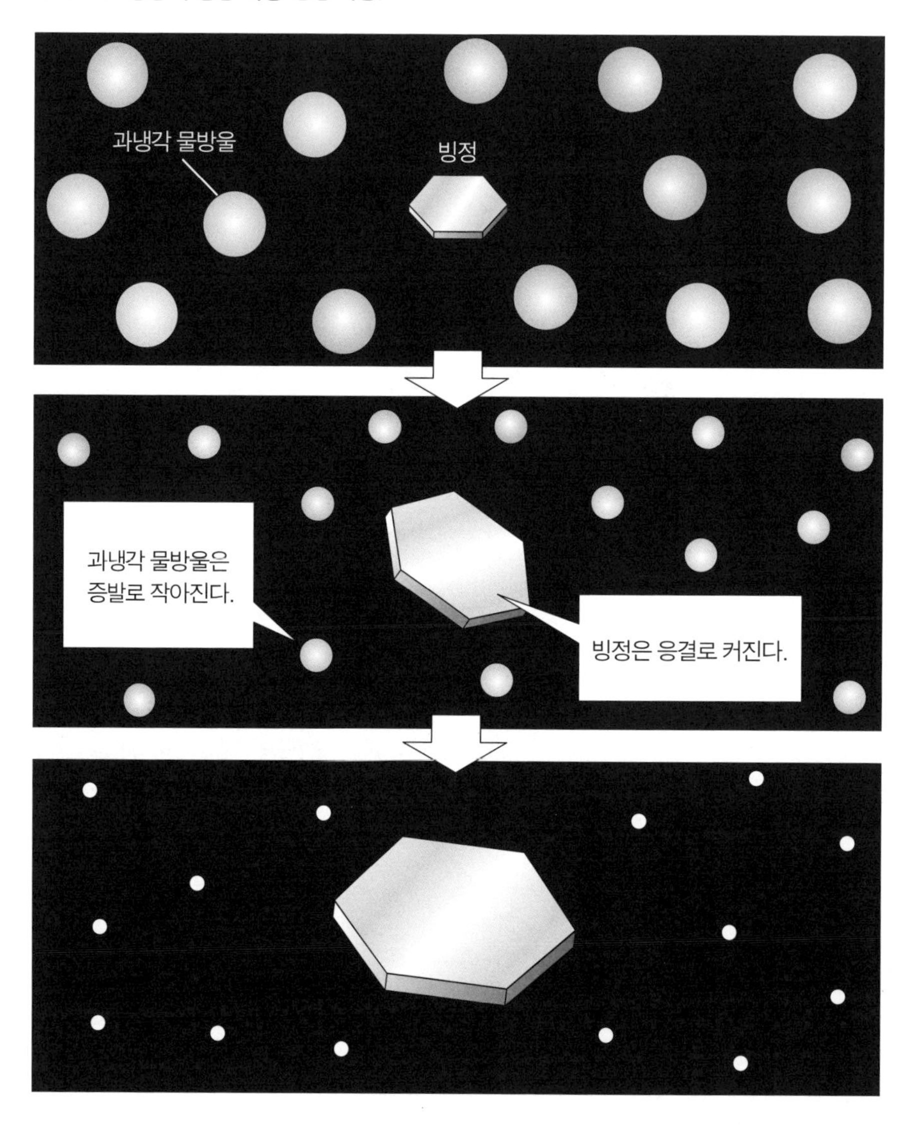

합니다.

과냉각수(액체)와 얼음(고체)이 공존하는 구름 속의 수증기량은 그래프의 2개 선 사이에 있는 경우가 많습니다. 다시 말해 과냉각수는 포화되지 않았지만 얼음은 포화된 상태입니다. 그럼 이런 상태에서는 어떤 현상이 일어날까요?

그림 2-8은 과냉각 물방울과 빙정이 공존하는 구름 속에서 일어나는 현상입니다. 그림의 과냉각 물방울은 수증기가 포화 상태가 아니므로 증발이 진행되어 물방울이 점점 작아지지만, 빙정은 수증기가 과포화 상태입니다. 과냉각 물방울은 -10℃에서 수증기가 포화하는 데 비해 빙정은 이미 10%나 과포화된 상태입니다. 그래서 빙정은 공기 중 수증기가 계속 승화 응결하여 급속히 성장할 수 있는 것입니다.

빙정이 공기 중 수증기 분자를 계속 끌어모아도 과냉각 물방울이 증발하면서 수증기 분자를 계속 공급해줍니다. 만약 이런 공급이 없다면 성장하는 빙정 주위에 수증기 분자가 줄어들어(과포화도가 하락) 성장을 멈추거나 늦어집니다. 과냉각 물방울 덕분에 빙정의 과포화가 유지되고 지속적인 성장이 가능한 것입니다. 반대로 과냉각 물방울은 빙정이 수증기를 끌어모으기 때문에 주위의 수증기가 포화되지 않고 계속 증발할 수 있습니다. 이렇게 빙정과 과냉각 물방울의 수적 차이가 빙정이 성장하는 데 유의미한 작용을 합니다. 10만~100만개의 과냉각 물방울이 빙정 하나를 성장시킵니다.

이렇게 빙정이 주위의 수많은 과냉각 물방울 상태의 구름 입자를 소비하면서 성장하는 과정을 **빙정 과정**이라고 합니다. 참고로 빙정 과정이 가장 활발한 온도는 -15℃에서 -10℃ 사이입니다.

구름 속에서 빙정이 성장하여 눈의 결정이 된다

수증기를 모아 승화 응결로 성장한 빙정은 다름 아닌 눈 결정입니다. 일반적으로 눈이라고 말하지만 그 결정은 모양이나 크기가 다양합니다. 물 분자가 규칙적으로 배열된 얼음 결정은 육각형이 기본 형태라고 앞서 설명했습니다. 나뭇가지가 여섯 방향으로 복잡하게 자란 듯한 모양은 눈 결정의 상징입니

그림 2-9 **눈의 결정 모양(고바야시 다이어그램)**

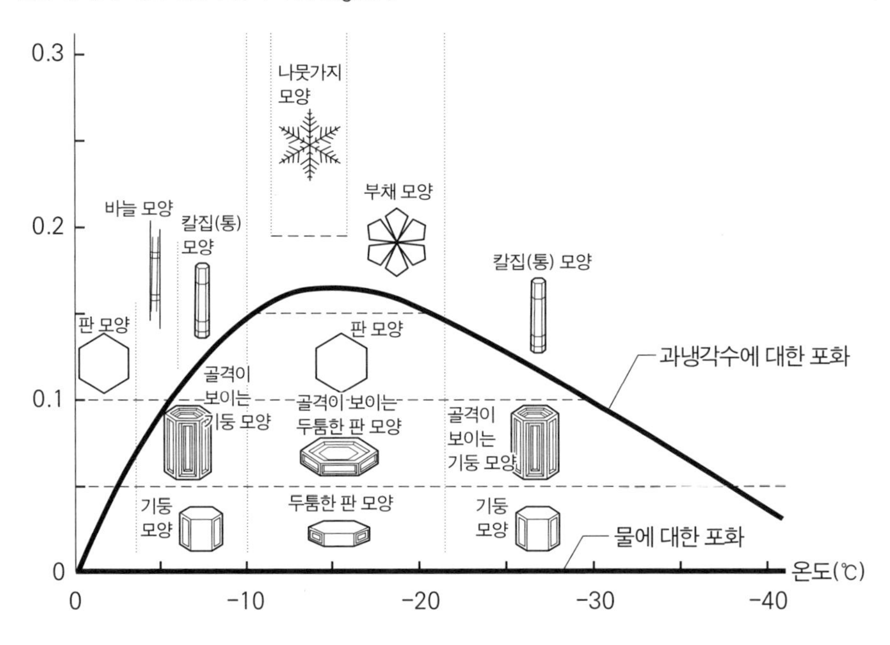

고바야시 데이사쿠가 나카야 우키치로의 연구를 발전시킴. 나카야-고바야시 다이어그램이라고도 함.
Kobayashi 1961:Phil. Mag., 6. 1363-1370을 수정함.

다. 눈 결정 모양을 크게 나누면 육각형의 나뭇가지 모양, 육각 판 모양, 육각기둥 모양, 육각기둥 칼집(통) 모양, 바늘 모양이 있습니다.

그림 2-9를 살펴보면 눈 결정에는 습도와 온도에 따라 다양한 모양이 있음을 알 수 있습니다. 가로축은 온도이며 오른쪽으로 갈수록 낮습니다. 세로축은 공기의 습한 정도입니다. 실제 수증기량이 온도에 따라 얼음의 포화 수증기량보다 얼마나 많은지(과포화인지)를 표시합니다. 세로축의 가장 아래 눈금, 즉 가로축의 선상은 얼음이 이제 막 포화 상태에 이르렀음을 의미합니다. 세로축의 눈금 0.1은 얼음의 과포화가 0.1g/m^3 이루어졌다는 의미입니다.

그래프 곡선은 온도에 따른 과냉각수의 포화 수증기량입니다. 얼음보다 물의 포화 수증기량이 많음을 알 수 있습니다. 곡선 아래는 얼음의 수증기량이 포화되었지만 물은 포화되지 않은 영역을 나타냅니다. 이 영역에서 빙정 과정이 진행되고 빙정이 성장한다고 앞서 설명한 바 있습니다. 곡선 위는 얼음과 물 모두 수증기량이 포화된 영역입니다.

예를 들어 -10℃에서 -20℃ 사이에서 수증기가 과냉각 물방울에 대해서도 포화된 경우를 그래프에서 살펴봅시다. 이때는 잘 알려진 나뭇가지 모양의 결정이 만들어집니다. 수증기량이 같더라도 온도가 더 낮다면 칼집 모양의 결정이 만들어집니다.

이처럼 눈 결정 모양과 온도, 수증기량의 관계를 규명한 사람은 일본의 나카야 우키치로(中谷宇吉郎, 1900년~1962년)입니다. 1900년 이시카와(石川) 현에서 태어난 물리학자로 눈 결정을 연구하여 설빙학(雪氷學)을 개척했습니다. 그는 연구 성과를 토대로 실험실에서 온도와 습도 조건을 바꿔가며 자유자재로 원하는 모양의 눈 결정을 만들어 보이기도 했습니다.

눈이 그대로 지상까지 떨어질지 아니면 녹아서 비가 될지는 구름에서 지상까지의 온도와 습도에 따릅니다. 지상 1온도가 2℃ 이하라면 눈은 내리는 도중이라도 잘 녹지 않습니다. 또 내리는 도중 대기의 습도가 낮으면 잘 녹지 않습니다. 왜냐하면 수증기가 증발하면서 눈 입자의 열을 빼앗기 때문입니다. 이와 같은 원리로 젖은 피부가 마를 때 선선함을 느끼기도 합니다.

빙정은 낙하하면서 합체해서 큰 입자의 비가 된다

구름 입자는 빙정 과정을 통해 크기가 작은 비 입자로 성장합니다. 이것이 지상으로 떨어질 때 녹으면 비가 됩니다. 그러나 입자가 큰 비는 승화 응결뿐만 아니라 입자끼리 충돌하면서 한층 더 성장합니다.

승화 응결 과정으로 커진 빙정은 구름 속을 떠도는 작은 과냉각 물방울 사이를 빠르게 낙하합니다. 그러면서 낙하 속도가 느린 과냉각 물방울 구름 입자와 충돌합니다. 이때 과냉각 물방울은 순간적으로 빙정에 얼어붙습니다.

얼어붙는 형태는 그때의 조건에 따라 다릅니다. 물방울은 온도가 비교적 높을 때 빙정 표면에 넓게 얼어붙지만, 온도가 낮으면 물방울이 둥근 입자 형태 그대로 얼어붙어서 별사탕 같은 돌기를 만들기도 합니다. 빙정은 다수의 과냉각 물방울 구름 입자를 얼려가며 급속히 커집니다. 입자가 직경 5mm 이상이 되면 '싸라기눈'이 되고, 더 커지면 '우박'이 됩니다. 대기 조건에 따라서는 싸라기눈이나 우박이 그대로 지표까지 떨어지지만 도중에 녹으면 입자가 큰 비가 됩니다.

과냉각 물방울 구름 입자가 빙정에 얼어붙는 과정을 통해 비 입자 수가 늘어나는 현상도 일어납니다. 얼어붙을 때 결정이 뒤틀려서 작은 빙정 파편이 많이 흩어지는데, 이런 미세한 빙정은 큰 빙정보다 느리기 때문에 구름 속을 떠돌게 되고, 수증기를 승화 응결시키는 새로운 핵으로 성장해 커지면 낙하합니다. 이런 구조 때문에 빙정핵으로 만들어진 빙정은 원래 적은 수임에도 불구하고 다수의 빙정을 생성할 수 있습니다. 이를 빙정 증식 작용이라고 합니다.

빙정끼리 충돌하여 합체하기도 하는데 온도가 높을수록 합체하기 쉽습니다. 나뭇가지 모양의 결정끼리는 잘 붙기 때문에 모여서 눈송이가 되기도 합니다. 이것이 그대로 지상까지 내려오면 펄펄 날리는 '함박눈'이 되고, 상공의 함박눈이 녹아서 지상으로 떨어지면 비교적 큰 입자의 비가 됩니다.

그림 2-10은 따뜻한 비와 찬 비의 발생 구조를 정리한 것입니다. 해염 입자의 수량과 구름의 온도가 분류 기준입니다.

구름의 온도가 높은 열대에서 내리는 비가 모두 따뜻한 비는 아닙니다. 지상 온도가 30℃ 이상이라도 5,000m 상공은 어디든 영하입니다. 또 적도 부근의 대류권계면은 중위도보다 높아서 적란운의 구름 꼭대기가 18km까지 올라가므로 기온이 상당히 낮습니다. 열대 해상에서 따뜻한 비를 내리는 것은

그림 2-10 **따뜻한 비와 찬 비의 발생 구조**

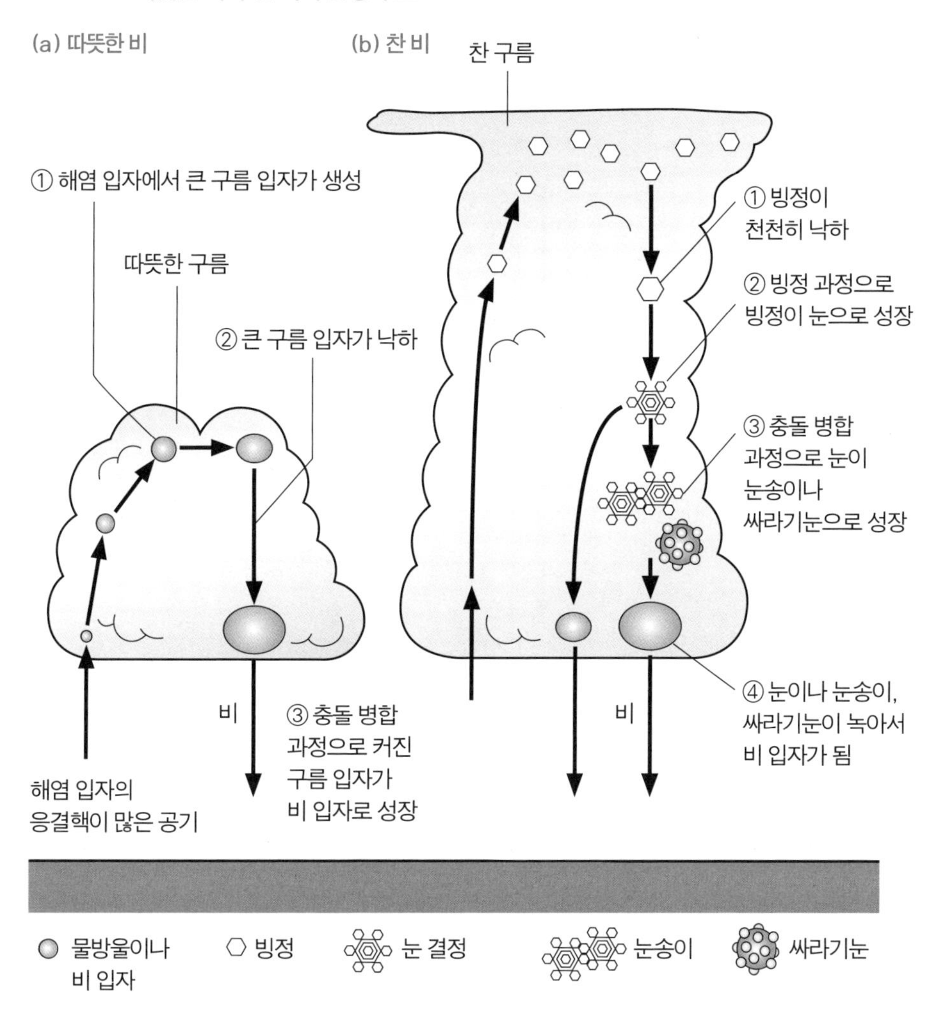

구름 꼭대기가 낮은 적운입니다. 해염 입자가 풍부해서 따뜻한 비가 생성되는 구조가 작용하는 경우라도, 구름 꼭대기가 빙정이 만들어질 정도로 높다면 찬 비가 생성되는 구조도 작용합니다. 이상 적운이나 적란운 등 대류성 구름에서 비가 내리는 구조를 살펴봤습니다. 그렇다면 층운에서는 어떤 식으로 비가 내릴까요?

그림 2-11 **층운에서 내리는 비의 구조**

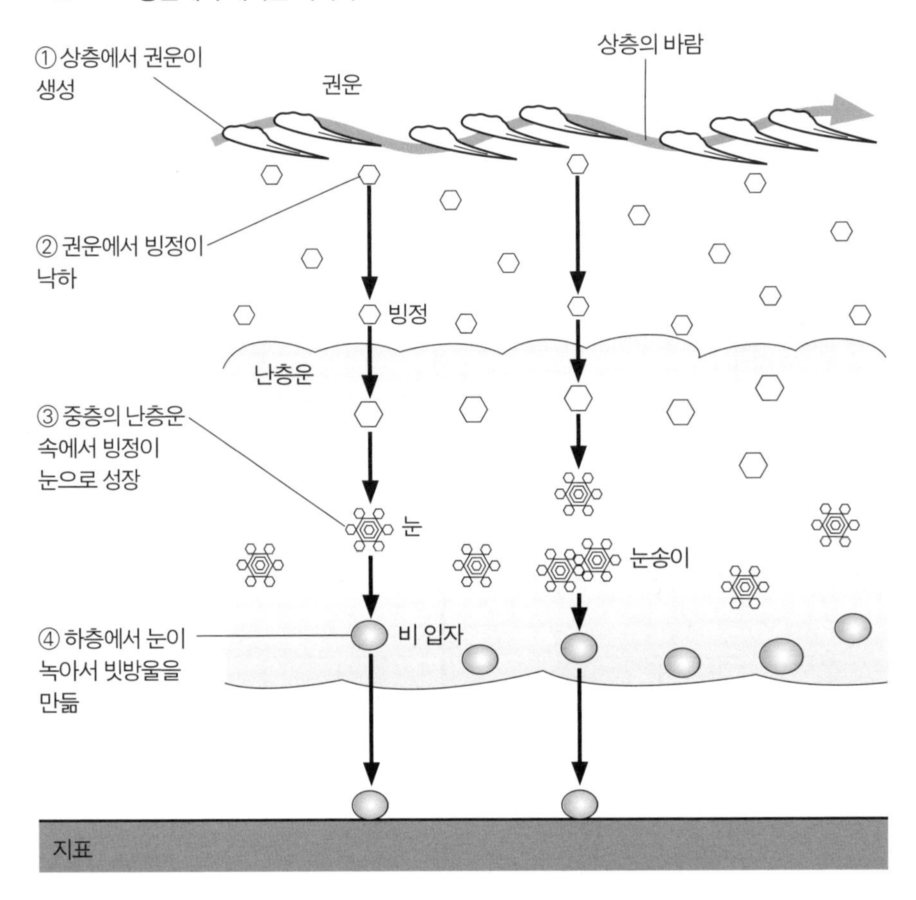

층운에서 찬 비가 내리는 구조

난층운은 대류권 중층을 중심으로 넓게 분포하며 두꺼울 때는 대류권 상층까지 발달합니다. 이때는 구름 윗부분에서 빙정이 다수 발생하므로 의심할 여지없이 찬 비가 내립니다.

그러나 난층운 꼭대기가 항상 상층까지 발달하지는 않습니다. 대류권 중층은 빙정이 많이 발생하지 않는데, 앞서 설명한 바와 같이 -33℃ 이상에서 구름 입자는 거의 과냉각 물방울 상태이기 때문입니다. 빙정핵으로 만들어진

그림 2-12 **상층의 권운에서 중층의 구름으로 낙하하는 빙정**

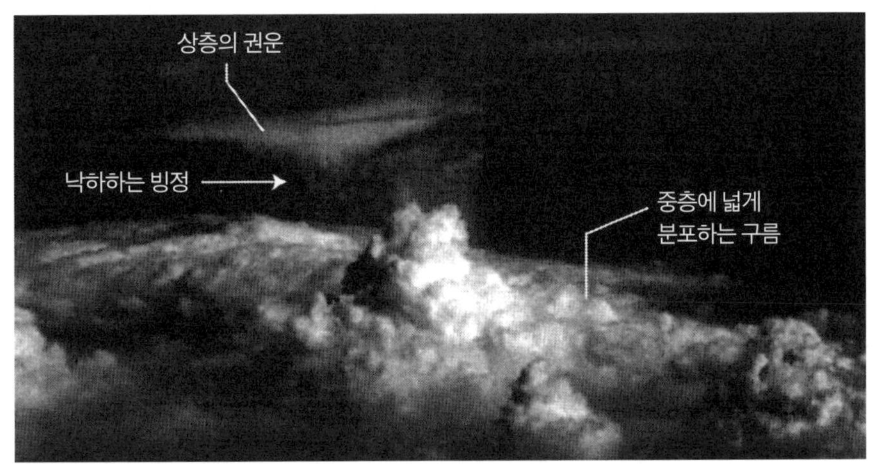

대류권 상층을 비행하는 비행기에서 촬영. 사진: Furukawa

극소수의 빙정이 존재하지만 본격적으로 비를 내리기에는 불충분합니다. 하지만 이런 난층운에서도 본격적인 비가 내립니다. 뿐만 아니라 고층운이나 층적운에서도 비가 내리는데 왜일까요?

이 의문을 풀 수 있는 열쇠는 층운보다 높은 상공에 숨어 있습니다. 제1장의 마지막 부분에서 상층 구름인 권운을 설명할 때 새털 혹은 솔질한 듯한 부분은 빙정이 낙하하면서 나타나는 현상이라고 언급했습니다. 지상에서는 맑은 날에 권운이 관측되지만 흐리거나 비가 오더라도 그보다 높은 상공에서는 권운을 쉽게 관찰할 수 있습니다. 상층의 권운에서 생성된 빙정이 그 아래의 난층운 속으로 낙하합니다.**그림 2-11, 그림 2-12** 떨어진 빙정은 핵이 되어 과냉각 물방울 구름 입자가 풍부한 난층운 속에서 빙정 과정을 거쳐 눈이 됩니다. 이 눈이 녹아서 지상에 비를 뿌리는 것입니다. 구조가 복잡하기는 하지만 비가 내리는 원인이 빙정이므로 찬 비에 해당합니다.

이러한 다중 구조에는 2층 구조뿐만 아니라 상층 권운, 중층 고층운, 하층 층난운이라는 3층 구조도 존재합니다. 이때는 상층의 권운에서 낙하한 작은 빙정이 중층의 고층운에서 과냉각 물방울로 성장하고, 하층인 층난운 속을 낙하할 때 물방울이 모이면서 녹는 과정을 거쳐 지상에 비를 뿌립니다.

난층운에서 찬 비가 내리는 구조에 대해 한 가지 더 덧붙이자면, 난층운은 두께가 일정하지 않고 군데군데 연직 방향으로 대류가 왕성하여 적란운처럼 구름 꼭대기가 높이 발달하기도 합니다. 이렇게 높은 곳에서 생성된 빙정이 주위의 낮은 곳으로 떨어집니다. 그래서 일반적으로 층운의 비는 입자가 작고 조용히 내리지만, 빙정이 많은 부분이 통과할 때는 빗발이 강해지기도 합니다.

스스로 커지는 적란운

뇌우의 강우량

지금까지 비가 내리는 일반적인 구조를 살펴봤습니다. 이번에는 '호우'라는 강한 비에 대해 알아보겠습니다.

발달한 적란운은 시간당 20mm, 30mm 또는 50mm 이상의 매우 거센 비를 뿌립니다. 여기서 '시간당 20mm'라는 표현은 내리는 빗물을 바닥이 평평한 용기에 1시간 동안 받았을 때 그 깊이가 20mm라는 의미입니다. 단시간 집중해서 내리는 비의 양을 나타내는 지표로 자주 사용합니다.

비의 세기를 나타내는 지표를 살펴봅시다. **표 2-1** '강한 비'는 시간당 15mm 이상의 강우량입니다. 또 30mm 이상은 가끔 경험하는 매우 강한 비에 해당합니다. 표에는 없지만 더 많은 비가 내리는 경우도 있습니다.

시간당 50mm 이상은 대부분 재해 수준으로 폭포수처럼 비가 내립니다. 우

표 2-1 **비의 세기를 나타내는 지표(한국 기상청 자료)**

용어	강우 강도	비고
약한 비	1시간에 3mm 미만	* 강수량 및 적설은 예보에 따라 직접 표현(기상 통보문, 기상 정보)
(보통) 비	1시간에 3~15mm 미만	
강한 비	1시간에 15mm 이상	
매우 강한 비	1시간에 30mm 이상	

산을 써도 아무런 소용이 없습니다. 시간당 80mm 이상은 공포를 느낄 정도라고 하니 실제 체험해보지 못한 사람은 그 정도를 알기 어려울 것입니다. 단기간에 퍼붓는 '집중호우'는 시간당 100mm가 넘는 강우량을 기록하기도 합니다.

재해를 일으킬 수 있는 시간당 50mm는 1시간 만에 물이 5cm가량 찬다는 의미입니다. 이렇게 숫자로 보니 별로 와 닿지 않겠지만 부피로 따지면 1평방미터 토지에 50L의 물이 내린다는 의미입니다. 10평방미터라면 5,000L($5m^3$) 이며 이는 200L 드럼통 25개 분량입니다. 10평방킬로미터라면 시간당 강우량은 0.05m×1만m×1만m=500만m^3입니다. 장충체육관의 부피가 약 7만 6천m^3이므로 장충체육관 65채분의 강우량입니다. 이 비가 저지대로 흘러 들어가면 순식간에 수해가 발생합니다.

이런 비가 산간 지역에 내리면 산에서 대량의 물을 품은 토사가 밀려 내려와 산사태 같은 재해가 일어나기도 합니다. 도심지라면 지표가 콘크리트나 아스팔트로 덮여 있기 때문에 물은 하수도나 수로로 흘러가겠지만, 이 물이 큰 강이나 바다로 방류되기까지는 다소 시간이 걸립니다. 시간당 50mm 이상이나 80mm 이상의 비가 내리면 방류 속도가 내리는 비의 속도를 따라가지 못합니다. 물이 범람하여 도로나 주택, 지하도를 침수시키는 '도심형 수해'를 일으키는 것입니다. 이런 재해를 막기 위해 각 지방자치단체는 댐과 제방을 건설하고, 유수지를 확대하는 등 대책을 마련하고 있습니다.

생명체 같은 적란운의 일생

강한 비를 내리는 적란운 하나를 **강수 세포**라고도 합니다. 세포(cell)는 모여서 조직(예를 들어 심장 근육)을 이루거나 기관(예를 들어 내장)이 됩니다. 강수 세포도 마치 생물 세포처럼 조직적으로 커집니다. 이렇게 조직화한 적란운은 강수 세포가 하나일 때보다 오랫동안 넓은 영역에 비를 뿌립니다. 여기서는 강수 세포 하나의 일생과 다수의 강수 세포가 조직화하는 과정을 살펴보겠습니다.

적란운의 발생과 소멸은 크게 세 단계로 나눌 수 있습니다.**그림 2-13** 먼저 성장기에는 상승 기류가 적운을 성장시킵니다. 구름 꼭대기가 높아지면 빙정이 발생하고, 강수 입자가 생기지만 비는 아직 내리지 않습니다.

성숙기에는 빙정이 커져 낙하하면서 눈이나 싸라기눈으로 성장하고, 이것이 녹아서 비가 됩니다. 이 과정이 '찬 비'의 구조라고 앞서 설명했습니다. 상승 기류가 강할 때는 싸라기눈이 좀처럼 낙하하지 않고 5mm 이상의 얼음 입자인 우박으로 성장하기도 합니다. 우박은 녹지 않고 지표까지 떨어지기도 하지만 대다수는 녹아서 큰 비 입자가 됩니다.

적란운의 성숙기에는 천둥이 발생합니다. 이는 구름 속에서 싸라기눈과 빙정이 충돌할 때 각각이 전기를 띠기 때문입니다. 마찰 전기와 유사하지만 마찰 전기는 전자가 물체에서 물체로 이동하면서 발생하는 데 비해 이 현상은 물 분자 H_2O의 일부가 전리(電離)하여 생긴 H^+ 이온이나 OH^- 이온이 이동합니다. 전기를 띤 작은 빙정은 상승 기류 때문에 위쪽으로 운반되고, 반대로 전기를 띤 큰 싸라기눈은 아래쪽으로 떨어집니다. 결과적으로 플러스와 마이너스 전기를 띤 입자가 구름 속에서 각각 다른 부분으로 나누어집니다.

이처럼 각각의 장소에 축적된 플러스와 마이너스 전기가 구름 속이나 구름

그림 2-13 **적란운의 일생**

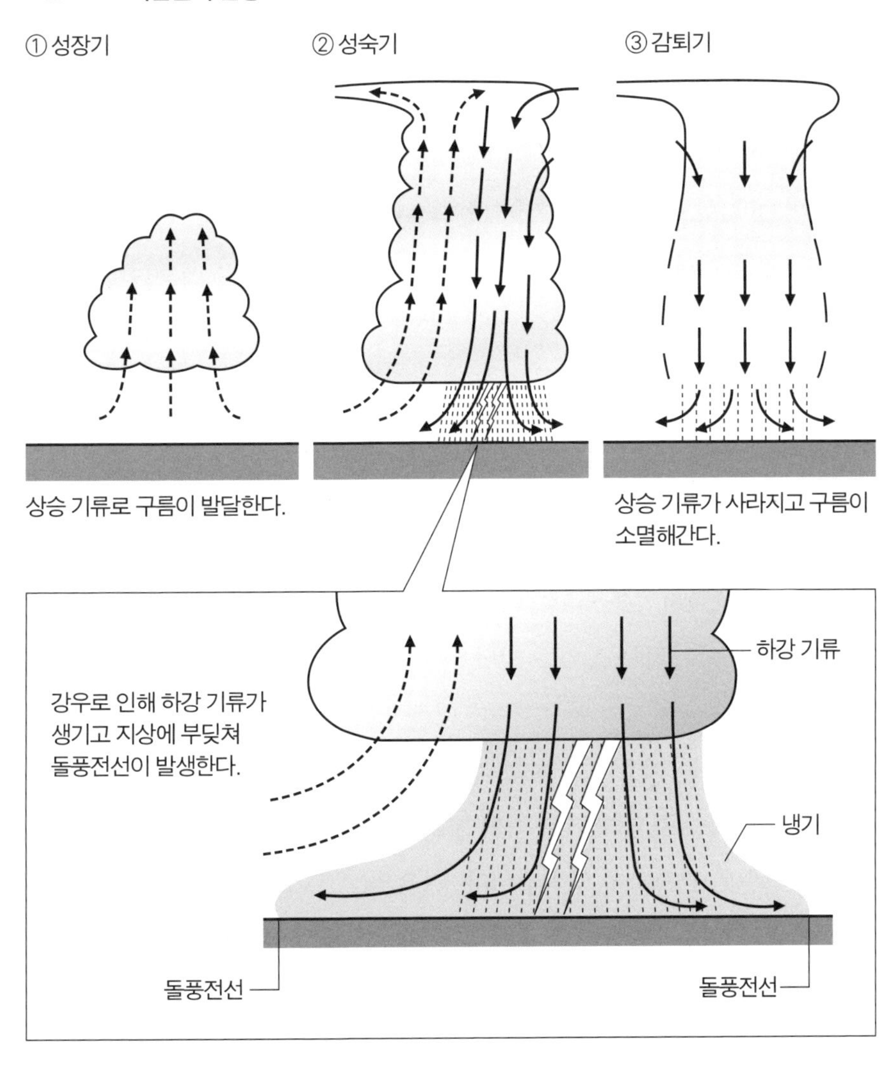

끼리 또는 구름과 지상 사이에 흘러 번개를 일으킵니다.

천둥소리는 원래 전류가 흐르기 어려운 공기 중을 무리하게 흐르면서 생기는 충격음입니다. 번개가 칠 때 전류가 흐르는 시간은 0.1초 이하지만 천둥소리는 '쾅' 하고 짧게 들리기도 하고 '우르르 쾅쾅' 하고 길게 들리기도 합니다.

소리가 전달될 때 지면이나 건물을 울리기 때문이기도 하지만 번개가 떨어지는 경로가 다양하기 때문에 들리는 소리도 달라집니다. 즉 번개의 한쪽 끝은 관측 위치에서 3km 지점이고 다른 한쪽은 4km 지점이라면 각기 거리가 다르기 때문에 소리가 도달하는 데 시간차가 생기는 것입니다. 그리고 음속은 초속 약 340m이므로 1km의 거리 차이는 약 3초의 간격을 만듭니다. 천둥소리가 3초로 늘어나서 '우르르 쾅쾅' 하고 들리는 셈입니다.

성숙기에는 강수 입자가 낙하하면서 주위 공기가 냉각되어 찬 하강 기류가 만들어집니다. 즉 강한 비가 내리는 적란운에는 구름을 발달시키는 상승 기류뿐만 아니라 찬 하강 기류도 발생합니다. 찬 하강 기류는 적란운 아래의 지표에 부딪쳐 진행 방향이 수평으로 바뀝니다. 이때 수평 방향 기류가 바깥 쪽 공기와 부딪치는데 이 부분을 돌풍전선(gust front)이라고 합니다. 돌풍은 바람이 급격히 흐트러짐을 의미합니다.

적란운에서 하강하는 공기는 빗방울이 증발하면서 열을 빼앗겨 차고 무거운 덩어리 상태로 지표에 떨어지는데 이를 다운 버스트(down burst)라고 합니다. 다운 버스트는 매우 강한 하강 기류입니다. 항공기가 적란운 아래를 비행할 때 다운 버스트를 만나면 추락할 수도 있기 때문에 공항에서는 기상 레이더로 적란운을 관측하며 경계합니다. 다운 버스트가 지표에 부딪쳐서 생긴 수평 방향의 강한 돌풍은 나무나 주택을 파손하기도 합니다.

적란운의 강우 영역이 넓어지고 거세지면서 더욱 강해진 하강 기류는 상승 기류를 막아서 없앱니다. 이 때문에 적란운의 성숙기가 유지되는 시간은 15~30분 정도입니다. 마지막으로 감퇴기에 접어들면 약한 비와 함께 하강 기류만 존재하고 적란운은 점점 소멸해갑니다.

아이러니하게도 적란운은 성숙기에 접어들었을 때 그 반작용 때문에 하강 기류가 생겨 결국 쇠약해집니다. 즉 하강 기류는 적란운의 수명을 단축시킵니다. 그러나 그림 2-14처럼 찬 하강 기류로 생긴 돌풍전선은 원래 지표에 존

그림 2-14 **돌풍전선에 의한 새로운 강수 세포의 탄생**

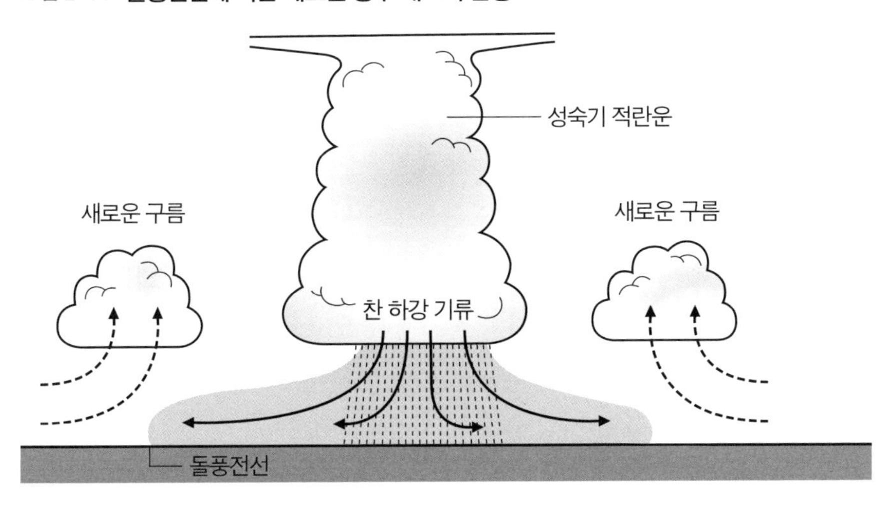

재하던 따듯한 공기를 끌어올려 새로운 상승 기류를 만드는 중요한 역할을 합니다. 또 다른 구름의 돌풍전선과 충돌하여 상승 기류가 되기도 합니다. 이런 식으로 새로운 적운이 발생하고 다시 적란운으로 성장합니다. 그리고 새로운 적란운의 돌풍전선도 또다시 새로운 적란운을 발생시킵니다.

이렇게 적란운 근처에 '아들' '손자' 적란운이 태어나 성장기, 성숙기, 감퇴기가 혼재되어 집단을 이룬 것을 **기단성 뇌우**(氣團性 雷雨)라고 합니다. 여름철 소나기 등으로 만날 수 있는 뇌우는 대개 이런 기단성 뇌우입니다.

자기 조직화하는 적란운 무리

'자기 조직화'라는 말이 있습니다. 눈 결정이 그렇게 아름다운 것은 누군가가 설계도를 가지고 만들어서가 아닙니다. 물 분자는 '자기'가 가진 성질(산소 원자와 결합하는 수소 원자 2개의 각도나 전하의 치우침 등)을 이용하여 자연스럽고 규칙적으로 결합하여 육각형을 기본으로 한 다양한 모양의 결정을 '조직'합니다. 적란운도 성숙하면 돌풍전선이 새로운 구름을 만들어내기 때문에 질서

정연하게 스스로 조직화한다고 할 수 있습니다.

조직화한 적란운에는 몇 가지 형태가 있습니다. 먼저 **다중 세포형**(multi cell)을 살펴보겠습니다. 그림 2-15는 다중 세포 구조의 예입니다. 조직화하지 않은 기단성 뇌우는 새로운 강수 세포가 우발적으로 발생하지만, 다중 세포형 뇌우는 새로운 강우 세포가 정해진 장소에서 발생합니다. 그림을 살펴보면 성숙기 세포의 왼쪽에 감퇴기 세포가 위치할 때, 돌풍전선은 반대편인 오른쪽에서 발생합니다. 이 돌풍전선의 상공에서 새로운 성장기 세포가 생겨납니다.

이런 식으로 세 단계의 강수 세포가 순서대로 배열됩니다. 성장기 세포가 성숙기 단계로 접어들면 또다시 오른쪽에 새로운 성장기 세포가 생깁니다. 또 왼쪽 끝의 감퇴기 세포는 소멸합니다. 결과적으로 이 세포 집단은 내부에

그림 2-15 **다중 세포형 뇌우의 구조**

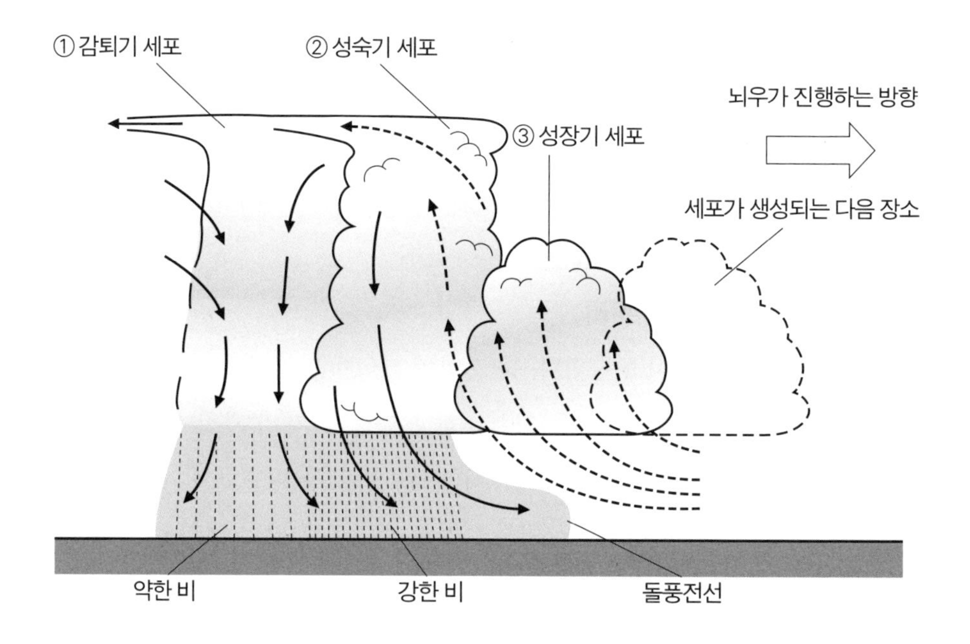

서 세대교체를 반복하면서 전체적으로 오른쪽으로 진행합니다. 세포 하나하나의 수명은 짧아도 새로운 세포를 항상 만들며 세대교체하기 때문에 집단의 수명은 연장됩니다.

그럼 그림 2-15의 앞쪽이나 뒤쪽 방향으로 동일한 다중 세포 구조가 늘어서면 어떻게 될지 상상해봅시다. 다중 세포처럼 자기 조직화한 구조가 더 커지기 위해서는 이러한 증식이 가장 효율적입니다. 그림의 오른쪽이나 왼쪽 방향으로 집단이 늘어나는 형태만으로는 세 단계로 잘 조직된 구조가 붕괴되기 십상이기 때문입니다.

따라서 세포 집단이 더 커지려면 정해진 하나의 방향, 즉 선 모양으로 길게 늘어서는 형태가 필요하지 않을까 예측해볼 수 있습니다. 실제로 수십 킬로미터에 걸쳐 선 모양으로 조직된 뇌우는 흔히 관측할 수 있습니다. 이런 뇌

그림 2-16 **스콜 선의 구조**

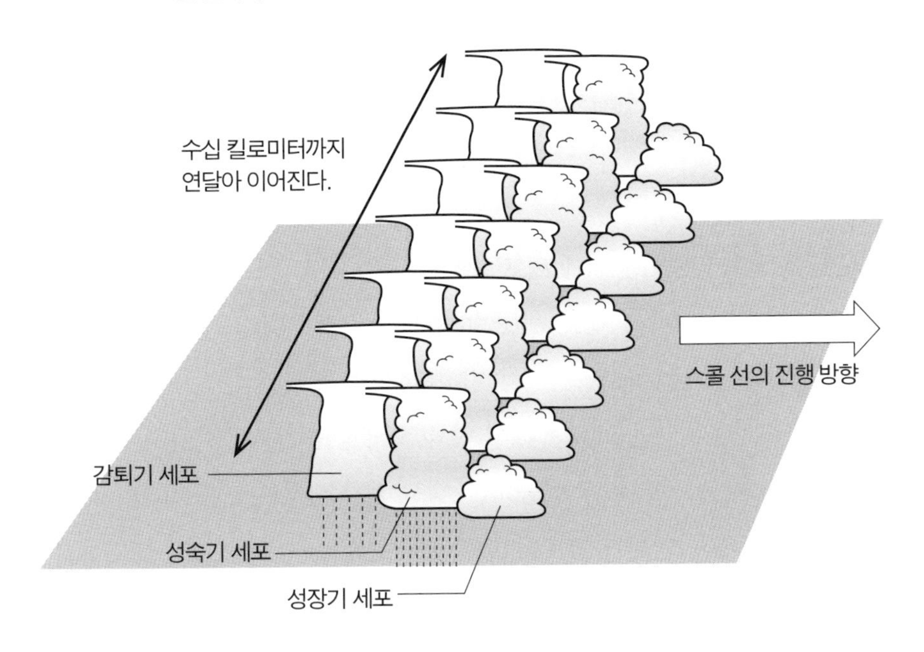

우 중 선과 직각 방향으로 빨리 이동하는 것을 **스콜 선**(squall line)이라고 합니다. 그림 2-16 이 경우 진행 속도가 빠르기 때문에 강수 시간이 짧은 지역도 생깁니다. 천둥이나 돌풍을 동반한 뇌우가 내리지만, 한 지역이 재해를 입을 정도로 비를 많이 뿌리지는 않습니다.

선 모양으로 조직화한 뇌우 중에는 큰 재해를 일으키는 형태도 있습니다. 그림 2-17 스콜 선과는 달리 강수 세포 개개의 진행 방향이 세포가 선 모양으로 이어진 방향과 일치하는 경우입니다. 이때는 강한 집중호우가 예상됩니다. 원인은 안타깝게도 아직 충분히 해명되지 않았지만 대략 다음과 같은 현상이 나타나기 때문입니다.

강한 상승 기류는 지형에 의한 기류의 수렴이나 전선면(제5장에서 설명)의 영향으로 어떤 특정 장소에서 발생하기 쉽습니다. 그 장소에서 발생하고 발달한 적란운이 상공의 바람에 의해 이동하면 처음 상승 기류가 발생한 장소에 공백이 생깁니다. 그 공백에 다시 새로운 적란운이 발생하여 이동하는 과정이 반복됩니다.

이와 같은 적란운이 발생하는 장소는 기상 위성 사진으로 보면 뾰족한 '당근' 같은 모양을 하고 있기 때문에 당근형 구름 또는 테이퍼링 클라우드(tapering cloud)라고 합니다.

강력한 용오름을 일으키는 거대 세포

발생 빈도가 낮지만 거대 세포(super cell)라는 특수한 적란운이 있습니다. 호우뿐만 아니라 강력한 용오름을 일으킵니다. 거대 세포는 다중 세포와는 달리 단일 적란운이며 그림 2-18처럼 한 구름 속에 상승 기류와 하강 기류가 발생하는 영역이 각각 구분되어 있습니다. 상승 기류로 커진 얼음 입자는 하강 기류로 떨어져 강수 입자가 됩니다. 이런 구조는 비가 내린다고 상승 기류가 약해지지 않습니다.

그림 2-17 **당근형 구름**

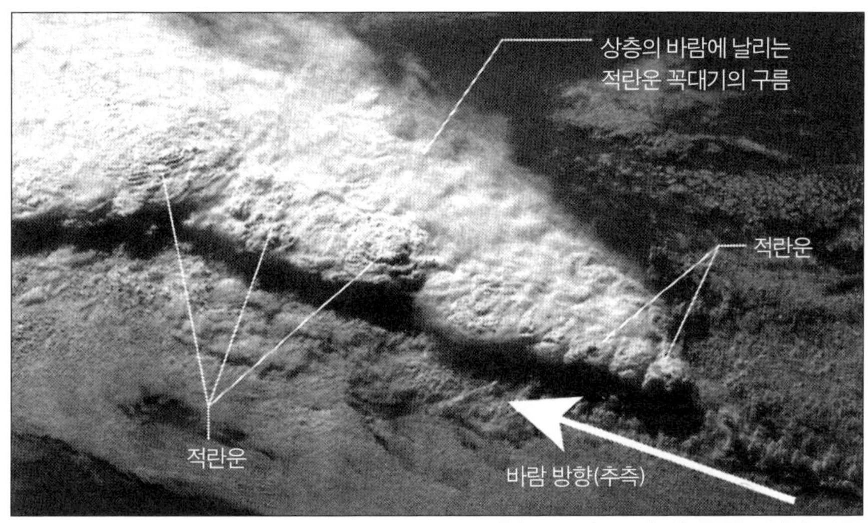

사진 : NASA. 1984년 4월 미국 플로리다 반도 부근

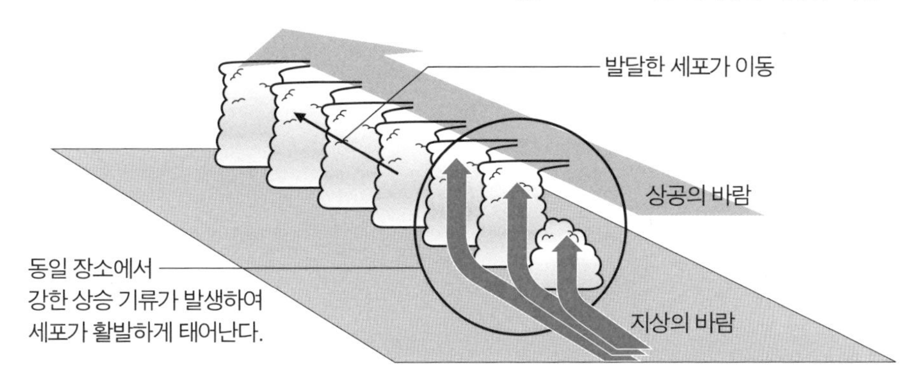

거대 세포는 보통의 적란운보다 수명이 길어 몇 시간 동안 유지되며 한층 더 강력한 상승 기류와 하강 기류가 있습니다. 이런 구조는 지상과 상공의 바람 방향이나 속도가 크게 달라야 발생합니다.

이런 현상을 일으키는 원인 중 하나는 구름 속으로 유입된 건조한 공기입니다. 건조한 공기 속으로 강수 입자가 낙하하면, 강수 입자 표면의 물이 왕성하게 증발하면서 열을 빼앗아 주위 공기가 차가워지기 때문에 하강 기류는 강

그림 2-18 **거대 세포**

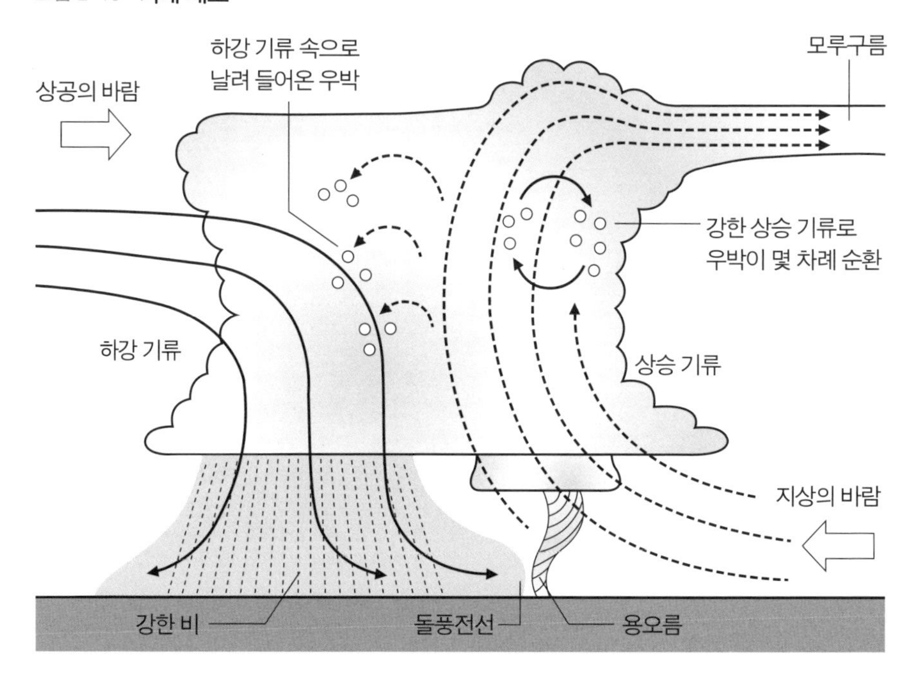

력해집니다. 이때 생기는 강한 돌풍전선은 상승 기류의 발생을 돕습니다.

그림의 오른쪽 영역에서는 구름 속 빙정에서 성장한 우박이 상승 기류 영역으로 낙하하고 상승하기를 반복합니다. 우박은 이렇게 한 구름 속에서 여러 차례 순환하면서 점점 커집니다. 고도에 따라 우박에 작은 얼음 입자가 달라붙거나 과냉각 물방울 구름 입자가 얼어붙는 등 성장 구조가 주기적으로 변합니다. 그래서 큰 우박 단면을 살펴보면 나무처럼 나이테를 볼 수 있습니다. 나이테 수로 구름 속을 얼마나 순환했는지 추측할 수 있습니다.

거대 세포는 큰 우박을 내리기도 하지만, 상승 기류 속에서 발생한 다양한 크기의 우박은 순환 도중에 그림 왼쪽의 하강 기류 영역 속으로 날아가기도 합니다. 이것이 녹아서 지상으로 떨어져 빗방울이 됩니다.

거대 세포는 강력한 상승 기류로 용오름을 만들어냅니다. 용오름은 소용돌이치는 강력한 상승 기류입니다. 상승 기류의 속도는 초속 50~100m나 됩니다. 소용돌이는 반경이 수 미터부터 수백 미터까지 발달하기도 합니다.

북미 대륙의 토네이도(tornado)는 거대한 용오름으로 유명합니다. 강력한 토네이도의 내부 풍속은 시속 100m 이상을 기록하기도 합니다. 일반적인 태풍의 바람 세기는 평균 초속 25m입니다. 일상에서 체험할 수 있는 바람과는 비교할 수 없을 정도로 강력합니다. 이 때문에 태풍이 오면 지상에 있는 대부분의 시설은 파괴되고 맙니다. 미국에서는 겨우 16시간 만에 100개 이상의 토네이도가 발생하여 300명 이상의 사망자가 나오기도 했습니다.(1974년)

일본에서는 용오름이 연평균 17개 정도 발생하여 가옥이 파괴되는 피해가 일어나지만, 비교적 작은 규모입니다. 일본에서 거대 세포는 그다지 발생 빈도가 높지 않고, 다중 세포 등 적란운에 의한 용오름이 발생합니다. 드물지만 거대 세포에 의한 강한 용오름이 발생하기도 합니다. (한국은 용오름 발생 횟수가 5년에 한 번 정도로, 용오름 자체가 매우 드물다.-편집자)

호우는 언제 발생하는가?

대기의 '안정'과 '불안정'

적운은 소멸하거나 발달해서 적란운이 되기도 합니다. 그 원인은 무엇일까요? 어떤 조건에서 적란운으로 발달하고 호우가 내리는지 살펴보겠습니다.

여름철 강한 햇볕이 내리쬐면 지면 부근의 공기가 뜨거워져 대류가 일어납니다. 어쩌다 적란운이 만들어져 오후에 소나기를 뿌릴 때도 있습니다. 그런데 이런 상황은 모두 같지만 소나기가 내리지 않는 날도 있습니다. 햇볕의 강도는 적운의 발달 여부를 결정하는 요인이지만 이 외에 다른 요인도 있습니다.

이에 대한 대답은 기상 캐스터가 뇌우를 예상할 때 사용하는 '대기가 불안정'하다는 말 속에 있습니다. 대기가 불안정하면 대류가 급격히 일어나 적란운이 발달하기 쉽습니다. 반대로 안정적인 대기에서는 대류운이 발달하지 않습니다. 대기의 안정과 불안정이 무엇을 의미하는지 사고 실험을 해보겠습니다. **그림 2-19**

데워져 상승하는 공기 거품을 서멀이라고 하는데, 여기서는 얼마나 데워졌는지와 상관없이 공기 덩어리를 기계적으로 상승시켜보겠습니다. 지표 부근의 공기를 무게가 없는 얇은 막으로 감싼 큰 비치볼 같은 덩어리라고 가정하고 이를 **공기 덩어리**라고 부르겠습니다. 얇은 막은 신축성이 뛰어나 늘어나고 줄어들기도 하면서 외부 대기압과 내부 기압을 동일하게 유지합니다.

우리는 어떤 특별한 탈것에 타고 주위 대기에 아무런 영향을 주지 않으면서 대류권을 오르락내리락합니다. 탈것에는 지상 부근의 공기 덩어리가 연결되어 있습니다. 처음에는 공기 덩어리와 주위 대기의 온도가 동일합니다.

이 공기 덩어리를 탈것으로 상공까지 운반해 그 변화를 관찰해보겠습니다. 상공일수록 기압이 낮기 때문에 공기 덩어리는 팽창하여 커집니다. 다시 말해 제1장에서 설명한 바와 같이 단열 팽창으로 온도가 내려갑니다.

공기 덩어리의 온도가 주위 대기보다 낮으면 무겁기 때문에 탈것에서 공기 덩어리를 잘라내면 자연 낙하합니다. 반대로 공기 덩어리의 온도가 주위 대기보다 높으면 가벼워서 자연스럽게 상승합니다. 이처럼 특정 높이까지 공기 덩어리를 들어 올렸을 때 공기 덩어리가 상승하면 대기는 **불안정한** 상태입니다. 반대로 낙하하면 **안정적인** 상태입니다. 불안정한 대기에서는 공기 덩어리를 조금만 들어 올려도 연직 방향으로 작용하는 힘의 균형이 깨져 상승 기류가 멈추지 않습니다. 이처럼 균형이 깨지기 쉬운 상태이기 때문에 '불안정'하다고 합니다.

그림 2-19 **공기 덩어리를 들어 올리는 사고 실험**

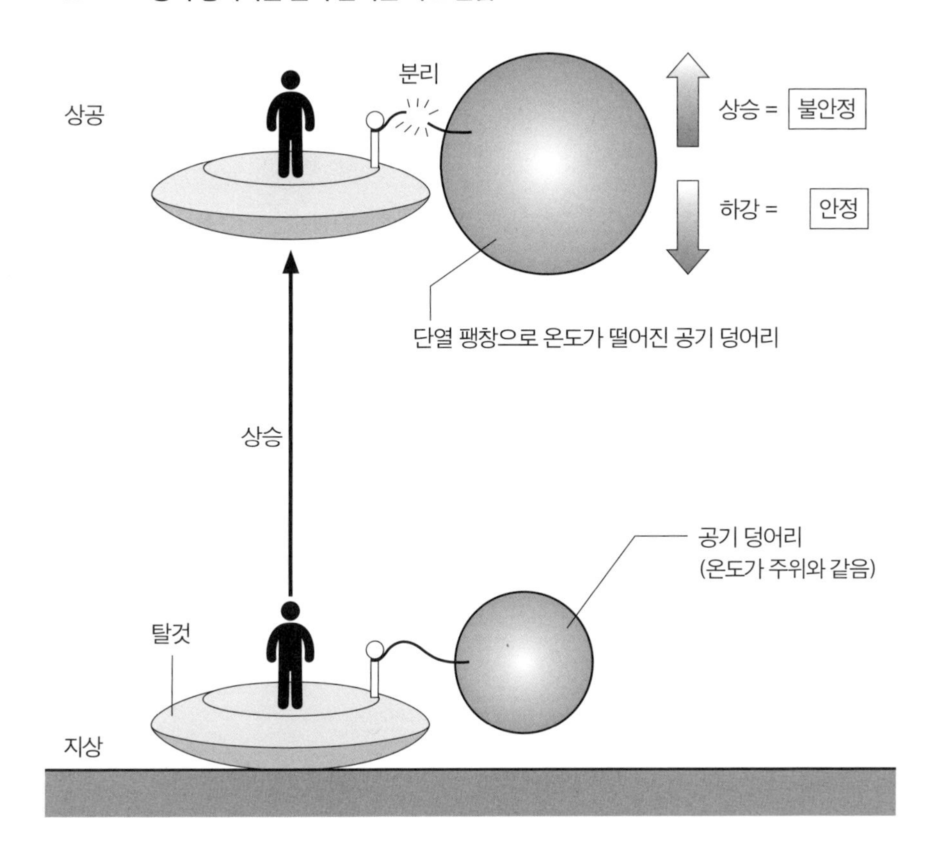

하지만 이 정도 설명으로는 공기 덩어리와 주위의 공기 온도가 왜 다른지 이해할 수 없습니다. 숫자로 표시해 보다 구체적으로 생각해봅시다. 평균적인 대류권 대기는 1km 상승할 때마다 기온이 6.5℃씩 떨어집니다. 이는 제1장에서 대류권 온도 분포를 나타내는 '기온 감률'에서 설명한 바 있습니다.

또 단열 평창으로 비롯된 공기 덩어리의 온도 저하가 어느 정도인지도 파악해야 합니다. 공기 덩어리가 건조할 때, 즉 포화되지 않은 경우에는 단열 팽창으로 1km씩 상승할 때마다 약 10℃ 비율로 온도가 하락합니다. 제1장에서 설명했듯이 이 비율을 건조 단열 감률이라고 합니다.

그렇다면 지상의 대기 온도가 20℃이고 건조하다는 전제하에 공기 덩어리를 1km 상공까지 들어 올려봅시다. 그러면 공기 덩어리는 팽창하여 직경이 커지고 동시에 공기 덩어리의 온도는 건조 단열 감률에 따라 10℃가 됩니다. 이때 주위 대기는 지상보다 6.5℃ 낮은 13.5℃가 됩니다.

	지상		1km 상공
건조한 공기 덩어리의 온도	20℃	건조 단열 감률 10℃/km →	10℃
대기의 온도	20℃	대기의 기온 감률 6.5℃/km →	13.5℃

공기 덩어리가 주위 대기보다 온도가 낮으므로 무겁고, 탈것에서 공기 덩어리를 분리하면 자연 낙하해서 지표 부근으로 되돌아갑니다. 이와 같은 평균적인 대기는 지극히 안정적입니다.

그런데 지표 부근의 공기가 습하다면, 1km 상승했을 때 공기 온도가 6.5℃ 낮아지는 동일한 대기 조건이라고 해도 그 결과는 달라집니다. 포화 상태의 공기 덩어리를 상공으로 들어 올리면 공기 덩어리가 하얗게 변하는 것을 관찰할 수 있습니다. 이는 구름 입자가 발생했다는 의미입니다. 또 앞으로 설명하겠지만 탈것에서 공기 덩어리를 분리하면 자연 상승합니다. 즉, 대기가 불안정합니다.

그렇다면 구름 입자가 발생하는 조건에서는 어째서 이처럼 다른 결과가 나올까요? 이 차이를 이해하기 위해서는 수증기가 감추고 있는 열에 대해 알아야 합니다.

수증기의 잠열이란 무엇인가?

물질은 고체, 액체, 기체로 변화할 때 열을 방출하거나 흡수합니다. 물의 상태 변화를 그림 2-20에 정리해봤습니다. 주위로 방출하는 열은 응결열, 응고열, 승화열(승화 응결열)이 있고 주위에서 빼앗는 열은 증발열(기화열), 융해열, 승화열(승화 증발열)이 있습니다. 이들 열은 상태가 변하지 않으면 발생하지 않기 때문에 숨기고 있는 열, 즉 **잠열**(潛熱)이라고 합니다.

여기서는 액체 상태의 물과 수증기 사이의 변화에 주목해서 설명하겠습니다. 분자 사이의 간격이 짧은 액체는 분자끼리 당기는 힘이 강합니다. 이 힘을 제거하고 분자가 여기저기로 떠다니는 기체로 바뀌려면 에너지가 필요합니다. 따라서 물이 수증기로 변할 때는 주위에서 열(에너지)을 빼앗습니다. 이를 '증발열 흡수'라고 합니다. 반대로 수증기에서 물로 변할 때는 열을 방출하는데 '응결열 방출'이라고 합니다. 응결열 방출은 '수증기 잠열 방출'이라고도 하며 이 책에서는 이 용어를 사용하겠습니다.

수증기가 액체 상태의 물로 변할 때 1g당 방출하는 잠열은 2,500J(줄)이나 됩니다. 물 1g에 1J의 열을 가하면 0.24℃의 온도가 상승하기 때문에 이는 엄청나게 높은 열입니다. 물 100g을 6℃ 상승시킬 수 있는 열이 수증기 1g에서 생기는 것입니다.

반대의 상태 변화로 생기는 증발열도 같은 크기입니다. 물 1g이 증발하려면 2,500J의 열을 주위에서 뺏어야 하는데 이는 물 100g을 6℃ 낮출 수 있는 열 흡수입니다. 젖은 피부가 마를 때 선선함을 느끼거나 길바닥에 물을 뿌리면 지면의 온도가 내려가는 것은 이런 식으로 증발열을 빼앗기기 때문입니다.

습한 공기가 대기 불안정의 원인이다

그럼 습한 공기가 왜 대기 불안정의 원인인지 다시 살펴보겠습니다. 포화된 공기는 단열 팽창하면 수증기가 응결할 때 잠열을 방출하기 때문에 건조한 공기와는 다른 온도 변화를 보입니다. 즉 단열 팽창으로 인한 온도 저하와 응결로 인한 잠열 방출이 서로 상쇄하여 결과적으로 온도 저하는 건조 단열 감

그림 2-20 **물의 상태 변화와 1g당 출입 열량**

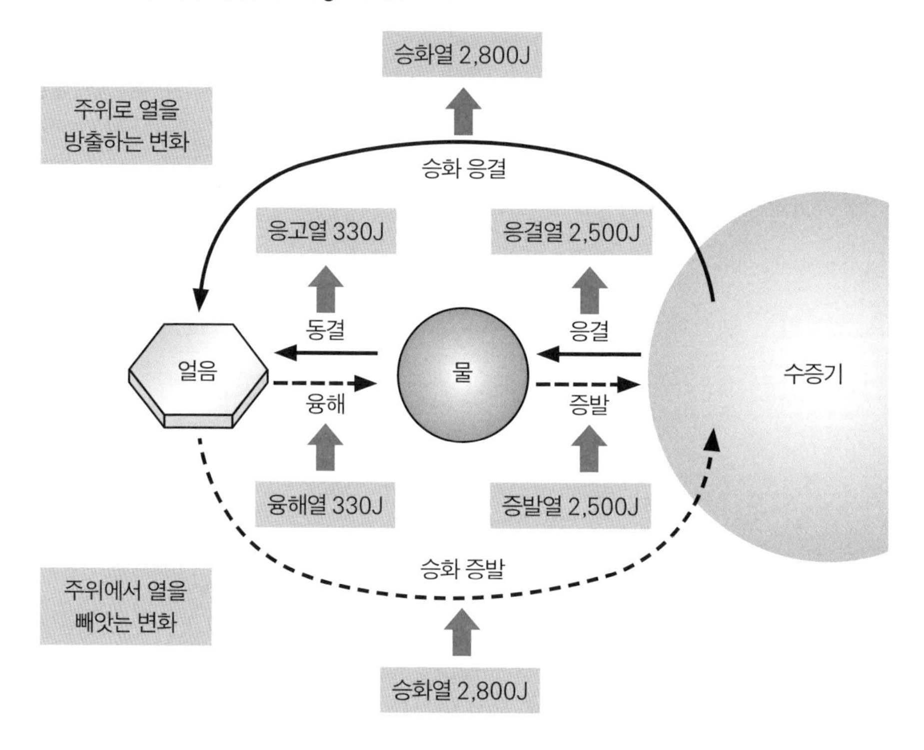

률의 10℃/km보다 더 작아집니다.

이렇게 포화된 공기가 단열 팽창할 때 나타나는 온도 저하 비율을 **습윤 단열 감률**이라고 하며 공기 온도가 5~20℃일 때 그 값은 4~6℃/km입니다.

다만 부연 설명하자면 습윤 단열 감률은 상공일수록(온도가 낮을수록) 건조 단열 감률에 조금씩 근접해갑니다. 이는 습도가 낮을수록 포화된 수증기의 절대량이 적고, 발생하는 응결열도 줄어들기 때문입니다. 여기서는 이해하기 쉽도록 습윤 단열 감률은 일정하다는 전제하에 설명을 이어가겠습니다.

그럼 처음의 사고실험 **그림 2-19**으로 돌아가 포화된 공기 덩어리를 1km 상공으로 옮겨봅시다. 지상에서 기온은 20℃입니다. 탈것이 상승하면 포화된 공기 덩어리에는 곧장 응결이 일어나 구름 입자가 만들어지고 하얗게 변합니다. 습윤 단열 감률이 5℃/km라면 1km 상공에 이르렀을 때 공기 덩어리 온도는 15℃입니다. 이때 주위 대기는 지상보다 6.5℃ 낮은 13.5℃입니다.

	지상		1km 상공
포화된 공기 덩어리의 온도	20℃	습윤 단열 감률 5℃/km →	15℃
대기의 습도	20℃	대기의 기온 감률 6.5℃/km →	13.5℃

공기 덩어리의 온도가 주위 대기보다 높아 가볍습니다. 이 때문에 탈것에서 공기 덩어리를 제거하면 자연 상승합니다. 공기 덩어리가 2km 높이에 도달하면 공기 덩어리 온도는 추가로 6℃ 떨어져 8℃가 되지만 주위 대기는 7℃입니다. 따라서 공기 덩어리는 다시 상승합니다. 이런 대기는 '불안정'합니다.

이제 건조한 공기는 대기가 안정적이지만 습해서 포화된 공기는 불안정하다는 사실을 알게 되었습니다. 이처럼 포화 상태라는 조건을 걸었을 때 불안정해지는 대기를 **조건부 불안정**이라고 합니다. 실제 대기에서도 조건부 불안정 상태가 될 가능성이 많아 하층에 습한 공기가 있으면 불안정해집니다.

반면 포화된 공기가 존재해도 불안정해지지 않는 대기도 생각해볼 수 있습니다. 41쪽에서 살펴본 상승 기류가 발생하지 않는 '가상 대기'(등온 대기, 기온 감률 0)가 그 예입니다. 또 기온 감률이 0이 아니더라도 습윤 단열 감률과 동일하거나 그보다 작다면 포화된 공기가 존재해도 대기는 안정을 유지합니다.

'하층의 습한 공기'와 '상공의 한기'로 대기는 불안정해진다

대기가 안정한지 불안정한지 결정짓는 요인에는 하층 공기의 습한 정도도 있지만 또 다른 요인이 있습니다. 평균적인 대기의 기온 감률은 6.5℃/km이지만 이와 다른 기온 감률을 보이는 경우입니다. 상공의 온도가 평균보다 낮은 상태를 상공의 한기라고 표현합니다. 상공의 온도가 평균적인 대기보다 낮다면 하층에서 상승한 공기 덩어리의 온도가 더 높을 가능성이 있습니다. 즉 상공의 한기로 인해 대기가 불안정해질 수 있습니다.

여름철 상공에 한기가 유입되면 적란운이 발달하기 쉬워져 소나기가 내립니다. 또 남쪽 해상에서 습한 남풍이 대기의 하층으로 유입될 때도 대기는 불안정해져 적란운이 발달합니다.

이런 대기가 불안정해지는 일은 여름철에만 국한되는 것이 아니라 '상공의 한기' '하층의 습한 공기'라는 조건에서도 발생합니다.

일본의 경우, 겨울철 동쪽 바다에서 찬바람이 불어옵니다. (일본) 동해는 난류에서 증발이 왕성하기 때문에 하층의 공기가 습하여 대기가 불안정합니다. 여기에 동해 상공으로 한기가 유입되면 대기가 더욱더 불안정해져 적란운이 발달합니다. 이때 천둥을 동반한 폭설이 내리기도 합니다. 이는 계절풍이라는 바람이 크게 관여하는데 제4장 '바람의 구조'에서 다시 설명하겠습니다.

제 3 장

기온의 구조

대기를 데우는 '복사'

지구의 적외선 복사

기상 위성은 지구 자전에 맞춰 지구 주위를 돕니다. 그래서 정지해 있는 것처럼 보이기 때문에 정지 위성이라고도 합니다.

그림 3-1은 기상 위성이 촬영한 구름 사진입니다. 시간대는 밤입니다. 만약 같은 시각 우주에서 사람의 눈으로 본다면 도심 빌딩이나 가로등 불빛만 보이고 구름은 볼 수 없습니다. 그럼 어째서 이 사진에는 빛이 아닌 구름이 찍힌 걸까요? 그것은 '적외선'이라는 일종의 '보이지 않는 빛'을 촬영했기 때문입니다. 일반 카메라는 태양 광선이 밝히는 지구를 촬영하지만 적외선 카메라는 신기하게도 지구 대기나 지표 스스로가 발하는(복사하는) 빛을 촬영합니다. 이처럼 지구가 발하는 적외선을 **지구 복사**라고 합니다. 기상 위성은 바로 이 지구 복사를 관측합니다.

그림 3-1
기상 위성이 찍은 적외선 사진

사진: 일본 기상청

지구 복사는 일상생활 속 기온 상승과 하강을 이해할 때 반드시 필요한 지식입니다. 오늘날 세계가 직면한 '지구 온난화' 문제를 이해하기 위해서도 꼭 필요합니다. 앞으로 태양이 지구를 데우는 구조를 살펴보면서 적외선이나 지구 복사에 대해도 다뤄보겠습니다. 이 지식을 기초로 몇 가지 기온 현상도 살펴보고, 기상 위성의 구름 사진을 보는 법도 알아보겠습니다.

태양열은 지구 대기에 어떤 영향을 미칠까?

지구 대기를 데우는 에너지원은 태양입니다. 태양은 내부의 핵융합 반응 때문에 표면 온도가 5,500℃나 됩니다. 태양열이 지구까지 영향을 미쳐 대기를 데우고 그 에너지로 대류가 발생합니다.

태양은 지구에서 1억 5,000만 km나 떨어져 있고 그 사이의 우주 공간은 거의 진공 상태이며 열을 전하는 물질은 없습니다. 열을 전하는 방식은 전도, 대류, 복사가 있지만 우주 공간을 통과하는 태양열을 이해하기 위해서는 일상생활에서 별로 사용하지 않는 '복사'에 대해 알아야 합니다.

복사란 '빛처럼' 공간을 가로질러 열이 전달되는 방식입니다. 태양빛이 지구에 도달해 흡수되면 지구는 따뜻해집니다. 빛도 복사의 일종입니다. 그러나 복사를 좀 더 정확히 이해하기 위해서는 빛을 다양한 '전자파'가 혼합된 것으로 정의해야 합니다.

전자파는 자기장과 전기장이 진동하면서 진공이나 물질을 그대로 통과합니다. 전자파가 진공 속을 진행하는 속도는 초속 약 30만 km이며 이는 '광속'이라는 속도에 해당합니다. 투명한 물질 속을 진행할 때는 다소 느려져 물속에서는 초속 약 22.6만 km입니다.

전자파가 1회 진동할 때 진행하는 거리를 파장이라고 합니다. 전자파에는 여러 가지 파장이 있어 파장에 따라 성질이 다릅니다. **그림 3-2** 파장이 0.38~0.77μm인 전자파는 우리 눈의 망막 세포로 감지할 수 있어 **가시광선**이

그림 3-2 **전자파**

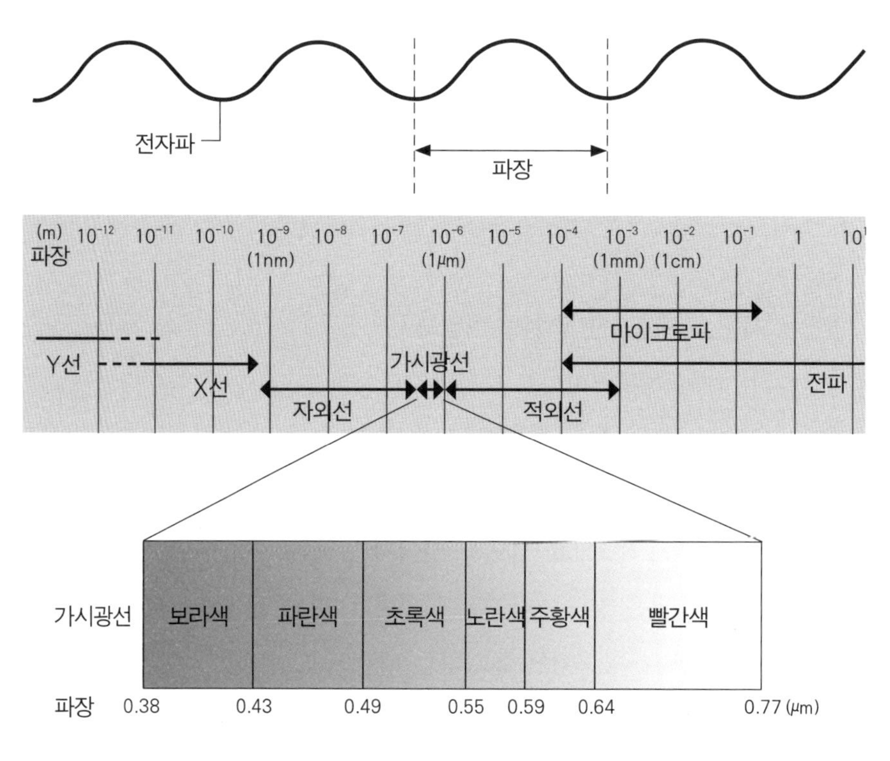

《이과 연표》를 근거로 작성

라고 합니다. 일반적으로 빛이라고 하면 이 가시광선을 의미합니다.

파장이 조금씩 다른 가시광선은 각각 다른 색깔로 보입니다. 태양 광선을 유리 프리즘에 통과시켜보면 무지개 색이 보입니다. 이는 태양 광선에 다양한 파장의 가시광선이 있어 그 파장에 따라 프리즘을 통과하는 각도가 조금씩 다르기 때문입니다. 비가 그친 하늘에서 무지개를 볼 수 있는 이유는 공기 중에 남아 낙하 중인 물방울(빗방울)이 프리즘 역할을 해서 물방울을 통과한 태양 광선을 굴절시키기 때문입니다.

또한 초록색, 파란색, 빨간색의 가시광선을 합치면 거의 흰색에 가까워지는데, 이 세 가지 색을 빛의 삼원색이라고 합니다. 다만 이 색은 사람의 눈과 뇌

그림 3-3 **태양 복사와 지구 복사**

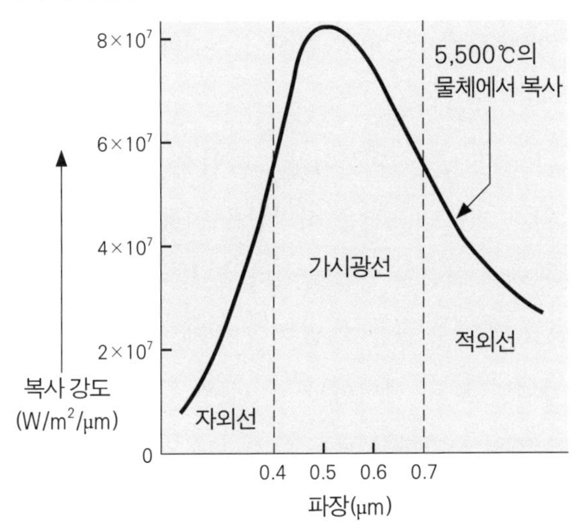

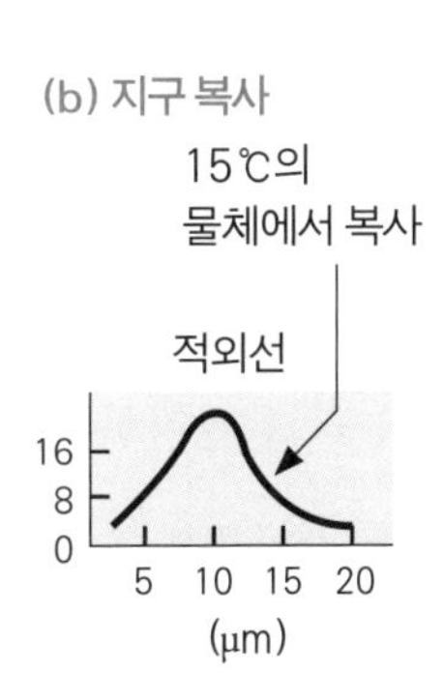

온도 5,500℃와 15℃인 물체가 방출하는 복사의 분포. 태양 복사와 지구 복사는 대개 이것과 일치한다.
《최신 기상 백과》의 자료를 수정

가 느끼는 감각일 뿐이며 빛에 색이 있는 것은 아닙니다. 삼원색은 눈에 있는 감각 세포 세 종류가 느낄 수 있는 빛의 파장에 차이가 있는 것뿐입니다.

태양 광선에는 가시광선과 파장이 다른 전자파도 있습니다. 이 때문에 태양이 분출하는 전자파를 단순히 빛이라고 단정 짓기에는 부족합니다. 그래서 태양이 방출하는 전자파 전체를 **태양 복사**라고 합니다.

그림 3-3은 태양 광선에 포함된 전자파의 파장에 따른 강도를 대략적으로 표현하고 있습니다. 강도는 가시광선의 파장 영역이 높지만, 태양 복사에는 가시광선 이외의 파장 영역도 존재하고 있음을 알 수 있습니다. 가시광선보다 조금 짧은 파장 영역에는 자외선이 있는데, 피부를 검게 태우는 빛으로 알려져 있습니다. 자외선 중에도 특히 파장이 짧은 것은 세포 유전자를 파괴하기 때문에 생물에 유해합니다. 지구 대기에는 이런 유해한 자외선을 흡수하

는 오존층이 있고, 그 덕분에 우리 생명체는 지표에서 생활할 수 있습니다. 오존층이 있는 성층권은 자외선 에너지를 흡수해서 뜨거워집니다. 상공일수록 자외선이 강하기 때문에 제1장에서 설명한 바와 같이 성층권에서는 고도가 높을수록 기온이 올라갑니다.

가시광선보다 파장이 조금 긴 전자파를 적외선이라고 하며 이보다 좀 더 긴 전자파를 원적외선이라고 합니다. TV 리모컨은 적외선을 사용하는데 눈에 보이지 않는다는 것을 일상생활에서 실감할 수 있습니다. 원적외선은 난방기구 제품의 열전달 성능을 설명할 때 자주 들을 수 있는데, 실제로는 원적외선만이 열과 관련한 전자파는 아닙니다. 이 책에서는 적외선과 원적외선을 구별하지 않고 0.77~1,000μm 영역의 전자파를 모두 합쳐서 적외선으로 부르겠습니다. 적외선은 대기가 데워지는 방식이나 지표 온도가 정해지는 방식을 이해하기 위해 반드시 알아야 합니다.

온도가 낮으면 복사 파장이 길어진다

태양 광선은 전체적으로 약간 노란색을 띤 흰색으로 보입니다. 표면 온도가 태양의 5,500℃보다 높은 1만 1,000℃인 오리온(Orion) 자리의 리겔(Rigel) 항성은 청백색으로 보입니다. 또 같은 별자리의 베텔기우스(Betelgeuse) 항성은 3,200℃인데 붉은색으로 보입니다. 별의 색깔은 온도와 관계가 있음을 알 수 있는데 실제로도 그렇습니다. 또 철을 달구면 새빨개지는데 온도를 더 올리면 철이 내는 빛은 빨간색에서 노란색으로 변해갑니다.

물체 온도와 발산하는 전자파 파장은 서로 명확한 상관관계가 있어 온도가 높을수록 파장이 짧은 전자파를 복사하고, 온도가 낮을수록 파장이 긴 전자파를 복사합니다. 이를 빈(Wien)의 변위 법칙이라고 합니다. 온도에 따라 색깔이 다른 것입니다.

이 법칙은 태양처럼 고온인 물체에만 국한될까요? 그렇지 않습니다. 우리

몸의 온도는 30℃대인데 이 온도에서는 적외선을 중심으로 복사가 일어납니다. 적외선 파장 영역을 촬영하는 적외선 카메라로 인체를 보면 여러 부위의 온도 차이를 확인할 수 있는데, 과학 관련 방송 등을 통해 한 번쯤 본 경험이 있을 겁니다. 놀랍게도 인체뿐만 아니라 주변의 모든 물질은 각각의 온도에 따라 알맞은 파장의 적외선을 복사합니다. 땅, 바다, 구름은 물론이고 눈으로 볼 수 없는 대기도 적외선을 복사합니다. 만약 우리가 적외선을 볼 수 있다면 세상의 모든 생물이나 물체가 빛나 보일 것입니다. 이렇게 지구도 적외선을 복사하는데 이를 지구 복사라고 합니다.

물론 지구 복사는 에너지 크기로 보면 태양 복사와 비교하기 힘듭니다. 단위 면적당 복사 에너지 크기는 온도가 낮을수록 작아지고 온도가 높을수록 커집니다. 온도(절대 온도)가 2배 커지면 에너지는 약 4승, 즉 16배 커지는데 이를 스테판-볼츠만(Stefan-Boltzmann)의 법칙이라고 합니다.

기상 위성의 적외선 사진은 온도를 관측한다

여기서는 기상 위성으로 찍은 적외선 사진만을 주제로 삼겠습니다. 기상 위성으로 촬영한 적외선 사진은 지표나 구름 꼭대기에서 우주로 방출하는 파장 약 10~12μm의 적외선을 촬영한 사진을 말합니다.

상공의 구름은 지표보다 온도가 낮기 때문에 관측되는 적외선 강도(에너지 크기)에 따라 사진에 차이가 생깁니다. **그림 3-4** 촬영을 할 때 적외선이 강한 곳은 검게(색을 진하게), 약한 곳은 희게(색을 옅게) 표시하면 구름은 희고 지표는 검게 나타납니다. 우리가 적외선 사진을 볼 때 이 흰 부분을 구름이라고 생각하지만, 실제는 우주에서 본 지구 표면의 온도 분포를 관측한 것입니다.

같은 기상 위성의 구름 사진이라고 해도 가시광선을 관측하는 사진에서는 지표의 짙은 안개와 상공의 두꺼운 구름이 모두 희게 보입니다. 이에 비해 적외선 사진의 경우 지표 부근의 안개는 지표와 온도 차이가 없어서 거의 찍히

그림 3-4 **기상 위성이 촬영하는 적외선 사진의 원리**

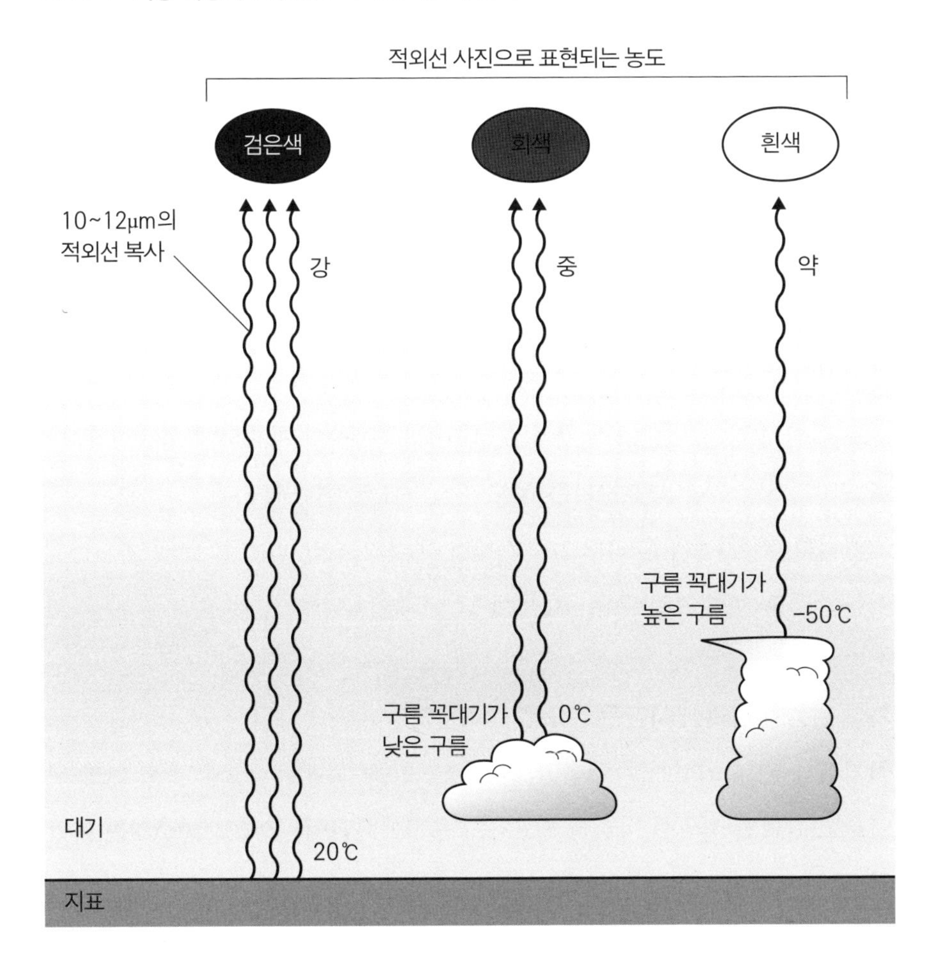

지 않습니다. 이 덕분에 가시광선 사진과 적외선 사진을 비교해보면 구름과 안개를 구별할 수 있습니다.

특히 호우를 뿌리는 적란운을 적외선 사진으로 촬영하면 새하얀 덩어리로 보입니다. 발달한 적란운은 온도가 낮은 대류권계면까지 도달하여 구름 꼭대기 온도가 낮습니다. 적외선 사진에는 이 구름 꼭대기의 복사가 관측되기 때문에 구름이 하얗게 보입니다. 반대로 낮은 곳에 위치한 구름은 구름 꼭대기 온도가 비교적 높기 때문에 회색으로 보입니다.

한편 같은 기상 위성의 구름 사진이라고 해도 가시광선 사진은 구름 높이와 무관하게 어느 정도 구름이 두꺼우면 위치한 고도가 낮아도 새하얗게 보입니다. 이 외에 대기 중의 수증기를 촬영한 기상 위성 사진도 있는데 이는 제7장 '일기예보의 구조'에서 살펴보겠습니다.

적외선 흡수와 복사에 의한 온도 변화 구조

이제까지 우리는 지표나 구름을 포함한 모든 물체가 무언가를 복사한다는 사실을 확인했습니다. 복사를 매개로 물질의 온도 상승과 하락을 일상적인 예를 통해 설명해보겠습니다. 지구가 데워지는 방식이나 차가워지는 방식도 마찬가지이기 때문입니다.

물체는 자신이 가진 열에너지(정확히는 내부 에너지)를 가시광선이나 적외선 등의 에너지로 바꿔서 복사하면 에너지를 잃고 온도가 떨어집니다. 또 복사된 가시광선이나 적외선 등이 다른 물질에 도달하면 그 물질은 에너지를 흡수하여 온도가 올라갑니다. 이렇게 복사는 한 물질에서 다른 물질로 에너지를 운반하고 열을 전달합니다. 물리학에서 말하는 '열'이란 온도가 높은 물질에서 온도가 낮은 물질로 이동하는 에너지를 의미합니다.

기온이 낮은 야외에서 모닥불을 피워본 경험이 있다면 그때의 기억을 떠올려봅시다. 불꽃을 마주하면 등은 차지만 얼굴이나 몸 앞쪽은 따뜻해집니다. 이때 모닥불과 자신 사이에 누군가가 들어와 불꽃의 빛을 막아서면 순간적으로 추워집니다. 빛을 막으면 추워지는 이유는 불꽃이 복사하는 적외선이 공기를 지나쳐 몸이나 얼굴에 도달해 열을 전달하고 있는데 이를 차단했기 때문입니다.

복사에 따른 열전달 방식을 이해할 때 주의해야 할 점이 있습니다. 열을 받고 있는 물체(예를 들어 모닥불을 쬐는 몸)도 적외선을 복사하며 이를 통해 열에

그림 3-5 **복사와 흡수의 균형으로 온도가 정해진다**

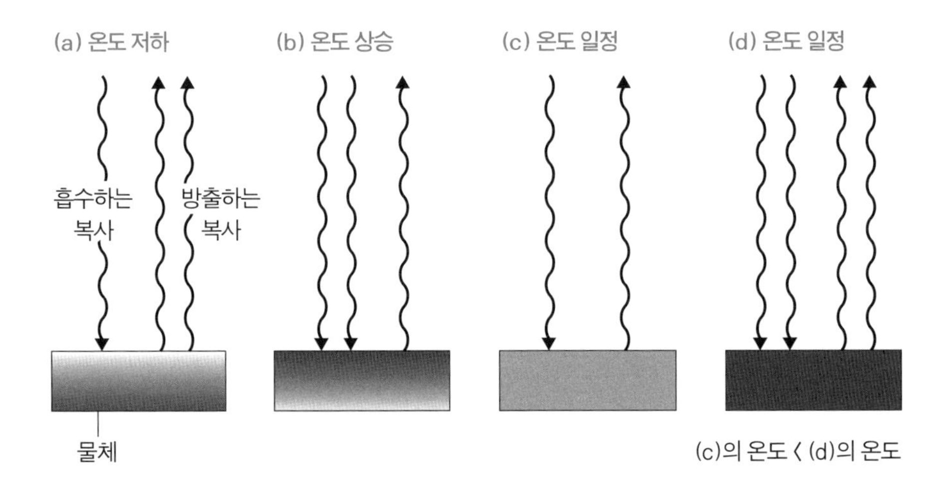

너지를 잃는다는 사실입니다.

그림 3-5를 살펴봅시다. (a)처럼 물체가 흡수하는 복사가 물체가 방출하는 복사보다 적으면 물체의 온도는 떨어집니다. 반대로 (b)처럼 물체가 흡수하는 복사가 물체가 방출하는 복사보다 크면 물체의 온도는 올라갑니다.

온도 변화 없이 일정해지기도 합니다. 그림 (c)와 (d)는 물체가 흡수하는 복사와 방출하는 복사가 균형을 이룬 평형 상태입니다. (c)와 (d)는 모두 온도가 일정하지만 흡수하는 복사와 방출하는 복사가 더 큰 (d)의 온도가 높습니다. 이처럼 복사에 의한 열전달 방식은 쌍방향으로 오가는 복사 균형에 의해 정해집니다. 그럼 지구 대기가 데워지는 방식을 생각해봅시다.

복사로 대기가 데워지는 방식

여기서는 대기가 데워지는 방식을 복사로 설명하겠습니다. 대기는 투명하기 때문에 빛이 통과합니다. 다만 여기서 '투명'이란 가시광선의 파장을 가진 전자파의 진행을 막지 않는다는 의미입니다. 실제 대기는 모든 파장의 전자파에

그림 3-6 **대기가 흡수하는 복사**

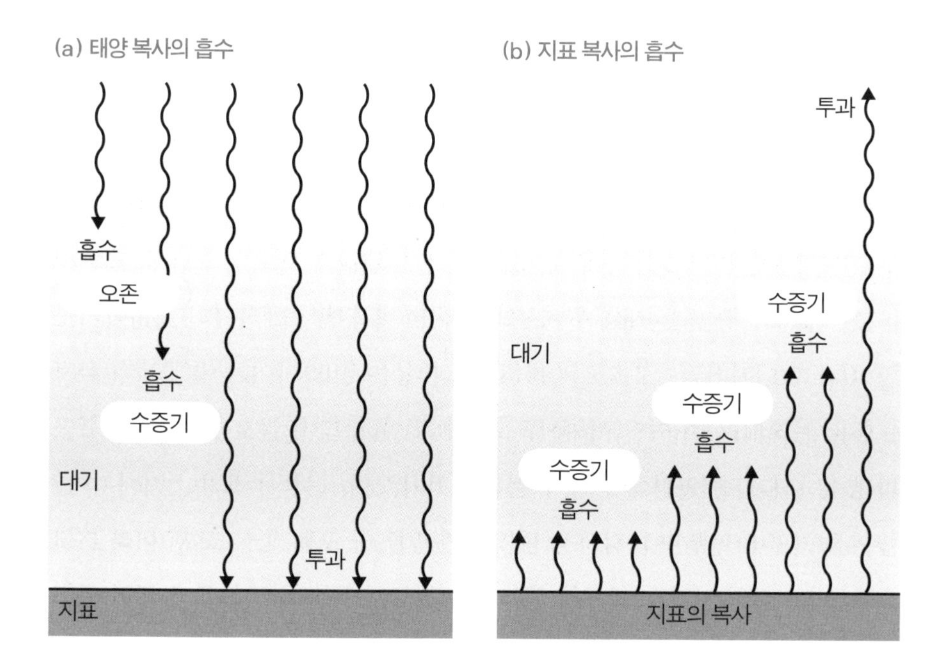

대해 투명하지 않습니다. 먼저 파장이 0.32μm 이하인 자외선은 성층권의 오존층에 막혀 오존에 흡수됩니다. 또 적외선은 수증기에 의해 흡수가 잘되는 성질이 있기 때문에 대기를 곧바로 통과하지 못하고 흡수됩니다. **그림 3-6 (a)**

태양 복사에 포함된 일부 적외선과 자외선은 대기에 흡수되어 기온을 올립니다. 다만 지구가 받는 태양 복사 에너지(구름 등에 의해 반사되는 에너지는 제외) 중 약 30%만이 대기로 흡수되고, 남은 약 70%는 대기를 곧바로 통과해서 지표에 도달하기 때문에 대다수는 통과한다고 생각해도 좋습니다.

지표에 도달하는 태양 복사의 대부분은 가시광선입니다. 이들 태양 복사는 도달한 지표가 지면인지 바다인지 관계없이 대부분 흡수되어 지표를 데웁니다. 데워진 지표는 적외선 복사를 강화합니다. 이 복사는 내버려두면 우주까지 올라가 열에너지를 가지고 사라지기 때문에 지표를 차게 하는 작용을 합니다.

지표가 흡수하는 태양 복사와 방출하는 복사의 균형이 만드는 평균 기온은 빙점 아래입니다. 그럼에도 불구하고 지표의 평균 온도가 15℃ 수준을 유지하는 이유는 대기 중에 있는 수증기 때문입니다.

지표가 복사하는 적외선은 대기 중 수증기로 흡수되어 대기를 데웁니다.**그림 3-6 (b)** 지표 부근의 대기일수록 흡수하는 복사량이 많기 때문에 하층일수록 온도가 높습니다. 제1장에서 대류권의 온도 분포는 상공일수록 온도가 낮다고 설명했는데, 이는 대기가 지표의 복사로 아래부터 데워지기 때문이기도 합니다.

파장이 약 10~12μm인 적외선은 수증기로 흡수되지 않고 대기를 거의 곧바로 통과해 기상 위성이 있는 우주 공간까지 뻗어갑니다. 적외선 중에 이 파장의 영역만 대기를 통과하기 때문에 대기의 창(atmospheric window)이라고 합니다. 기상 위성 사진은 대기의 창인 적외선을 관측하기 때문에 구름이 없는

그림 3-7 **대기 복사**

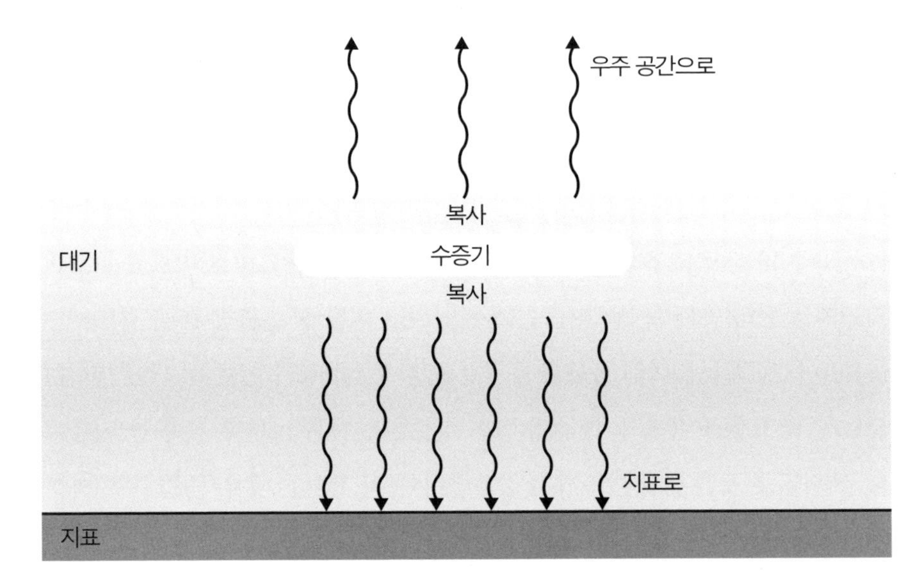

곳은 지표 복사가 강해 검게 표현됩니다. 만약 대기로 흡수되기 쉬운 파장의 적외선을 관측한다면, 지표 복사는 기상 위성까지 도달하지 못하고 상공의 대기에 흡수될 겁니다. 그러면 사진상 지표와 상공의 구름을 구별할 수 없게 됩니다.

수증기는 특정 파장의 전자파를 잘 흡수하는 성질이 있는데, 이는 반대로 그 파장의 전자파를 잘 복사하는 성질도 있다는 의미입니다. 이를 **키르히호프(Kirchhoff)의 법칙**이라고 합니다. 지구가 데워지는 방식을 이해할 때 놓쳐서는 안 되는 현상입니다. 데워진 대기 속 수증기는 적외선을 복사합니다. 복사는 일부 우주로 향하고, 그 외 대부분은 지표로 내려와 지표를 데우는 작용을 합니다.그림 3-7 우주로 방출되는 복사보다 지표로 향하는 복사가 많은 이유는 대기 하층의 복사가 상층으로 올라가면서 다시 대기로 흡수되기 때문입니다.

그림 3-8 **대기와 지표 사이를 오가는 복사**

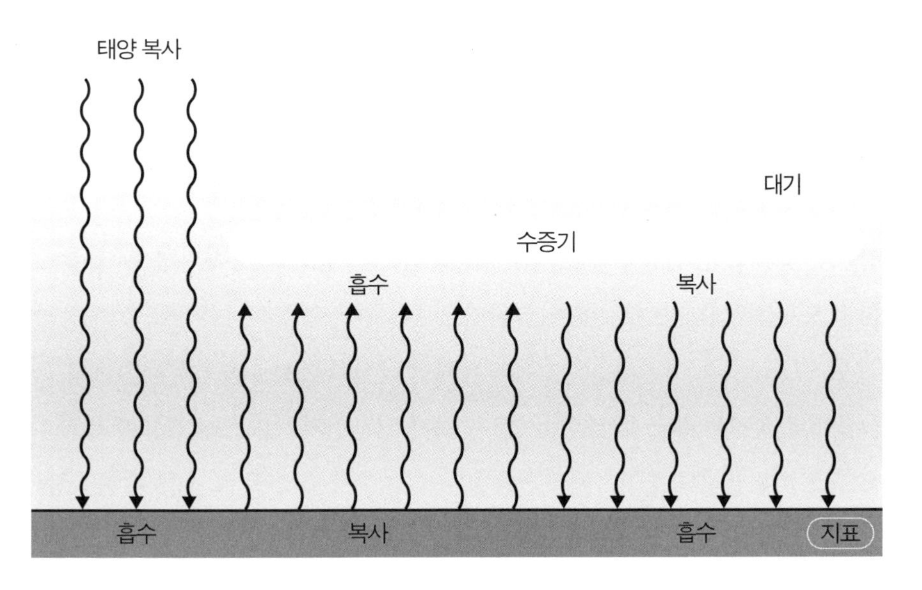

지구 전체로 보자면 대기에서 지표로 향하는 복사 에너지는 태양 복사가 지표에 도달하는 에너지의 두 배나 되며 지표를 데우는 데 큰 역할을 합니다. 그림 3-8

'두 배? 태양 복사보다 대기의 복사가 더 크다고요?'라고 반문할지도 모르겠지만 자연스러운 의문입니다. 적외선을 '저글링' 공에 비유해 지표와 대기가 에너지를 주고받는 모습을 상상해봅시다. 두 손(지표와 대기)으로 공(적외선)을 주고받으며 공중에서 순환시켜봅시다. 여기에 다른 한 사람이 가끔 던져주는 공(태양 복사)을 받으며 저글링을 계속하면 공중에는 많은 공(복사)이 순환합니다.

이때 손은 받은 공(태양 복사)을 잡아서 던질(복사한다) 뿐만 아니라 이미 순환하고 있는 공도 잡아서 던집니다. 이 때문에 대기나 지표의 복사는 태양 복사보다 많을 수 있는 것입니다.

이렇게 해서 지표와 대기 양쪽에서 복사가 이루어집니다. 이때 복사가 강하다는 것은 지표나 대기의 온도가 높은 상태임을 의미합니다.

이러한 **온실 효과**를 통해 대기나 지표의 온도를 높게 유지할 수 있습니다. 온실 효과는 지표 온도가 빙점 아래로 떨어지는 것을 막아 인류나 생물에게 적당한 온도를 제공해줍니다. 이산화탄소나 메탄에 의한 온실 효과도 있는데, 이는 지구 온난화 문제를 설명할 때 다시 다루도록 하겠습니다.

그럼 대기 중에 있는 구름은 어떤 작용을 할까요? 구름은 태양 복사의 가시광선을 반사하는 작용을 하는데, 구름을 만드는 물방울은 적외선을 잘 흡수하고 또 잘 복사하는 성질이 있습니다. 예를 들어 수증기를 곧바로 통과하는 약 10~12μm, 즉 '대기의 창' 영역의 적외선도 구름으로 흡수됩니다.

구름의 복사로 독특한 모양을 한 구름이 만들어지기도 합니다. '비늘구름'으로 불리는 권적운이나 '양떼구름'으로 불리는 고적운은 다수의 작은 구름 덩어리가 수평으로 넓게 퍼져 있는데, 이는 복사로 인한 온도 저하와 관련 깊

그림 3-9 **복사에 의한 '~적운'의 발생 구조**

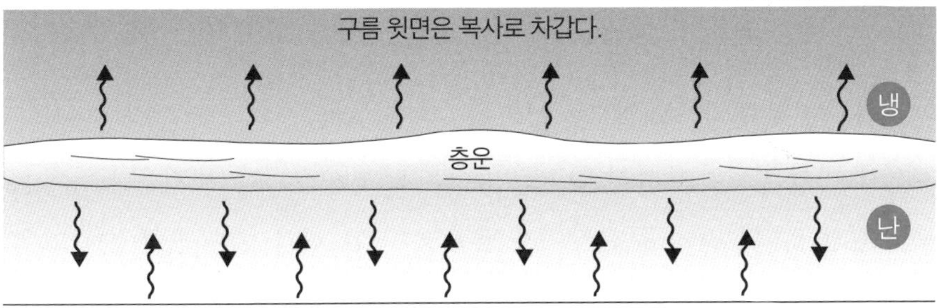

구름 아랫면은 지표나 하층 대기의 복사가 순환하기 때문에 차가워지지 않는다.

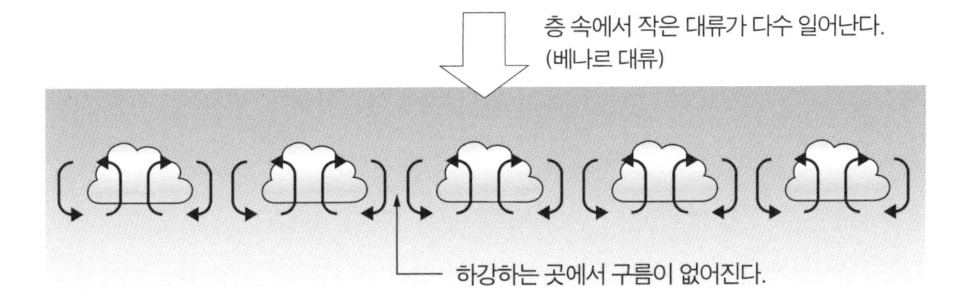

습니다. 이러한 층운이 생기면 구름 윗면의 적외선 복사는 우주로 달아나기 때문에 온도가 떨어지기 쉽습니다. **그림 3-9** 태양 복사가 있더라도 흰 구름은 가시광선의 대부분을 반사하기 때문입니다.

반면 구름 아랫면의 복사는 지표나 하층의 수증기를 많이 머금은 대기 사이에서 적외선 '저글링'을 하기 때문에 온도가 그다지 떨어지지 않습니다. 그 결과 층운의 위와 아랫면에 온도 차이가 생깁니다. 이렇게 층운의 아랫면이 일제히 데워지면 층 속에서 작은 대류가 많이 일어나는데, 이때 비늘 모양의 작은 구름 덩어리가 다수 발생하는 것입니다.

이처럼 층의 양쪽 면의 온도 차이로 작은 대류가 많이 나타나는 현상을 **베나르(Benard) 대류**라고 하며 실험실에서 언제라도 재현할 수 있습니다. 1900년에 프랑스 물리학자 베나르(Henri Benard, 1874년~1939년)가 발견했으며 자주 나타나는 기상 현상이므로 다음 장에서 다시 소개하겠습니다.

전도와 대류로 대기가 데워지는 방식

복사에 비해 전도와 대류의 열전달 방식은 알기 쉽습니다. 뜨거운 홍차에 금속 스푼을 넣어두면 스푼 손잡이가 점점 따뜻해집니다. 열이 스푼 손잡이 쪽으로 전달되기 때문입니다. 이처럼 열이 온도가 높은 쪽에서 낮은 쪽으로 물질 내부를 이동하여 전달되는 방식을 **전도**라고 합니다.

전도를 미시 세계의 관점에서 설명하면 열운동(물질을 이루는 입자가 주위와 서로 충돌하며 조금씩 흔들리는 운동)이 전달되는 현상입니다. 물체의 온도가 높은 쪽은 이러한 원자나 분자의 운동이 활발해집니다. 주변의 원자나 분자에 충돌하면서 열운동이 조금씩 먼 곳으로 전달됩니다.

공기는 고체나 액체에 비해 전도가 일어나기 어렵습니다. 그래서 단열재에는 공기를 많이 머금은 발포 스티로폼과 같은 소재를 사용하여 열 손실을 막습니다. 열전도율로 비교해보면 암석(모래)은 0.3, 물은 0.6인 데 비해 공기는 0.025 정도로 큰 차이가 있음을 알 수 있습니다.

참고로 철은 원자와 원자 사이에 자유전자의 열운동이 존재하기 때문에 전기뿐만 아니라 열도 잘 전달합니다. 철의 열전도율은 80 정도입니다.

햇볕을 흡수하여 뜨거워진 지면에 직접 접촉한 공기는 따뜻해집니다. 다만 직접 지면에 접촉한 공기만 따뜻해질 뿐이며 공기는 열전도율이 낮기 때문에 인접 공기로 좀처럼 전도되지 않습니다. 전도로 데워지는 공기는 움직이지 않는다는 조건하에서 지표에서 겨우 몇십 센티미터 두께에 불과합니다. **그림 3-10 (a)**

바람이 약하고 햇볕이 뜨거운 여름철에는 지면에서 수십 센티미터 떨어진 공기의 온도가 50℃에 이르기도 합니다. 그런데 지면에서 1.5m 떨어진 지점의 온도를 재보면 30℃대입니다. 이를 통해 공기는 지면에서 겨우 1m 정도만 떨어져도 열이 잘 전달되지 않음을 알 수 있습니다. 불과 수십 센티미터 차이로 큰 온도 변화를 보이기 때문에 기상을 관측할 때 온도계는 지표에서 1.5m 떨어진 장소에 설치하도록 국제적으로 정하고 있습니다. 이때 이 장소는 통

그림 3-10 **열의 전도와 대류로 대기가 데워지는 방식**

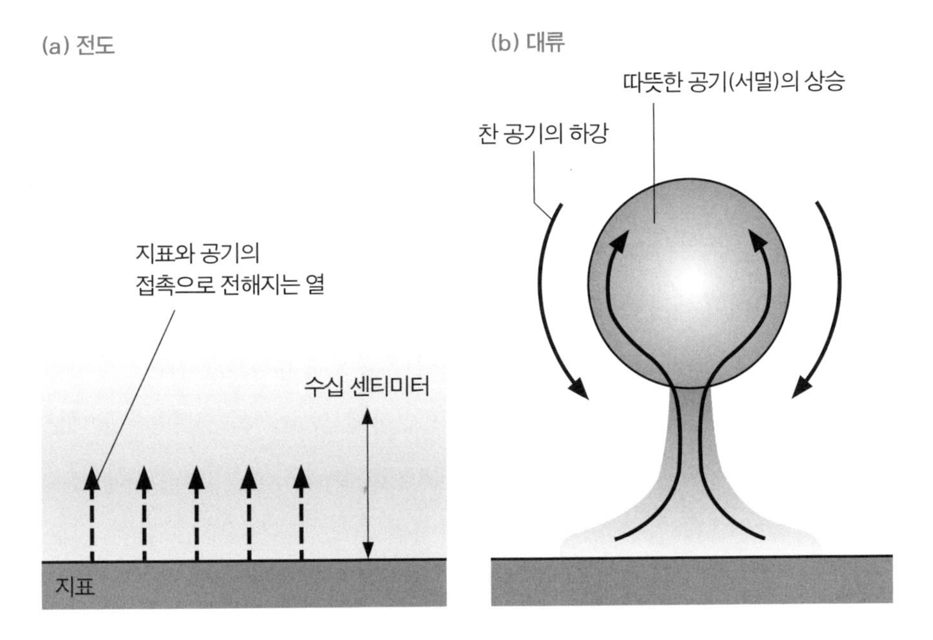

풍이 잘되고 직사광선을 피할 수 있는 곳이어야 합니다.

실제 공기는 한곳에 오래 머물지 않고 움직입니다. 지표의 열전도로 데워진 공기 덩어리는 부력이 생겨 떠오르는 서멀이 됩니다. 그리고 상승한 서멀과 교대하듯이 찬 공기는 하강하여 연직 방향의 공기 흐름이 발생합니다. **그림 3-10 (b)** 이미 설명했듯이 이 흐름을 대류라고 합니다. 대류도 열전달 방식 중 하나로 물질 자체가 움직여 열을 운반하는 특징이 있습니다. 대류가 일어나면 상공의 찬 공기는 지표로 내려오므로 지표에서 대기로 열전도가 효율적으로 진행됩니다.

이러한 대기의 대류는 지표의 물이 수증기가 되어 증발할 때 지표에서 열을 빼앗아 잠열을 축적하는 효과도 있습니다. 잠열은 상공으로 운반된 수증기가 상공에서 구름 입자로 성장할 때 방출하여 대기를 데우는 역할을 합니다. 이렇게 대류는 수증기를 운반해서 지표에서 대기로 열을 전달하는 작용도 합니다.

지구의 에너지 수지

그림 3-11은 대기를 포함해 지구 전체에서 복사 에너지가 들고 나는 모습을 표현한 것입니다. 이는 1년간 지구 전체의 평균이며 지구에 도달하는 태양 복사 에너지를 100으로 봤을 때 각각의 에너지 크기를 나타냅니다.

먼저 우주에서 지구로 유입되는 에너지는 100이고 지구가 우주로 방출하는 에너지의 합은 31+57+12=100입니다. 지구가 평균 기온을 일정하게 유지하는 이유는 이처럼 에너지의 출입이 평형 상태이기 때문입니다.

태양 복사 에너지 100 중 31은 흰 구름이나 지표의 눈 등에 의해 반사되어 우주 공간으로 돌아갑니다. 이렇게 우주로 반사되는 태양 복사 비율을 **알베도**(albedo)라고 합니다.

대기에 구름이 많아지면 알베도가 증가하여 지구 기후는 한랭화합니다. 그런데 구름의 증감 이유는 아직 명확히 밝혀지지 않았기 때문에 지구 온난화

그림 3-11 **지구의 에너지 수지**

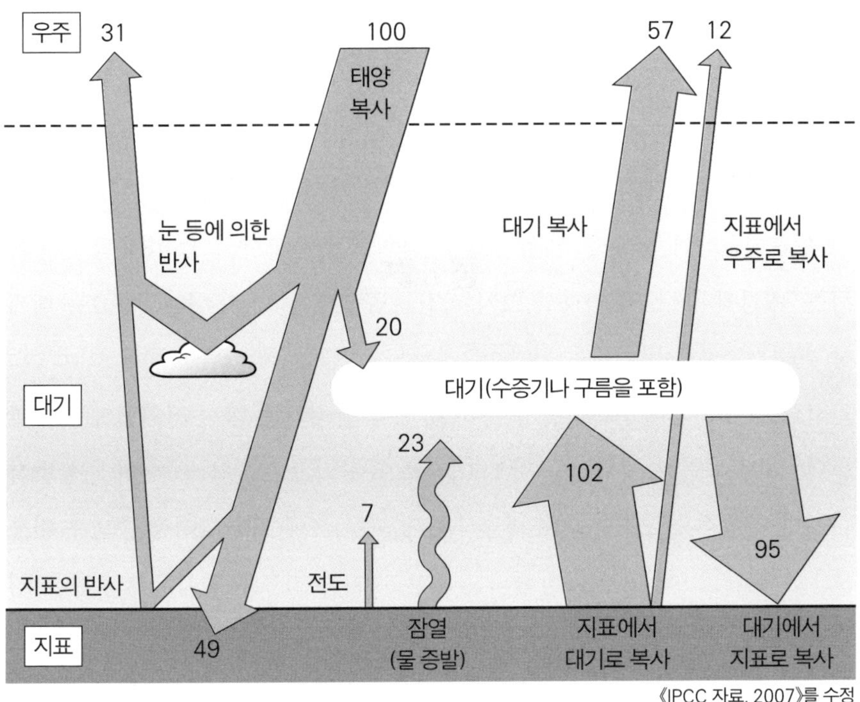

《IPCC 자료, 2007》를 수정

진행을 논할 때 논쟁의 중심이 되기도 합니다. 구름 증가뿐만 아니라 지표가 눈이나 얼음으로 뒤덮여도 알베도가 증가하여 한랭화합니다. 한랭화 초기로 빙하가 많아진 태고의 지구에서 알베도가 증가하면서 동시에 한랭화도 가속되어 적도까지 한 번에 얼어붙는 기온 저하를 일으켰다는 설이 있습니다. 이를 '스노볼 어스'(Snowball Earth)라고 합니다.

알베도에는 대기에 의한 **산란**도 조금 포함됩니다. 산란이란 일반적으로 전자파가 입자와 충돌할 때 입자 주위의 다양한 방향으로 퍼지는 현상입니다. 태양 복사도 대기의 기체 분자와 충돌하면 일부 산란된 후, 우주로 돌아가거나 지상으로 내려옵니다.

참고로 산란할 때 파장이 짧은 파란색 빛이 파장이 긴 붉은색 빛보다 10배나 강합니다. 대기 전체, 즉 하늘이 파랗게 보이는 것은 이 때문입니다.

그럼 그림 설명으로 다시 돌아가겠습니다. 반사되지 않고 남은 태양 복사 에너지 69 중 일부 적외선을 포함한 20은 대기로 흡수되고, 가시광선을 중심으로 49가 지표까지 도달합니다. 이렇게 지표가 흡수하는 가시광선 에너지는 지표를 데웁니다. 지표는 데워진 만큼 적외선을 복사합니다. 이때 적외선 복사는 '대기의 창' 영역의 파장 12가 직접 우주로 방출되고, 나머지 102는 대기 중 수증기로 흡수됩니다.

지표로부터 적외선 복사를 흡수하여 데워진 대기는 다시 적외선을 복사합니다. 다시 복사된 적외선은 바로 대기로 흡수되고, 또다시 복사하기를 반복하지만 최종적으로는 우주로 방출되는 것과 지표에 도달하여 흡수되는 것으로 나뉩니다. 이때 우주로 방출되는 것은 57이고 지표로 돌아오는 것은 95입니다.

또한 데워진 지표는 인접한 대기로 열을 이동시켜 대기를 데웁니다. 이때 열을 전달하는 방식으로 열전도와 대류, 수증기의 운반과 응결이 이용됩니다. 이 에너지는 30입니다. 이런 식으로 지구는 대기 복사를 흡수해서 지표의 평균 온도를 15℃로 유지할 수 있는 것입니다.

지구 온난화와 이산화탄소에 의한 온실 효과의 관계

앞서 대기에는 지표의 적외선 복사를 흡수하고 다시 복사해 지표나 대기의 온도를 끌어올리는 온실 효과가 작용한다고 설명했습니다. 온실 효과라면 지구 온난화의 주범인 이산화탄소를 먼저 떠올리기 마련입니다. 그러나 실제 온실 효과를 일으키는 가장 큰 요인은 수증기입니다. 이산화탄소도 수증기 다음으로 적외선을 흡수하고 복사하는 성질이 있지만, 분자 1개당 효과는 수증기가 더 크고 대기 중 분자 수도 수증기가 훨씬 많습니다.

물론 이산화탄소의 증가가 온실 효과를 가속시킵니다. 이산화탄소의 증가로 인한 온실 효과가 그리 크지 않은데도 말입니다. 피드백(feedback)이란 말이 있습니다. 이는 어떤 현상이 진행하는 과정에서 돌출된 결과가 그 현상을 일으킨 '원인'으로 되돌아가는 관계를 의미합니다. 이산화탄소와 온실 효과 사이에는 피드백이 있습니다. 이산화탄소로 인해 기온이 조금이라도 오르면 지표의 물 증발이 왕성해져 대기 중 수증기량이 증가하여 온실 효과가 일어나고 기온이 더 오르게 되는 것입니다.

이산화탄소 증가로 인한 수증기 증가는 기온 상승을 더욱더 부추기기 때문에 포지티브 피드백(positive feedback)이라고 합니다. 지구 온난화를 이야기할 때 포지티브 피드백과 네거티브 피드백을 수치적으로 평가하여 기온 상승 여부를 가늠합니다.

그림 3-11은 우주에서 지구로 유입되는 에너지와 지구에서 우주로 방출되는 에너지가 각각 100으로 균형을 유지하고 있지만, 지구 온난화가 진행되면서 이 균형이 다소 무너지고 있습니다. 우주에서 지구로 유입되는 에너지(태양 복사)보다 지구가 방출하는 에너지가 다소 적어 에너지가 대기나 해양에 축적되고 지구 온난화를 초래하고 있는 것입니다.

하루의 기온 변화는 어떻게 이루어질까?

왜 하루 중 최고 기온은 정오보다 조금 늦은 시각일까?

앞서 지구의 평균 에너지 수지를 살펴봤습니다. 지금까지 살펴본 복사나 온실 효과를 기억하고 있으면 일상의 기온 변화도 쉽게 이해할 수 있습니다. 기온은 다른 곳에서 온도가 다른 공기가 유입되어 변하기도 하지만, 여기서는 바람이 약하고 공기의 수평 방향 이동이 크지 않은 지표나 대기가 어떻게 데워지는지 살펴보겠습니다.

지표가 흡수하는 태양 복사 에너지는 태양이 남쪽 중앙에 위치하는 정오 때 가장 큽니다. **그림 3-12** 지평선에서 태양까지 각도를 태양 고도라고 하는데, 태양 고도가 클수록 태양 복사는 지표를 강하게 데웁니다. 왜냐하면 그림 (b)처

그림 3-12 **태양 고도와 지표가 받는 에너지의 관계**

(a) 하루 중 태양 고도의 변화

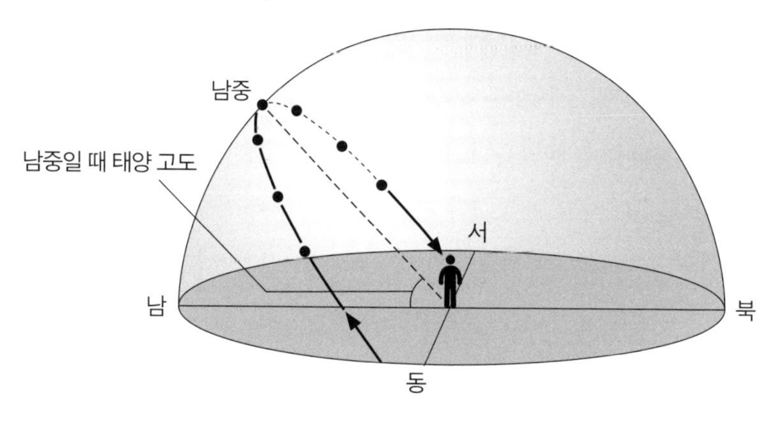

(b) 태양 고도에 따른 지표의 에너지 흡수 차이

(c) 태양 고도에 따른 대기 통과 거리 차이

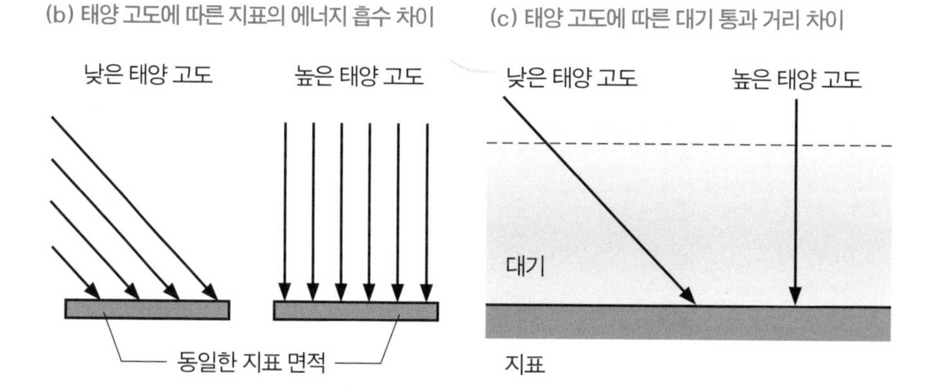

럼 빛의 세기가 같더라도 지표를 비스듬히 비추면 닿는 면적이 넓어지기 때문에 태양 고도가 90도일 때 가장 효율적입니다.

그림 (c)처럼 비스듬히 비추면 대기를 통과하는 거리가 길어져 태양 광선이 산란되는 양이 많아집니다. 저녁 무렵 석양이 질 때를 떠올려보면 알 수 있습니다.

지금까지 한 설명에 따르면 맑은 날 정오 무렵에 기온이 최고 온도에 도달

그림 3-13 지표를 출입하는 복사와 기온의 관계

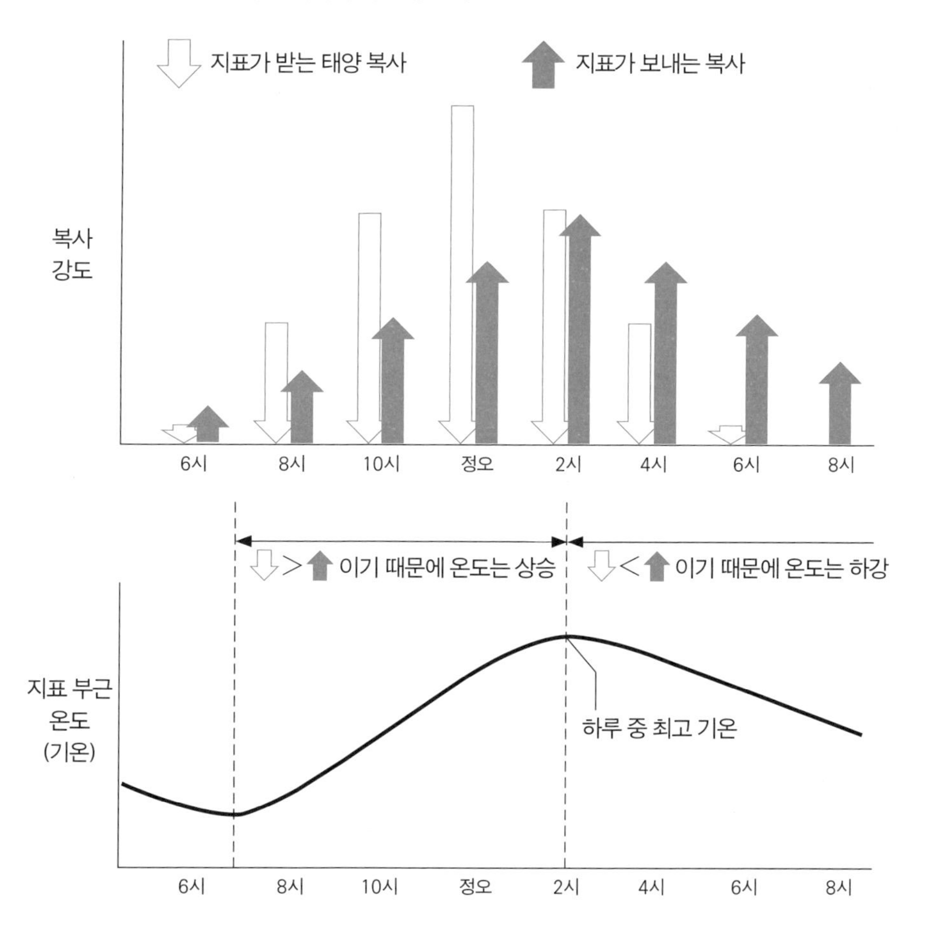

합니다. 그런데 실제로는 태양 고도가 가장 높은 정오가 아니라 2시간 정도 늦은 시각에 기온이 가장 높습니다. 이 같은 현상이 일어나는 이유는 태양 복사와 지구 복사가 이루어지기 때문입니다.

그림 3-13은 지표가 받는 태양 복사 에너지(⇩)와 지표가 복사하는 에너지(⇧)에 따른 지표 부근의 온도(기온) 관계를 나타낸 그래프입니다. 이 그래프에 따르면 지표를 비추는 태양 복사 에너지(⇩)는 태양 고도가 가장 높은 정오를 기점으로 산 모양을 하고 있습니다. 먼저 일출부터 정오까지는 태양 복사를 흡수한 지표의 온도가 계속 상승하고, 지표 복사도 계속 증가합니다. 여기서 지표 온도가 상승하는 이유는 다름 아닌 지표가 흡수하는 에너지(⇩)가 복사하는 에너지(⇧)보다 크기 때문입니다.

정오를 지나면 태양 복사(⇩)는 감소합니다. 그렇다면 지표 온도도 곧장 떨어질까요? 아닙니다. 지표 온도는 바로 하강하지 않습니다. 왜냐하면 태양 복사(⇩)는 지표 복사(⇧)보다 여전히 크기 때문입니다. 결국 태양 복사가 지표 복사와 같은 크기로 감소할 때까지 지표 온도는 계속 상승합니다. 태양 복사와 지표 복사의 크기가 균등해지는 시각이 지표 온도가 가장 높은 때입니다. 태양 고도가 가장 높은 때보다는 상당히 늦은 시각입니다.

왜 하루 중 새벽이 가장 추울까?

지구 복사는 일몰 후에도 계속 진행됩니다. 이 때문에 지표 온도는 일출시까지 계속 떨어집니다. 이렇게 지표 복사로 일어나는 온도 저하를 **복사 냉각**이라고 합니다.

봄이나 가을에는 햇볕 덕분에 낮에는 따뜻해도 밤이 되면 온도가 내려가고, 새벽에 서리가 내리기도 합니다. 이는 복사 냉각 현상 때문입니다. 그런데 기온이 같더라도 서리가 내리지 않을 때도 있습니다. 복사 냉각이 진행되려면 냉각을 막는 요인이 적어야 합니다.

그 요인 중 하나는 대기 중 수증기 또는 구름의 양과 관계있습니다. 수증기나 구름의 양이 많다는 것은 지표의 적외선 복사를 흡수하여 다시 복사하는 양이 많다는 의미이므로 밤이라고 해도 지표 온도가 완만하게 하락합니다. 즉 온실 효과가 발생합니다. 그런데 밤에 구름도 없고 대기가 건조하면 온실 효과가 약해집니다. 지표 복사는 곧장 우주로 방출되고, 지표 부근의 온도는 급격히 떨어집니다. **그림 3-14**

이처럼 구름이 없고 건조해서 복사 냉각이 일어나기 쉬운 날씨는 대륙에서 이동해오는 이동성 고기압(제5장) 때문입니다. 구름 한 점 없는 청명한 날씨가 계속되기 때문에 낮 동안에는 기온이 올라가지만 밤에는 10℃ 이상 기온이 떨어집니다. 바람이 약해서 지표 부근의 찬 공기가 상공의 따뜻한 공기와 잘 섞이지도 않습니다. 그래서 '기온'을 측정하는 지점인 지표에서 1.5m 높이

그림 3-14 **복사 냉각(구름이 없고 건조한 날에 발생하기 쉽다.)**

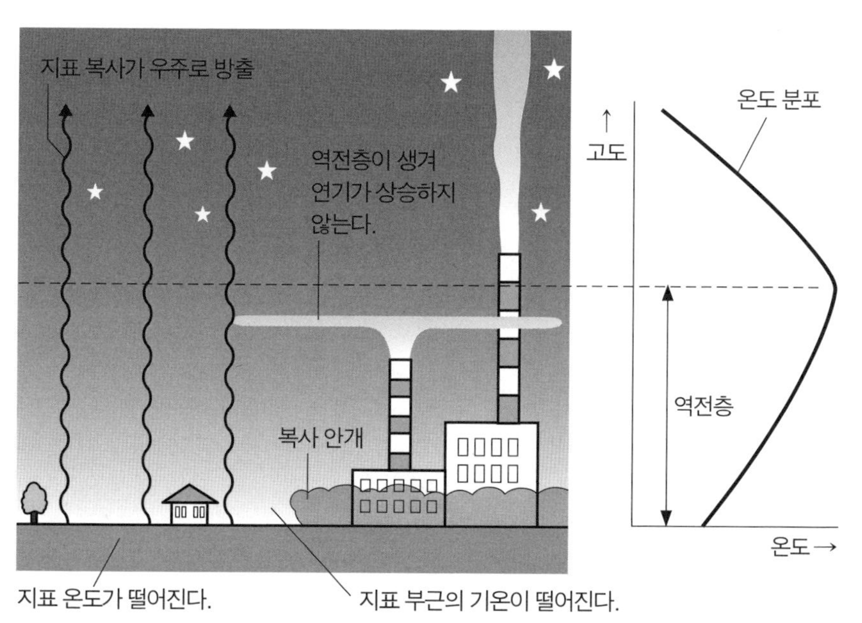

부근에 있는 공기의 온도가 빙점 아래가 아니더라도, 지표 온도는 더욱더 낮아져 서리가 내리는 것입니다.

복사 냉각으로 생기는 기상 현상은 서리뿐만이 아닙니다. 지표 부근의 공기가 차가워져 수증기가 응결하고 안개가 생기기도 하는데 이를 **복사 안개**라고 합니다.

또 밤에 복사 냉각이 진행되면 상공일수록 온도가 낮아지는 표준적인 대기 온도 분포와는 달리, 지표 부근의 온도가 더 낮은 상태가 되기도 합니다. 이렇게 나타난 층을 **역전층**이라고 합니다. 상공일수록 따뜻한 역전층의 온도 분포는 성층권과 마찬가지로 상승 기류가 발생하기 힘든 상태입니다. 그래서 낮은 굴뚝의 연기가 역전층보다 높이 상승하지 못하고 머무는 현상을 볼 수 있습니다. 다만 굴뚝이 충분히 높아서 역전층을 관통하는 경우라면 연기는 상공으로 계속 올라갑니다. 만약 공장 근처에 사는데 어느 날 매캐한 냄새가 난다면 역전층이 원인일 수 있습니다. 어쨌든 맑고 바람이 없는 날 밤에는 서리나 안개가 발생할 가능성이 높습니다.

왜 사막이나 고원에서는 일교차가 클까?

사막은 강수량이 적고 일교차도 큽니다. 낮에는 기온이 35℃가 넘다가도 밤이 되면 급격히 기온이 떨어져 한 자릿수 기온이 되기도 합니다. 일반적인 경우에는 일교차가 30℃나 벌어지는 일이 거의 없습니다.

사막은 기온 변화가 매우 큰데 그 이유는 대기가 건조하기 때문입니다. 대기 중 수증기량이 적고 구름도 적기 때문에 온실 효과가 일어나지 못해 밤사이 복사 냉각이 급격히 진행됩니다. 낮에도 온실 효과가 약하지만 햇볕이 강하고, 사막의 건조한 모래가 기온 상승을 부추기기 때문에 기온이 크게 상승합니다. 모래는 틈 사이로 공기를 많이 머금기 때문에 햇볕의 열이 땅속으로 별로 전달되지 않습니다. 지면에 집중된 열이 지표 온도를 높여 공기로 전달되기 때문에 기온이 올라가는 것입니다.

사막뿐만 아니라 고원에서도 일교차가 크게 벌어집니다. 고원은 상공의 대기 두께가 저지대보다 얇습니다. 대기가 적기 때문에 포함된 수증기량도 적어 온실 효과가 미약하고 밤에 복사 냉각이 진행되기 쉽습니다. 표고 1,350m의 고원지대인 미국 네바다 주에 있는 리노(Reno)의 7월 최고 기온은 월평균 33℃이고 최저 기온 평균은 8℃입니다. 일교차가 큰 하루 기준이 아니라 1개월간 평균을 살펴봐도 1일 25℃의 일교차를 보입니다.

또 고원에서는 온실 효과 '저글링'을 할 상대인 중층이나 상층의 대기가 저지대 상공의 하층 공기보다 저온입니다. 그래서 고원의 한낮 지표 온도는 저지대만큼 높지 않습니다.

덧붙이자면 산악지대는 낮 동안에도 바람이 불면 기온이 급격히 떨어집니다. 왜냐하면 지표면의 열기로 데워진 공기는 바람에 날려 같은 고도에 있는 저온 공기와 쉽게 교체되기 때문입니다.

열대야의 원인은 무엇일까?

밤에도 기온이 25℃ 이하로 떨어지지 않을 때를 '열대야'라고 합니다. 열대야가 발생하기 쉬운 조건은 사막이나 고원의 기후 조건과 반대인 경우를 생각하면 됩니다.

사막처럼 건조한 공기라면 밤에 기온이 떨어지겠지만, 통상 우리가 겪는 여름은 대기가 습하기 때문에 온실 효과가 크게 작용합니다. 밤에 지표에서 복사가 이루어지더라도 대기 중의 풍부한 수증기가 바로 흡수해 다시 복사합니다. 그래서 기온이 좀처럼 떨어지지 않습니다. 물론 밤에 하늘이 구름으로 뒤덮인 경우에도 구름이 지표의 자외선을 흡수하여 아래 방향으로 다시 복사하기 때문에 지표 온도는 잘 떨어지지 않습니다.

이런 효과 때문에 낮 동안 30℃였던 기온이 밤에도 25℃ 이상으로 유지되며 기온이 많이 떨어지지 않는 것입니다. 봄이나 가을에 서리가 예상되는 날의 일교차가 약 10℃~20℃ 정도임을 생각하면 그 차이는 매우 큽니다.

위도와 계절에 따른 기온 변화

위도에 따른 온도 변화

지금까지 지구 전체의 평균적인 측면에서 태양 복사와 지구 복사를 살펴봤습니다. 이제부터는 위도가 다른 지역에서는 어떤 차이를 보이는지 이해하기 위해서 지구가 둥글다는 사실을 고려합니다.

그림 3-15는 지구에 태양 복사가 도달하는 모습입니다. 지구는 둥근 모양이기 때문에 적도를 중심으로 하는 저위도와 북극이나 남극에 가까운 고위도는 태양 복사를 흡수하는 형태가 크게 다릅니다. 같은 강도의 태양 복사라도 고위도는 저위도에 비해 지표로 비추는 태양 광선의 각도가 작기 때문에 닿는 면적이 넓습니다. 이는 다른 지역의 같은 면적에 비해 에너지가 적다는 의미입니다. 또 태양 광선이 대기의 층을 비스듬히 통과하기 때문에 대기를 관통하는 거리가 길어집니다. 그래서 도중에 산란하거나 대기 상층이 흡수하는 에너지가 많아져 지표에 도달하는 에너지는 그만큼 감소합니다. 이 두 가지 이유로 단위 면적당 공급되는 태양 복사는 고위도일수록 적어집니다.

결국 저위도인 적도 부근은 덥고, 고위도인 북극이나 남극은 춥습니다. 연간 평균 기온을 살펴보면 적도와 북극은 50℃나 차이가 납니다.

그럼 그림 3-16을 지금까지처럼 태양 복사와 지구 복사의 균형이라는 관점에서 살펴봅시다. 저위도에서는 태양 복사가 지구 복사보다 크고, 고위도

그림 3-15 **위도에 따른 태양 복사의 차이**

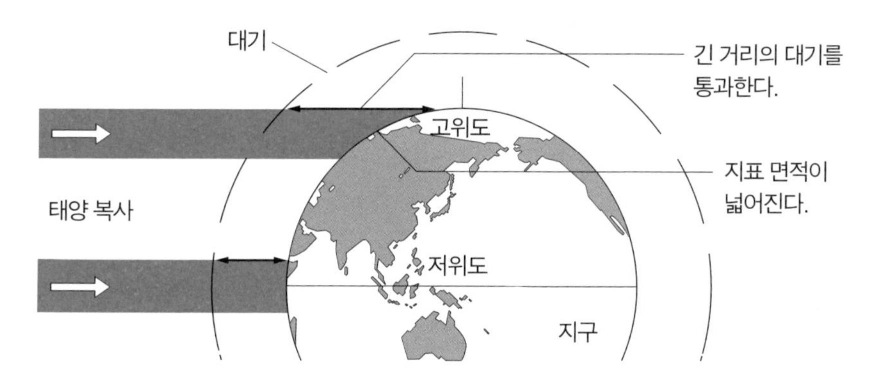

에서는 그 반대입니다. 저위도에서 남는 열은 온도가 높은 공기가 직접 이동하거나 고온으로 증발한 수증기가 공기와 함께 이동해 고위도로 운반됩니다. 대기뿐만 아니라 해류도 열을 운반합니다.

이런 열전달 방식은 '대류'에 해당하는데, 대기 순환의 규모가 크고 지구 표면에 따라 방향이 달라지기 때문에 대규모 바람을 일으키는 원인이 됩니다. 이에 대해서는 다음 장인 '바람의 구조'에서 자세히 살펴보겠습니다.

계절이 변하는 이유

다음으로 계절 변화를 살펴보겠습니다. 그림 3-17은 지구가 태양 주위를 공전하는 모습입니다. 지구는 지축이 기운 채 공전하기 때문에 북반구는 태양 쪽으로 치우치거나 혹은 반대로 치우치는 경우가 생깁니다. 북반구가 태양 쪽으로 가장 많이 치우칠 때 우리는 여름을 맞습니다. 태양이 정남쪽 상공에 보이는 높이, 즉 남중 고도는 하지 때 가장 높습니다. 그리고 낮 시간도 길어져 태양 복사를 많이 받아 기온이 올라갑니다.

하지는 6월 하순(22일경)이지만 가장 기온이 가장 높은 때는 8월경입니다. 이런 차이는 하루 중 기온이 제일 높을 때가 남중 시각보다 늦은 이유와 같습

그림 3-16 **위도에 따른 태양 복사와 지구 복사**

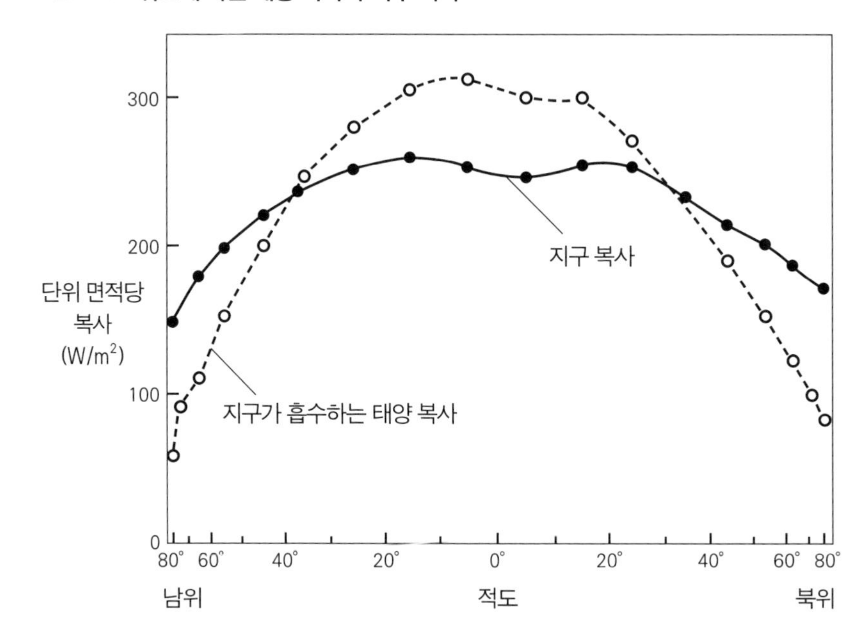

출처 :《신 교양 기상학》, Vonder Haar, Suomi, 1971

니다. 북반구에서 ‘태양 복사 > 지구 복사’라면 기온이 계속 오릅니다. 반대로 ‘태양 복사 < 지구 복사’라면 기온이 계속 떨어집니다. 하지 때는 당연히 기온이 오르며 하지가 지나도 ‘태양 복사 > 지구 복사’가 지속된다면 기온은 계속 오릅니다. 8월경 기온이 최고치에 이른 후 ‘태양 복사 = 지구 복사’가 되어 기온이 떨어집니다.

이와는 반대로 북반구가 태양 반대로 치우쳐지면 겨울이 옵니다. 남중 고도는 12월 하순(22일경)인 동지 때 가장 낮습니다. 하지만 동지 이후 북반구가 받는 태양 복사가 증가하면 ‘태양 복사 < 지구 복사’가 당분간 지속되기 때문에 기온은 1월 혹은 2월까지 계속 내려갑니다.

그림 3-17 **지구 공전과 계절**

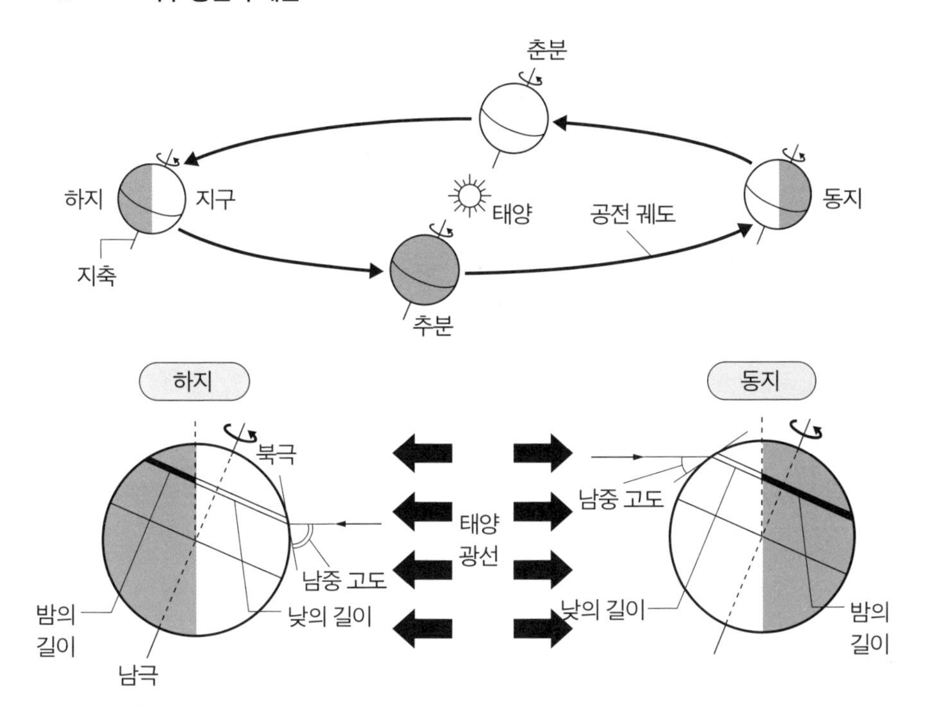

대륙과 해양의 온도 차이

그림 3-18은 7월과 12월의 세계 평균 기온 분포를 등온선으로 표시한 것입니다. 등온선은 동서로 그어져 있으며 저위도 기온은 높고, 고위도 기온은 낮다는 사실을 알 수 있습니다. 7월과 12월을 비교하면 북반구와 남반구는 여름과 겨울이 서로 반대입니다.

이 그림을 좀 더 상세히 살펴봅시다. 대륙이 있는 부분의 등온선은 어떻습니까? 12월 북반구의 대륙은 등온선이 남쪽으로 활 모양을 그리고 있음을 알 수 있습니다. 이는 같은 경위(경위선)라도 대륙이 해양보다 기온이 낮다는 것을 의미합니다. 7월 그림에서는 12월처럼 명확하지 않지만 반대로 대륙의 기온이 높습니다.

그림 3-18 **7월과 12월의 세계 평균 기온 분포**

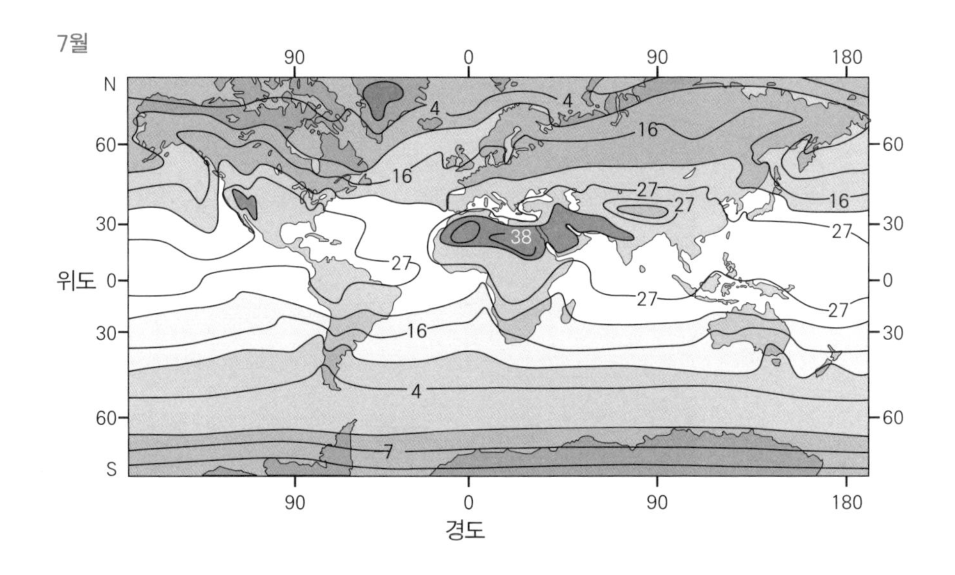

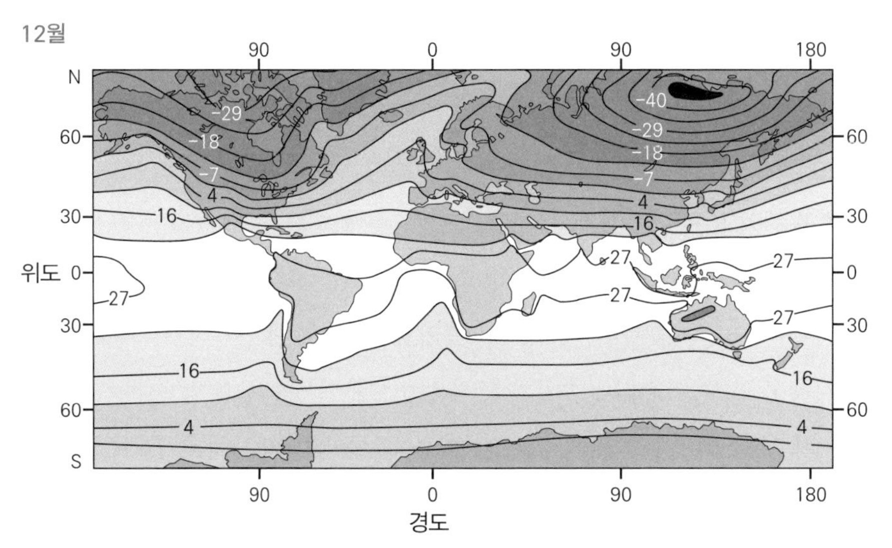

※지도상 숫자 단위는 ℃(출처 자료의 화씨를 섭씨로 환산함)
출처 :《최신 기상 백과》

이런 기온 차이가 생기는 이유는 같은 경위에서 동일한 세기의 태양 복사를 받더라도 물로 덮인 해양과 흙(암석)으로 덮인 대륙이 각각 열에 다르게 반응하기 때문입니다.

같은 양의 열을 가하더라도 물체에 따라 상승하는 온도는 다릅니다. 물 1g을 1℃ 상승시키기 위해서는 1cal(칼로리)의 열이 필요합니다. 칼로리는 열량 단위지만 에너지 단위인 J(줄)로 치환해 생각하면 4.2J = 1cal입니다. 여기서는 칼로리로 설명하겠습니다.

물이 아닌 물질, 예를 들어 철 1g을 1℃ 상승시키기 위해서는 0.11cal만 있으면 충분합니다. 또 육지를 뒤덮고 있는 암석은, 예를 들어 화강암 1g을 1℃ 상승시키는 열량은 0.2cal입니다. 즉 태양 복사가 강한 여름철에는 태양 복사의 강도가 동일해도 대륙이 해양보다 온도 상승에 훨씬 유리한 환경입니다.

반대로 겨울철은 어떨까요? 대륙이 적은 열량으로도 온도가 상승하기 쉽다는 것은 적은 열을 복사해도 바로 온도가 떨어진다는 것을 의미합니다. 태양 복사가 약한 겨울철에는 복사 냉각 진행이 활발하여 대륙은 해양보다도 온도가 낮아집니다.

대륙이 쉽게 뜨거워지고 차가워지는 이유는 또 있습니다. 해양은 해수면에 열을 가하거나 빼앗아도 물이 뒤섞이기 때문에 온도 변화는 그다지 크지 않습니다. 이에 비해 대륙은 뒤섞이지 않기 때문에 지표면의 얇은 층만 뜨거워지거나 차가워져도 온도 변화가 크게 나타납니다. 또 해양 온도는 저위도와 고위도 사이를 순환하는 '해류'의 영향도 받습니다. 저위도의 열이 해류를 타고 고위도로 운반되어 위도에 따른 온도 차이를 줄이는 작용을 합니다.

덧붙이자면 물의 증발도 영향을 줍니다. 증발량이 많은 해양에서 태양 복사는 물의 온도를 높일 뿐만 아니라 물을 증발시키는 역할도 합니다. 이는 여름철에 강한 햇볕을 받더라도 대륙에 비해서 해양 온도가 상승하지 못하는 원인입니다.

이상 살펴본 지표 온도, 위도에 따른 기온 차이, 대륙과 해양의 차이 등은 지구에서 부는 바람을 이해하기 위한 기초 지식으로 활용할 수 있습니다. 그럼 이번 장에서 살펴본 기온의 구조를 바탕으로 '바람의 구조'를 살펴보겠습니다.

제 4 장

바람의 구조

기압차가 생기는 이유는 무엇인가?

바람이 부는 이유

바람에 흔들리는 나뭇잎을 보면 바람이 공기의 운동임을 알 수 있습니다. 그럼 공기를 움직이게 하는 힘은 무엇일까요? 이 물음에 답하는 일은 아마 쉽지 않을 것입니다. 왜냐하면 그 힘이 눈에 보이지 않기 때문입니다. 지구상의 바람은 네 종류의 힘이 관여합니다. 먼저 '바람을 일으키는 힘'을 살펴보겠습니다. 나머지 세 힘은 공기가 움직인 뒤에 작용하는 힘입니다.

눈에 보이는 현상을 예로 들어보겠습니다. 수면의 높이가 각기 다른 수조 A, B를 준비하고 바닥을 파이프로 연결합니다. **그림 4-1** 그러면 파이프로 물이 흘러갑니다. 물이 흐르는 힘은 A와 B 수조 바닥에 작용하는 수압차로 발생합니다. A의 수압은 파이프 속 물을 오른쪽으로 밀고 B의 수압은 왼쪽으로 밉니다. 이 힘의 차이로 파이프 속의 물이 움직입니다.

그림의 수압을 기압으로 바꿔 생각해보면 바람을 일으키는 힘이 무엇인지 알 수 있습니다. 제1장에서 대기압은 공기 기둥(지표에서 대기의 상단까지 뻗은

그림 4-1 **수압차로 물의 흐름이 생기듯이 기압차로 바람이 생긴다**

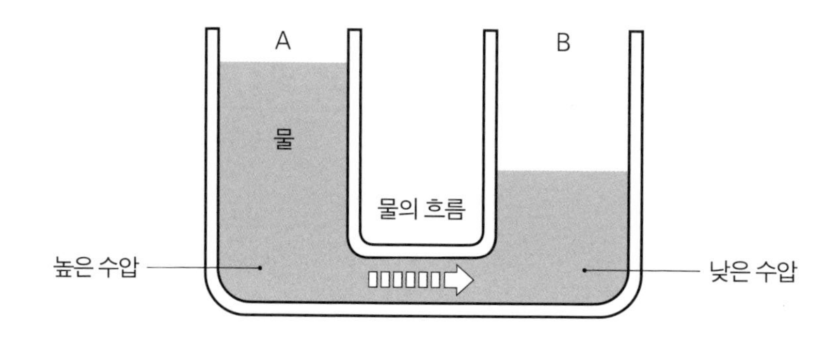

공기 기둥)의 무게로 생긴다고 설명했습니다. A와 B의 공기 기둥이 무게가 다르면 지표 기압이 달라지고, 이때 생긴 기압차로 바람이 붑니다.

제1장에서 기압이 높은 쪽에서 낮은 쪽으로 작용하는 힘을 **기압 경도력**이라고 설명했습니다. 일정 거리당 기압차가 큰 곳일수록 기압 경도력은 커지고 바람을 일으키는 작용도 커집니다.

기압차는 등압선으로 표시한다

일기도에는 장소에 따라 기압이 어떻게 다른지 표시되어 있습니다. 기압이 동일한 지점을 이은 선을 **등압선**이라고 합니다. 그림 4-2처럼 기압 경도력은 등압선에 직각으로 작용하며 등압선 사이가 좁을수록 커집니다. 등압선 사이가 좁은 곳일수록 바람이 강합니다.

일기도의 등압선은 지상에서 관측한 기압(현지 기압)을 그대로 사용하지 않

그림 4-2 **등압선 사이가 좁을수록 기압 경도력이 크다**

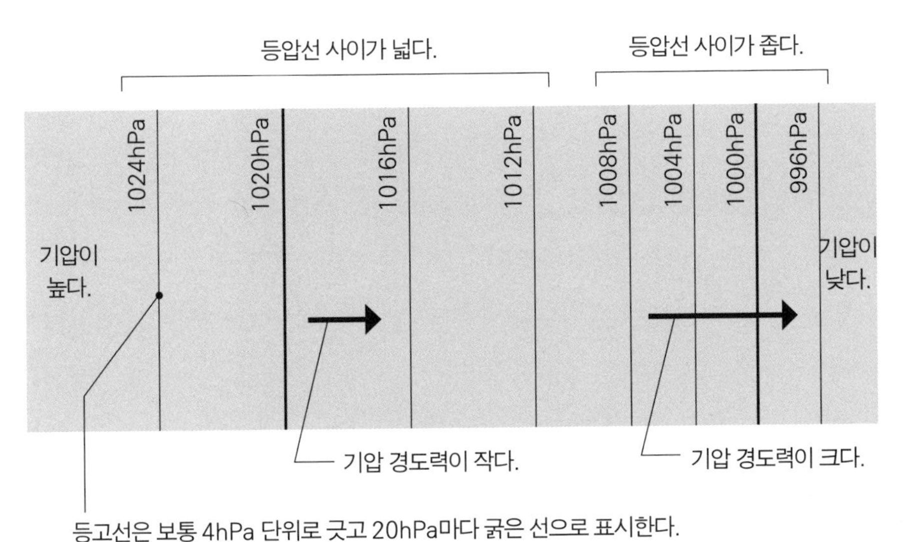

습니다. 왜냐하면 저지대와 산 위의 기압을 비교하면 표고가 높은 곳의 기압이 당연히 낮기 때문입니다. 이때 저지대의 기압이 높다고 해서 바람이 반드시 저지대에서 산으로 불지는 않습니다. 수평 방향이 아닌 연직 방향의 움직임을 동반할 경우에는 기압뿐만 아니라 중력의 영향도 고려해야 합니다. 이런 식으로는 실용적인 일기도를 만들 수 없습니다.

실제로는 각 지점별 기압 관측치를 고도 0m, 즉 해수면 높이에서 관측했다고 가정한 값으로 수정합니다. 이 수정된 기압을 **해면 기압**이라고 하며 해면 기압을 근거로 작성된 일기도를 **지상 일기도**라고 합니다.

해면 기압은 관측 지점의 온도로 구한 대기의 연직 방향 평균 기압 분포에 근거하여 계산합니다. 간단히 말하면 관측 지점의 표고가 100m 상승할 때마다 약 10hPa를 더하면 됩니다.

등압선을 그리다 보면 선이 동심원 모양으로 닫히는 곳이 있는데, 동심원의 중심 기압이 주위보다 높은 곳은 **고기압**이고 반대로 주위보다 낮은 곳은 **저기압**입니다. **그림 4-3**

그림 4-3 **등압선과 고기압, 저기압**

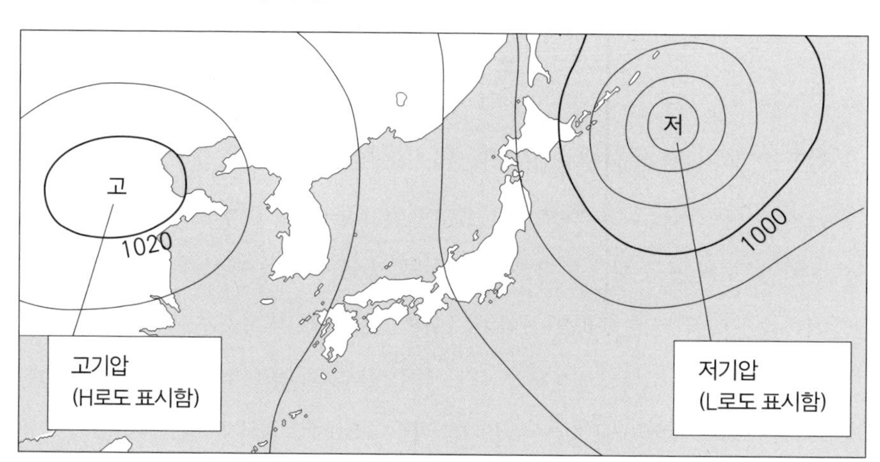

공기 기둥이 데워지면 상공은 고기압, 지상은 저기압이 된다

지구 대기의 해면 기압은 장소와 시간에 따라 다르고 항상 변합니다. 그리고 그 기압차로 인해 바람이 발생합니다. 그럼 기압이 일정하지 않고 장소에 따라 기압차가 발생하는 이유는 무엇일까요? 기압차가 생기는 기본 원리 중 하나를 이해하기 위해 '공기 기둥' 이론을 적용하여 살펴봅시다.

제1장에서 대기를 지표에서 상단까지 잘라낸 '공기 기둥'의 무게로 기압이 발생한다고 설명했습니다. 여기서는 그림 4-4처럼 두 장소 A와 B에 있는 각각의 공기 기둥을 생각해봅시다. 보다 쉬운 이해를 위해 공기 기둥 내부의 공기 밀도는 동일하다고 가정하겠습니다. 그림 4-4 ①의 공기 기둥 둘의 무게는 동일하기 때문에 지상의 기압도 동일합니다. 당연히 이때는 지상에 바람을 일으키는 기압 경도력은 작용하지 않습니다.

다음으로 그림 4-4 ②는 A와 B 두 장소에 온도차가 있는 경우입니다. 차가

그림 4-4 **따뜻한 공기 기둥과 찬 공기 기둥의 모델**

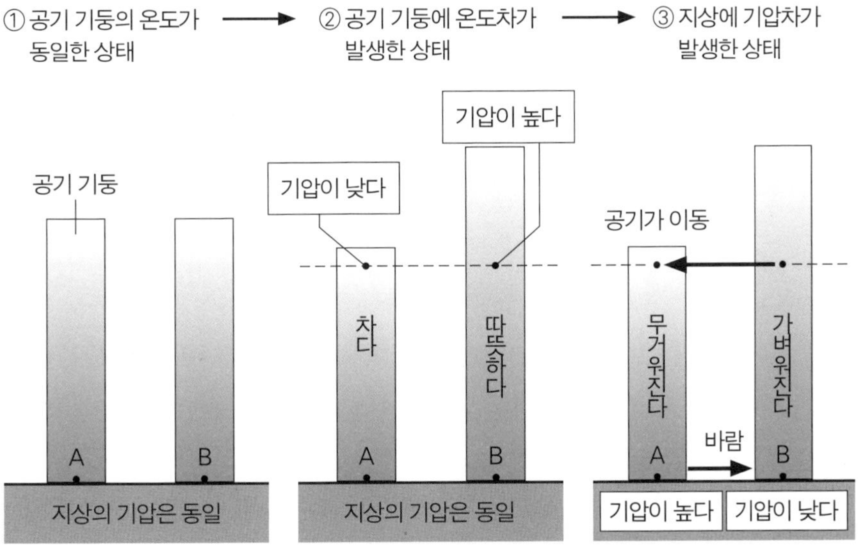

워진 A의 공기 기둥은 부피가 줄고 높이도 낮아집니다. 반면 따뜻해진 B의 공기 기둥은 부피가 커지고 높이도 높아집니다. 높이가 변했지만 두 공기 기둥을 구성하는 분자 수는 변하지 않습니다. 그래서 A와 B 두 공기 기둥의 무게는 당연히 같으며 지상의 기압도 동일합니다.

그런데 상공에서 중요한 변화가 보입니다. 그림 4-4 ②의 점선을 보면 A의 공기 기둥은 이 점선 위가 짧지만 B는 깁니다. 즉 A보다 B의 상공에 있는 공기가 무겁고 기압이 높다는 것을 의미합니다.

그래서 그림 4-4 ③처럼 기압이 높은 B의 상공에서 기압이 낮은 A의 상공으로 기압 경도력이 발생하여 공기가 움직입니다. 공기가 움직이면 A의 공기 기둥 무게가 늘고 B의 공기 기둥 무게가 줍니다. 공기 기둥의 무게가 변한 결과로 A의 지표 기압은 커지고 B의 지표 기압은 작아집니다. 이렇게 하여 찬 공기가 있는 A의 지상 기압은 높아지고 따뜻한 공기가 있는 B의 지상 기압은 낮아집니다. 지표 부근에서 발생한 기압 경도력에 따라 A에서 B로 바람이 붑니다. 이상을 정리하자면 다음과 같습니다.

두 공기 기둥에 온도차가 생기면

- ○ 데워진 공기 기둥은 길어져 지상에서 저기압, 상공에서 고기압이 된다.
- ○ 차가워진 공기 기둥은 줄어들어 지상에서 고기압, 상공에서 저기압이 된다.

간단히 말하면 장소에 따른 기온차 때문에 공기 기둥에 온도차가 발생하고 기압차가 생기는 것입니다. 이와 같은 온도와 기압의 관계는 앞으로도 몇 번 더 나올 예정이니 기억해두기를 바라며 이 책에서는 임시로 '공기 기둥 이론'이라고 부르겠습니다.

덧붙이면 지금 설명한 온도차 이외에도 공기 기둥에 강제적인 공기 흐름이 발생하여 지상 기압이 높아지는 경우도 있습니다. 뒤에 나올 '아열대 고기압'이나 '편서풍 파동'이 만드는 '이동성 고기압'이 여기에 해당합니다. 이는 뒤에서 다시 설명하겠습니다.

지상의 바람은 어떻게 불까?

코리올리의 힘

기압 경도력이 생기면 공기 움직임이 수평 방향으로 강해집니다. 이때 공기가 기압 경도력 방향, 즉 등고선의 직각 방향으로 움직인다면 설명이 간단하겠지만 지구는 자전을 합니다. 공기가 운동하는 곳은 특수한 환경입니다. 회전하는 구 모양의 표면에서 움직이는 것입니다. 이런 환경에서 공기는 직선으로 운동할 수 없으며, 만약 직선으로 운동한다고 해도 그렇게 관측되지 않습니다. 바람을 이해하는 데 다소 어려움이 있는 것입니다.

공기만이 아닙니다. 지구에는 물체의 직선 운동을 한쪽으로 치우치게 하는 어떠한 힘이 작용합니다. **그림 4-5** 예를 들어 대포를 똑바로 쏘더라도 거리가 멀어질수록 탄도는 오른쪽으로 치우치기 때문에 조준점은 목표보다 조금 왼쪽이어야 합니다.

일상생활에서는 잘 체감할 수 없지만 인간에게도 예외는 없습니다. 예를 들어 시속 300km로 달리는 고속열차를 타고 있는 체중 60kg의 사람에게는 약 40g의 무게와 동등한 힘이 수평 방향 오른쪽으로 작용합니다.

'푸코의 진자'라는 현상을 들어본 적이 있나요? 무거운 추에 실을 길게 매단

그림 4-5 **북반구에서 물체가 운동하면 오른쪽으로 기운다**

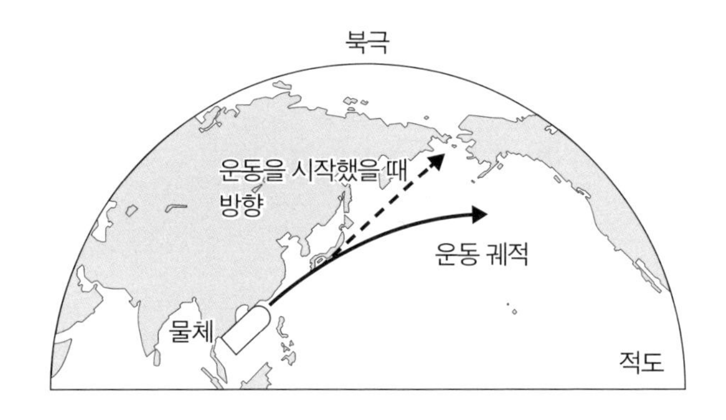

진자는 오랫동안 왔다 갔다 하며 진자 운동을 합니다. 최초에 진자를 남북 방향으로 움직이게 했다고 합시다. **그림 4-6** 이때 추가 1회 왕복 운동을 할 때마다 아주 조금씩 오른쪽으로 기울어져 진동 방향이 틀어집니다. 진자를 북극점에 두면 1시간에 15도씩 시계 도는 방향으로 기울어져 6시간 후면 동남 방향이 되고, 24시간 후면 한 바퀴 돌아 제자리로 돌아옵니다. 한국의 국립중앙과학관에서도 푸코의 진자가 조금씩 방향을 바꾸는 모습을 볼 수 있습니다.

이 현상은 프랑스 물리학자 푸코(J. B. Foucault, 1819년~1868년)가 지구 자전의 증거로 제시했습니다. 같은 시대에 프랑스 물리학자 코리올리(Gaspard Gustave de Coriolis, 1792년~1843년)는 이 현상을 일으키는 힘이 무엇인지도 밝혀냈습니다. 이를 **코리올리의 힘**이라고 부릅니다.

북반구에서 코리올리의 힘은 물체나 공기가 운동하는 방향의 직각 오른쪽으로 작용합니다. 적도 이외의 모든 장소에서 코리올리의 힘이 작용하며 공기 운동에 영향을 줍니다. 또 이 힘의 크기는 고위도일수록 커지고 저위도일수록 작아져 적도에서 0이 됩니다. 북반구와 달리 남반구에서는 코리올리의 힘이 운동 방향의 직각 왼쪽으로 작용합니다. 이는 남극에서 봤을 때 지구의 회전 방향이 북반구와 반대이기 때문입니다.

그림 4-6 **푸코의 진자와 코리올리의 힘**

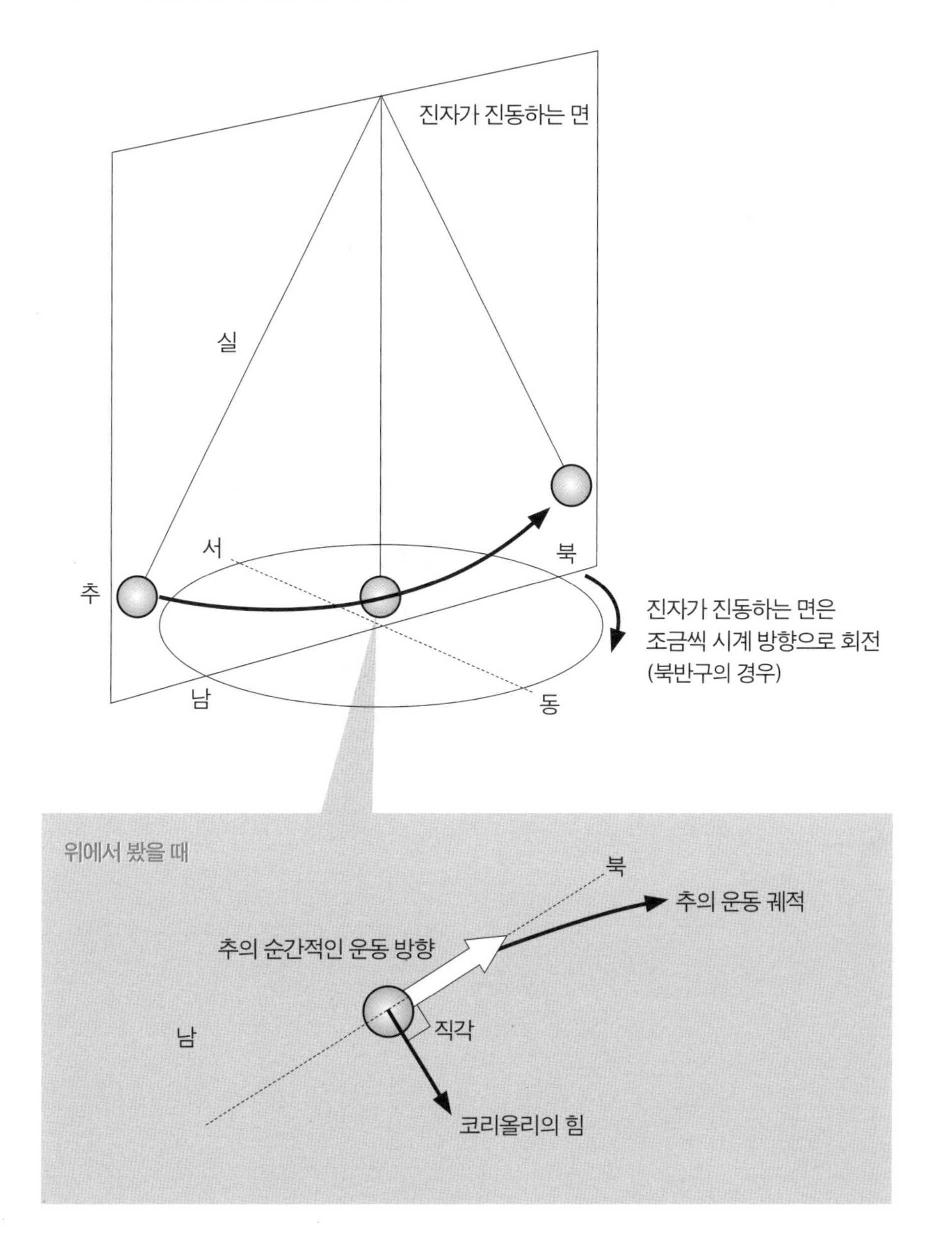

지상의 바람 방향은 등압선과 직각을 이루지 않는다

겨울철이면 등압선이 남북으로 뻗는 경우가 많아 일기예보에서 그림 4-7과 같은 모양의 일기도를 본 적이 있을 것입니다. 이때 기상 캐스터는 '북서풍이 강해져'라는 말을 자주 사용합니다. 여기서 '북서풍'은 '북서쪽에서 불어오는 바람'을 뜻하며 북서쪽으로 부는 바람이 아니라는 사실에 주의합시다. 그림을 살펴보면 흰 화살표가 가리키는 북서풍은 기압 경도력 방향에서 오른쪽으로 다소 기울어져 있습니다. 코리올리의 힘이 작용하고 있는 것입니다.

바람이 불 때 작용하는 힘을 구체적으로 살펴보겠습니다. 주의해야 할 점은 힘이 균형을 이룰 때 바람은 불지 않는다고 생각할지 모르겠지만 실제로는 그렇지 않다는 것입니다. 물론 멈춰 있는 공기에 작용하는 힘이 균형을 이루고 있다면 그 상태를 유지하겠지만, 일단 움직이는 공기라면 힘이 균형을 이루더라도 멈추지 않고 계속 운동을 합니다. 이는 '마찰이 없는 매끄러운 면에 물체를 밀면 가해진 힘이 사라진 뒤에라도 물체는 등속직선운동을 계속한다.'라는 관성의 법칙과 같은 원리입니다.

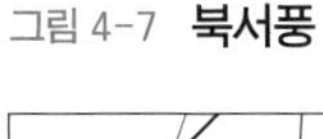
그림 4-7 **북서풍**

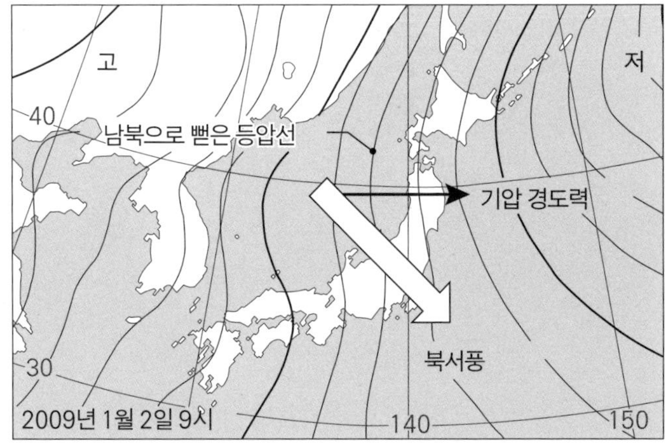

바람이 불거나 그칠 때는 그 속도나 방향이 수시로 바뀌기 때문에 작용하는 힘이 균형을 이루지 못하지만 여기서는 바람이 일정한 속도와 방향으로 분다고 가정해서 생각해봅시다. 그림 4-8의 바람(일정한 속도와 방향으로 운동하는 공기)에 작용하는 첫 번째 힘은 기압 경도력이고 두 번째는 코리올리의 힘, 세 번째는 지표와의 마찰력입니다. 저기압 중심 부근처럼 등압선이 활 모양으로 휜 경우는 원심력도 고려해야 하지만, 여기서는 등압선이 직선인 경우로 한정하여 설명하겠습니다.

그림에 실선으로 표시된 검은 화살표(벡터)를 봅시다. 화살표 방향이 힘의 방향이고 화살표의 길이는 힘의 크기를 의미합니다. 두 힘이 합쳐진 합력은 두 벡터가 각각 변을 이루는 평행사변형의 대각선 방향으로 작용합니다.

그림 4-8 **지상의 바람에 작용하는 힘의 균형**

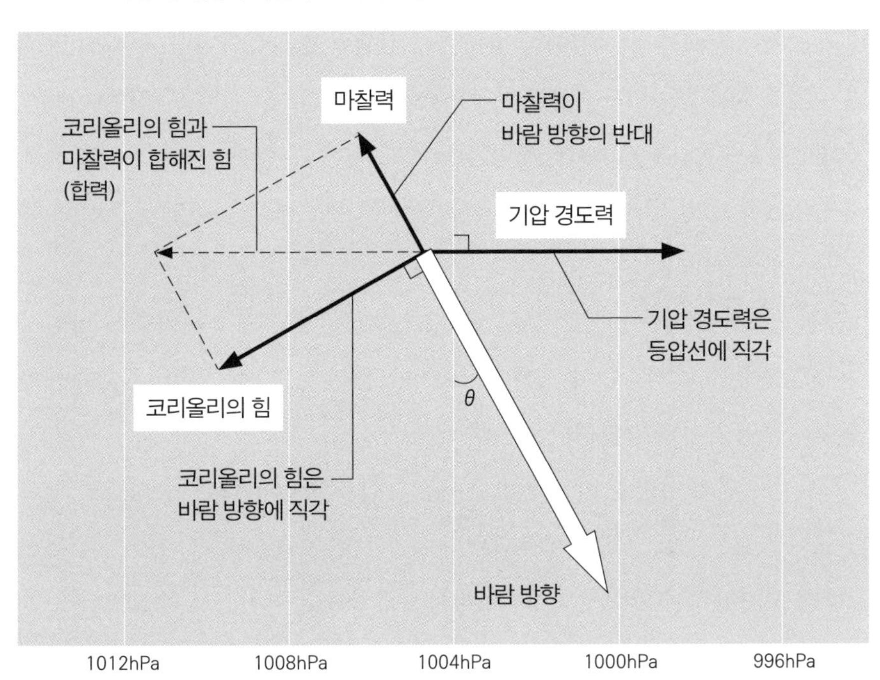

그럼 그림의 흰색 화살표처럼 바람이 불 때 각각의 힘이 어떤 식으로 작용하는 살펴보겠습니다. 먼저 기압 경도력부터 알아봅시다. 이는 등압선의 직각 방향으로 작용합니다. 코리올리의 힘은 바람 방향의 직각입니다. 마지막으로 마찰력은 바람 방향과 정반대입니다.

그림에는 코리올리의 힘과 마찰력의 합력을 점선 화살표로 표시했습니다. 이렇게 세 힘이 균형을 이룬 결과, 바람은 등압선에 직각이 아닌 오른쪽 방향으로 비스듬히 부는 것입니다.

지표의 마찰이 클 때는 바람 방향과 등압선의 각도(θ)가 커지지만 마찰이 작으면 각도 또한 작아집니다. 각도는 마찰이 큰 육상에서는 약 30~45도, 마찰이 적은 해상에서는 15도 정도입니다.

고기압과 저기압 주변의 바람

고기압과 저기압 주변의 바람 방향을 살펴봅시다. 등압선이 동심원 모양이기 때문에 커브를 그리며 진행하는 바람에는 원심력이 작용합니다. 엄밀히 말하면 그림 4-8에 원심력도 추가해야 하지만 큰 고기압이나 저기압의 주변처럼 등압선이 완만한 활 모양이라면 원심력은 그다지 큰 힘이 아닙니다. 이 때문에 등압선과 바람 방향의 각도가 육상은 30~45도, 해상은 15도 정도라고 해도 무방하겠습니다.

그림 4-9에 표시한 지상 부분의 화살표는 바람 방향입니다. 바람은 어디서나 등압선에 대해 직각에서 오른쪽으로 비스듬히 불고, 저기압이든 고기압이든 모두 소용돌이 모양입니다.

저기압 주변의 바람은 반시계 방향으로 중심을 향해 붑니다. 중심으로 공기가 모여든 공기는 상공으로 상승합니다.

반면 고기압 주변의 바람은 시계 방향으로 소용돌이치면서 중심에서 주변으로 붑니다. 그래서 중심 부근에 부족해진 공기를 보충하기 위해 상공에서

그림 4-9 **고기압과 저기압 주변의 바람**

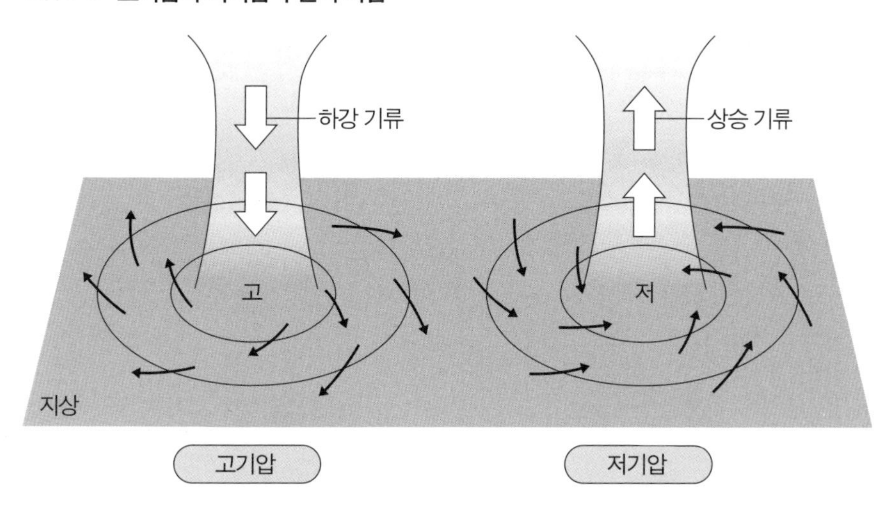

공기가 하강합니다. 이렇게 저기압과 고기압의 중심에는 필연적으로 상승 기류 또는 하강 기류가 만들어집니다.

그림 4-10은 실제 지상 일기도입니다. 각 지점의 바람 방향은 '살깃' 기호로 표시합니다. 만약 날씨 기호인 ○표의 북측에 살깃이 붙어 있다면 '북풍'이며 북에서 남으로 부는 바람을 의미합니다. 살깃이 나타내는 바람 방향은 그림 4-9에서 표시한 화살표 방향과 거의 일치합니다. 다만 규모가 큰 일기도에는 미세한 기압 변화를 표시하지 않으며 지형 영향도 있기 때문에 다소 일치하지 않는 곳도 있습니다.

이 일기도에는 저기압을 중심으로 삼각형이나 원반이 달린 선이 그려져 있는데 이는 제5장에서 설명하기로 하고 지금은 지상이 아닌 상공의 바람에 대해 살펴보겠습니다.

그림 4-10 **일기도로 본 저기압과 고기압 주변의 바람**

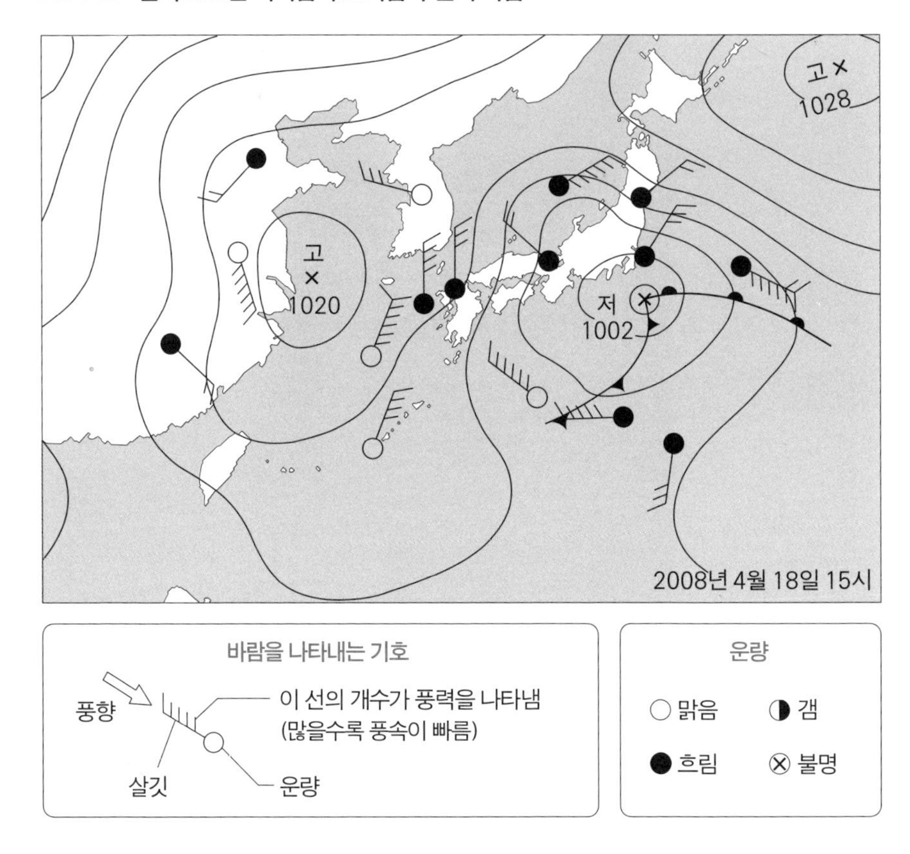

상공의 바람은 어떻게 불까?

상공의 바람은 등압선에 평행하게 분다

상공에서는 지표 마찰이 작용하지 않습니다. 이 때문에 등압선에 대한 바람 방향은 지상과 다릅니다. 그림 4-11을 살펴보면 기압 경도력이 같은 조건하에서 마찰이 있는 지상과 마찰이 없는 상공에서 바람 방향이 어떻게 다른지 알 수 있습니다. 그림의 (b)는 마찰이 다소 작용하는 상공에서 부는 바람입니다. 먼저 (b)에 작용하는 힘과 지표인 (c)에 작용하는 힘을 비교해보겠습니다. (b)와 (c)는 마찰력의 크기가 다르기 때문에 세 가지 힘이 균형을 이루는 각도도 각기 다릅니다. 바람 방향은 마찰력과 정반대지만 바람 방향과 등압선의 각도는 마찰이 작은 (b)가 (c)보다 작은 것을 알 수 있습니다.

마찰이 작아져 0이 되면 (a)와 같은 모양입니다. 바람 방향은 등압선에 평행하며 기압이 낮은 쪽을 왼쪽에 두고 진행합니다. 이렇게 등압선에 평행하게 부는 바람을 **지균풍**(地均風)이라고 합니다. 지균풍이 부는 고도는 약 1,000m

그림 4-11 **지균풍**

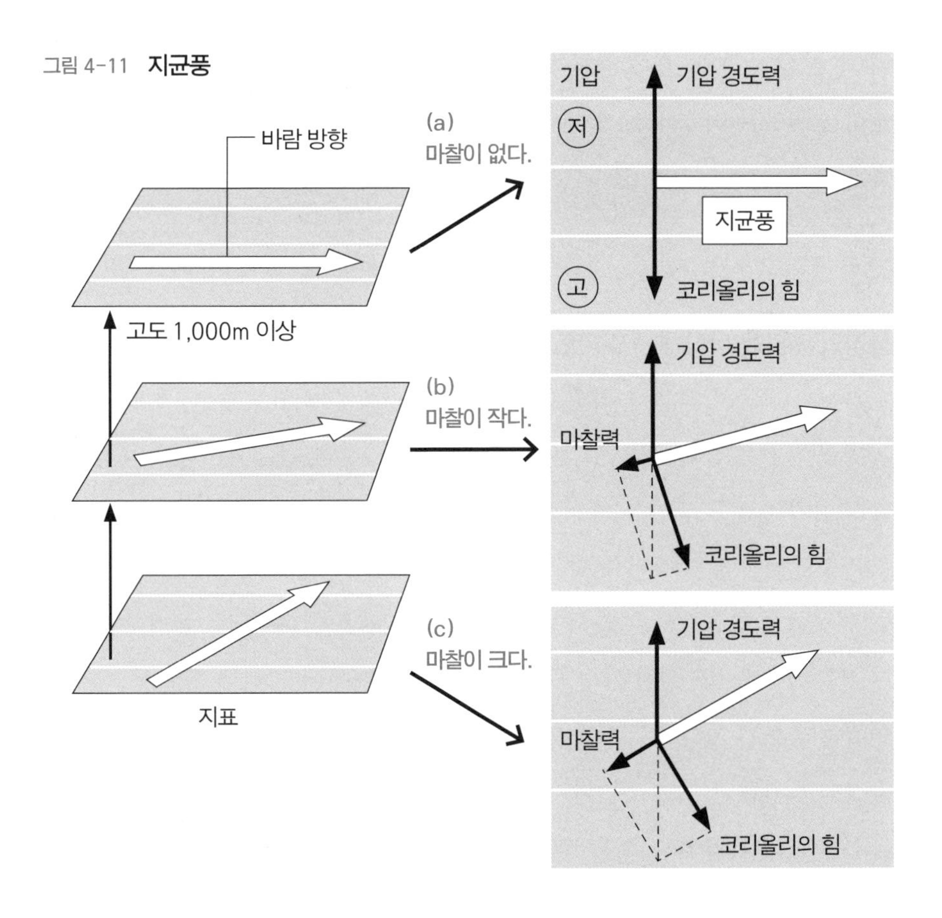

이상입니다. 지균풍은 이론상 이상적인 바람이며 실제로도 거의 이런 식으로 불기 때문에 고층 일기도에서 바람 방향을 고려할 때 기본이 됩니다. 또 지구 대기 전체로 보자면 마찰이 작용하는 곳은 지표에 인접한 극히 일부뿐이기 때문에 통상 바람은 등압선에 평행하게 부는 것으로 볼 수 있습니다.

등압선이 평행이 아닌 활 모양으로 굽은 경우에는 바람이 비스듬히 불기 때문에 원심력이 작용합니다. 이때 작용하는 힘은 네 가지인데 이 힘들이 균형을 이룰 때 바람 방향은 역시 등압선에 평행을 이룹니다. 이렇게 원심력까지 고려한 바람을 **경도풍**(傾度風)이라고 합니다.

지균풍이나 경도풍의 풍향이 기압 경도력과 직각을 이루는 것은 지상의 바람을 설명할 때 나온 세 가지 힘의 균형과 마찬가지로 이해하기 힘든 현상입니다. 이 경우는 실 끝에 추를 달아 원운동을 시킬 때와 유사합니다. 추에 작용하는 힘은 실이 중심을 향해 당기는 힘과 원심력입니다. 이 두 가지가 균형을 이루면서 추는 원을 그리는 운동을 합니다. 이때도 힘과 운동 방향은 직각입니다.

상공의 기압을 나타내는 일기도

여기서는 상공의 바람에 대해 좀 더 상세히 알아보기 위해 고층 일기도를 살펴보겠습니다. 뒤에 나오는 그림 4-14의 고층 일기도를 보면, 지상 일기도와 달리 그림의 선은 등압선(기압이 동일한 지점을 연결한 것)이 아닙니다.

고층 일기도에 그려진 선의 의미를 알기 위해 먼저 지상 일기도의 등압선을 지상에서 상공으로 연장해 면으로 나타낸 **등압면**(等壓面)을 살펴보겠습니다. 인접한 장소의 기압은 연속적으로 변하기 때문에 기압이 동일한 지점을 연결하다 보면 지상에서 상공으로 부드럽게 이어지는 면이 생깁니다. **그림 4-12** 등압면과 지표면이 서로 만나는 곳에도 선이 생기는데 이것이 지상 일기도의 등압선에 해당합니다.

그림 4-12 **지상 일기도의 등압선을 상공으로 연장해 등압면으로 표시**

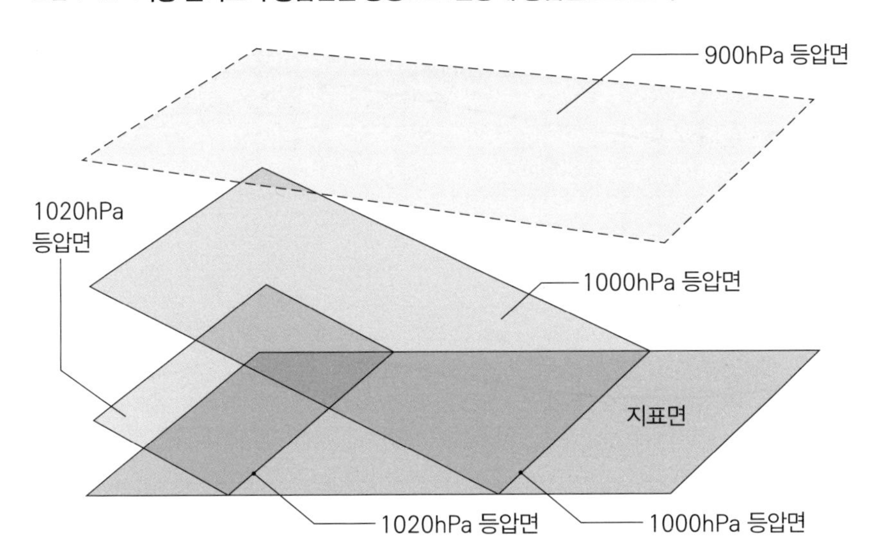

등압면이 지표면과 만나지 않는 경우도 있습니다. 900hPa 등 낮은 기압의 등압선은 지표면과 만나지 않고 상공에서만 넓어집니다.

그림 4-13은 상공에 펼쳐진 다양한 기압의 등압면을 나타낸 단면도입니다. 여기서는 300hPa 등압면을 살펴보겠습니다. 300hPa은 지구 대기 표준상 고도 9,000m 부근의 기압입니다. 하지만 어디까지나 평균치이며 장소에 따라 각각 등압면의 고도는 달라집니다. 그림의 선은 그 높이 차이를 의미합니다.

그림 등압면을 단순 단면으로 표시하지 않고 입체적으로 표시하려면 어떻게 해야 할까요? 여기서 산이나 계곡 등 기복이 있는 토지의 지형이 그려진 지도(지형도)를 떠올려봅시다. 산의 형태가 원심원 모양의 등고선으로 그려진 그림을 본 적이 있을 것입니다. 지형도의 등고선은 토지의 표고가 동일한 지점을 연결한 것입니다. 기상학의 등압면도 이와 동일한 방법으로 등압면의 고도가 동일한 지점을 연결해 선을 그립니다. 이 선을 등고도면(等高度面)이라고 합니다. 이렇게 그린 그림을 **등압면 일기도**라고 하며 고층 일기도는 등압

그림 4-13 **다양한 등압면과 그 높이(단면적)**

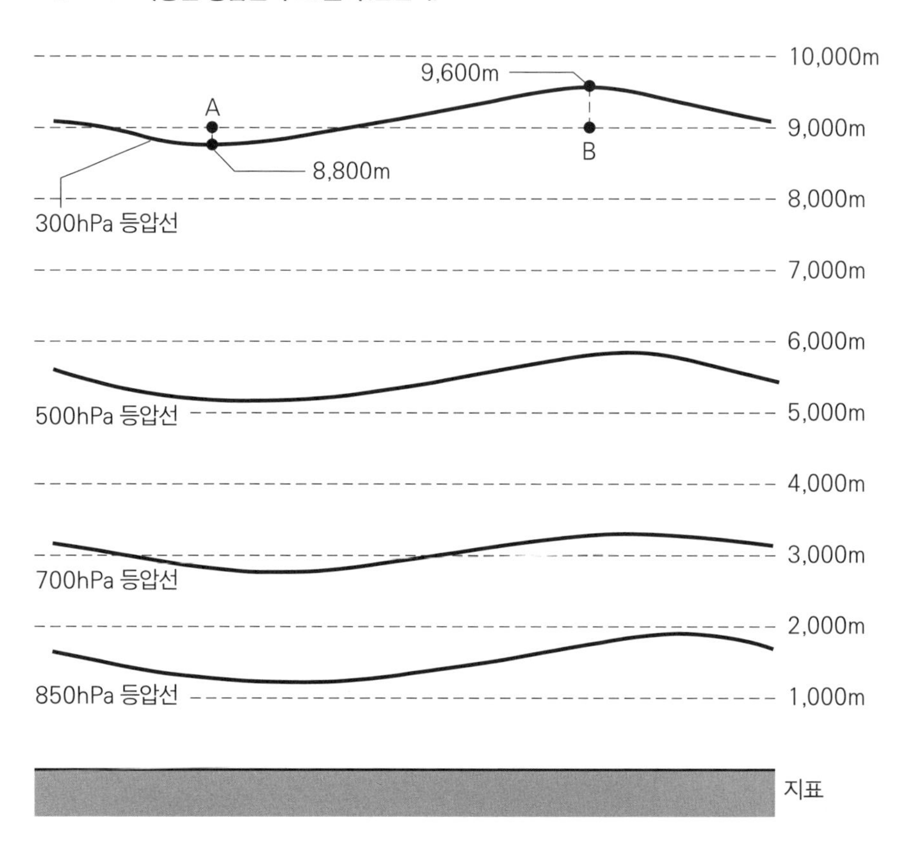

면 일기도로 구성됩니다.

그림 4-14는 300hPa 등압면으로 만든 고층 일기도의 예입니다. 여기서 등압면의 높이를 살펴봅시다. 남쪽은 등압면이 높고 북쪽으로 갈수록 낮아져 한반도 동쪽의 둥글게 닫힌 선 부분이 가장 낮은 곳입니다.

등압면 일기도에 그려진 것은 기압이 아니라 고도이기 때문에 기압차를 어떻게 알 수 있는지 처음 보는 사람이라면 어리둥절할 것입니다. 다음처럼 생각하면 지상 일기도와 별반 차이 없이 쉽게 이해할 수 있습니다. 먼저 결론부터 이야기하면 등고도선이 높으면 기압이 높고 등고도선이 낮으면 기압이 낮

그림 4-14 **300hPa 고층 일기도의 예**

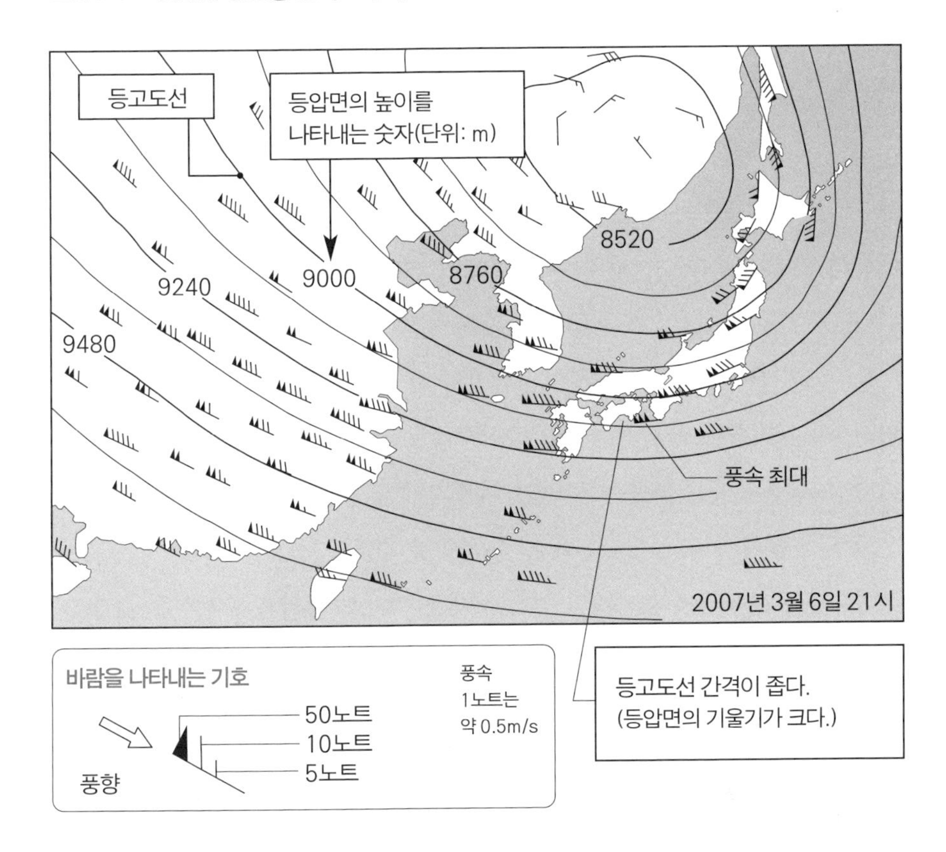

다는 것입니다.

그림 4-13의 9,000m 선상에 위치한 A 지점과 B 지점의 기압을 비교해봅시다. A 지점은 300hPa 등압면보다 위에 있기 때문에 기압은 300hPa보다 낮습니다. 한편 B 지점은 반대로 300hPa 등압면보다 아래이기 때문에 기압은 300hPa보다 높습니다. 이렇게 보면 9,000m 부근에서는 '등압면이 낮은 곳일수록 기압이 낮고 등압면이 높은 곳일수록 기압이 높다'는 것을 알 수 있습니다. 즉 등압면 일기도의 등고도선은 지상 일기도와 마찬가지로 수치가 큰 곳일수록 기압이 높다고 생각해도 무방하겠습니다. 또 선 간격이 좁을수록 기

압차가 크고 기압 경도력이 크다는 것도 지상 일기도와 같습니다.

그림 4-14의 300hPa 고층 일기도에는 바람도 표시되어 있습니다. 지상 일기도와는 조금 다른 기호이지만 풍향 표시법은 같습니다. 살깃이 붙은 쪽이 바람 부는 방향입니다. 날개 수는 풍속을 나타내고 특히 검은 삼각형의 날개가 달린 곳은 풍속이 빠른 곳입니다. 상공의 바람은 지균풍이나 경도풍이기 때문에 바람이 등고도선과 평행을 이루며 기압이 낮은 쪽을 왼쪽에 두고 붑니다. 등고도선 간격이 좁은 곳은 바람이 강하다는 것을 의미합니다.

등고도선 간격이 좁다는 것은 '등압면의 기울기가 급하다'는 의미이기도 합니다. 이는 지형도에서 경사면이 급할수록 등고선 간격이 좁은 것과 동일합니다. 지균풍이나 경도풍은 등압면 기울기가 급할수록 강하고, 등압면이 낮은 곳을 왼쪽에 두고 등고도선에 평행하게 붑니다.

대류권 상층에서 하층까지의 기상 상태를 파악하기 위해 작성하는 고층 일기도는 300hPa, 500hPa, 700hPa, 850hPa 등압면 일기도로 각각 표 4-1과 같은 고도의 기압 분포를 표시합니다.

이상으로 지상과 상공에서 어떤 형태의 바람이 불고, 일기도에 어떻게 표시하는지를 알아봤습니다. 이 기본 지식을 바탕으로 지구 규모로 일어나는 바람을 살펴보겠습니다.

표 4-1 **대류권의 기압 분포를 표시하는 등압면 일기도**

등압면 일기도의 종류	기준 고도	대류권의 위치	평균 기온
300hPa	9,600m	상층	약 -47℃
500hPa	5,700m	중층 또는 상층	약 -22℃
700hPa	3,000m	중층	약 -4.5℃
850hPa	1,500m	하층	약 5.3℃

지구 규모에서 살펴본 바람

적도 저압대와 열대 수렴대

'공기 기둥이 데워지면 상공은 기압이 높아지고 지상은 기압이 낮아진다.'라는 '공기 기둥 이론'을 다시 떠올려봅시다. 지구의 적도 부근은 고위도보다 일사량이 많아 공기 기둥이 쉽게 데워지기 때문에 해당 지역의 지상 기압은 낮습니다. 그래서 적도 부근에는 **적도 저압대**라는 기압이 낮은 지역이 있습니다. **그림 4-15**

그림 4-15 **적도 저압대와 열대 수렴대**

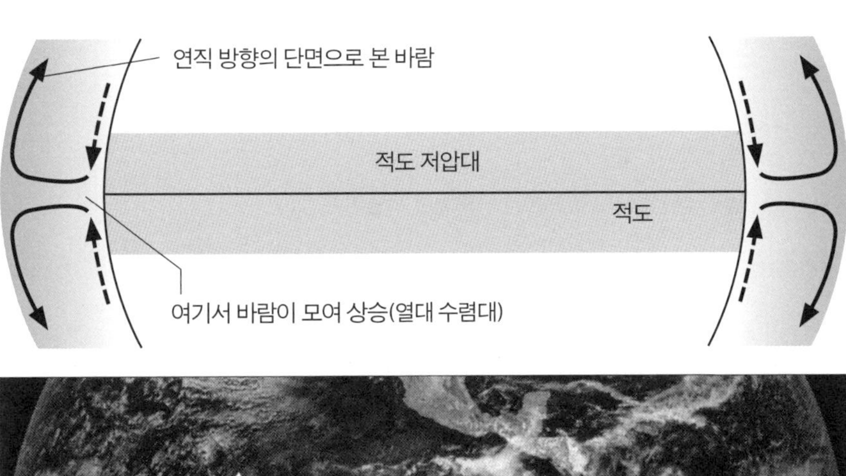

적도 저압대에서는 남북에서 부는 바람이 만나 상승 기류가 생기기 때문에 적란운이 활발하게 발달합니다. 그림 아래에 있는 표시가 가리키는 것이 이렇게 만들어진 구름 띠를 위성에서 촬영한 모습입니다. 이 띠를 **열대 수렴대**라고 합니다. 지표의 열은 대기를 직접 데울 뿐만 아니라 수증기의 잠열로 상승하여 구름이 생성되면서 방출됩니다. 그리고 이 열은 바람과 함께 고위도로 운반됩니다.

아열대 고압대와 무역풍대

적도 저압대에서 중위도로 부는 바람에는 코리올리의 힘이 작용합니다. 그래서 바람의 방향은 동쪽으로 꺾여 서풍이 됩니다. **그림 4-16**

바람이 동서 방향으로 흘러가기 때문에 곧장 고위도에 도달할 수 없습니다. 그러나 적도 상공에서 공기가 항상 흘러나가기 때문에 중위도의 공기 기둥에는 공기가 쌓여 있어 지상의 기압은 올라갑니다. 이렇게 중위도에 만들어진

그림 4-16 **적도에서 발생한 기류는 중위도에서 서풍이 된다**

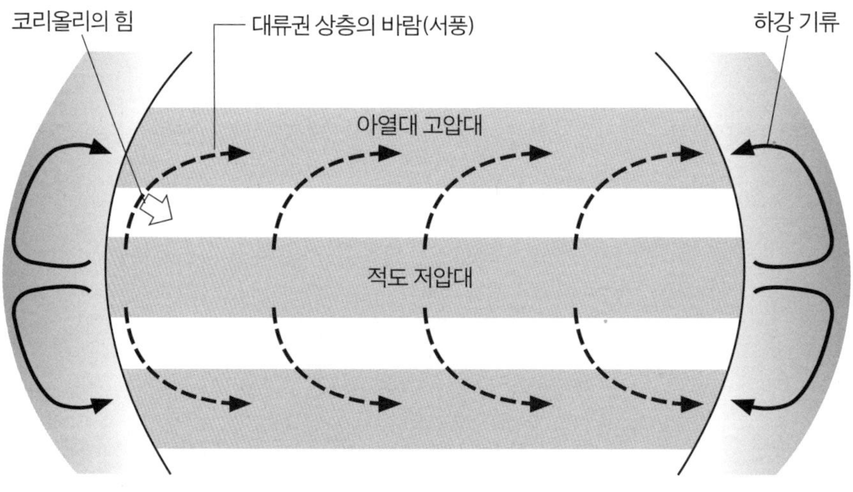

기압이 높은 지대를 **아열대 고압대** 또는 중위도 고압대라고 하며 여기서 발생하는 고기압을 아열대 고기압이라고 합니다.

아열대 고압대에서는 하강 기류가 발생하는데, 이때 단열 압축으로 기온이 오르고 상대 습도가 떨어지기 때문에 뜨겁고 건조한 공기를 동반한 고기압을 생성합니다. 육상에 생기면 사막과 같은 기후를 만들어냅니다. 아프리카의 사하라 사막, 중동이나 오스트레일리아에 넓게 분포한 사막은 아열대 고압대가 원인입니다.

여름철 동아시아 일대에 영향을 주는 **태평양 고기압**은 바다 위에 생기는 아열대 고기압입니다. 고기압 중심의 하강 기류는 건조하지만 바다를 지나면서 습해집니다.

아열대 고압대의 상공에 부는 서풍은 초속 30m 정도이고 지구를 한 바퀴 돕니다. 이 강력한 바람을 아열대 **제트기류**라고 합니다. 제트기류가 생기는 원리는 그림 4-17과 같습니다.

그림 4-17 **아열대 제트기류의 생성**

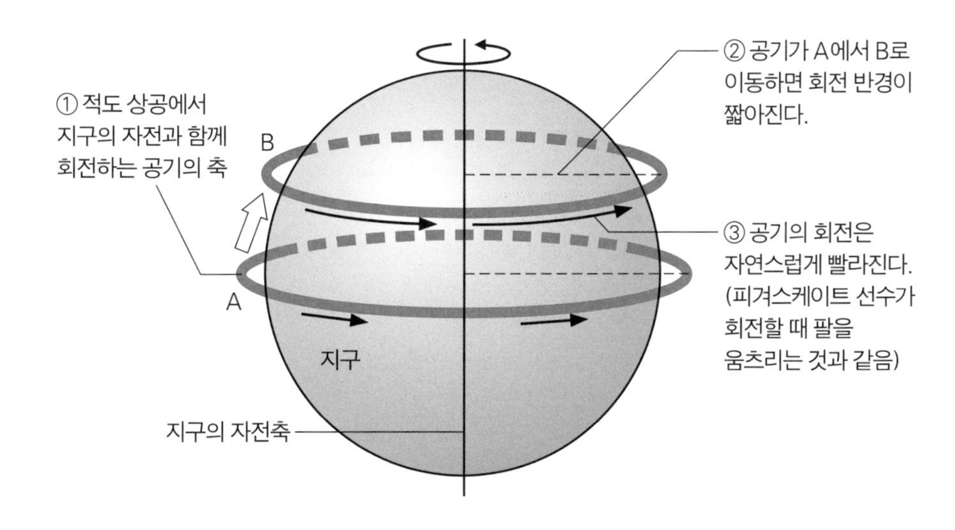

먼저 그림의 적도 상공에 위치한 A 고리 속 공기는 지상에서 봤을 때 동서 방향으로는 운동하지 않는다고 합시다. 하지만 이 공기는 지구 밖에서 보면 지구의 자전 운동으로 인해 지표와 함께 서쪽에서 동쪽으로 회전하고 있습니다. 이 회전하는 공기가 중위도로 이동하면 어떻게 될까요? 지구는 구형이기 때문에 고위도로 향할수록 그림 B처럼 고리의 반경이 줄어듭니다. 그래서 피겨스케이트 선수가 회전하는 기술을 보일 때 나타나는 현상이 일어납니다.

즉 피겨스케이트 선수는 처음에 양팔을 펴 천천히 돌다가도 팔을 몸 중심으로 당기면 회전수가 급속히 늘어 빨리 회전합니다. 지구상의 공기 운동도 회전의 중심인 지축과 거리가 변하면 같은 현상이 일어납니다. 중위도로 이동한 공기는 지축을 중심으로 동서 방향으로 회전하는 속도가 빨라져 강한 서풍이 됩니다.

이렇게 발생한 구름의 속도는 공기의 점성에 따른 저항이 없다고 가정하면 비교적 쉬운 물리학으로 계산할 수 있습니다. 이 계산 결과에 따르면 위도 25도에서 바람은 약 90m/s의 강풍입니다. 실제로는 공기의 점성에 따른 저항이 발생하므로 많이 감속하여 앞서 설명했듯이 평균 30m/s 정도입니다.

이 그림을 통해 아열대 제트기류 아래에는 하강 기류가 발생하고 있음도 알 수 있습니다. 왜냐하면 B 고리는 A 고리보다 작아서 공기가 좁은 장소로 모이기 때문입니다. 바람은 서풍이기 때문에 고위도로 이동하지 못하고 하강 기류가 됩니다.

이번에는 지상의 바람을 살펴봅시다. 그림 4-18은 지상에 부는 바람을 정리한 것입니다. 아열대 고압대에서 적도 저압대 방향으로 부는 바람은 코리올리의 힘에 의해 오른쪽으로 기울어 동풍이 됩니다. 이 동풍을 **무역풍**이라고 합니다. 태평양이나 대서양에는 연중 무역풍이 불기 때문에 18세기 범선 시대에 대서양의 무역풍대는 중요한 항로였습니다.

아열대 고압대와 적도 저압대 사이에는 대기 하나가 크게 순환하고 있는데,

그림 4-18 **대기의 대순환 모델(지상에 부는 대규모 바람과 지상의 기압 분포 모식도)**

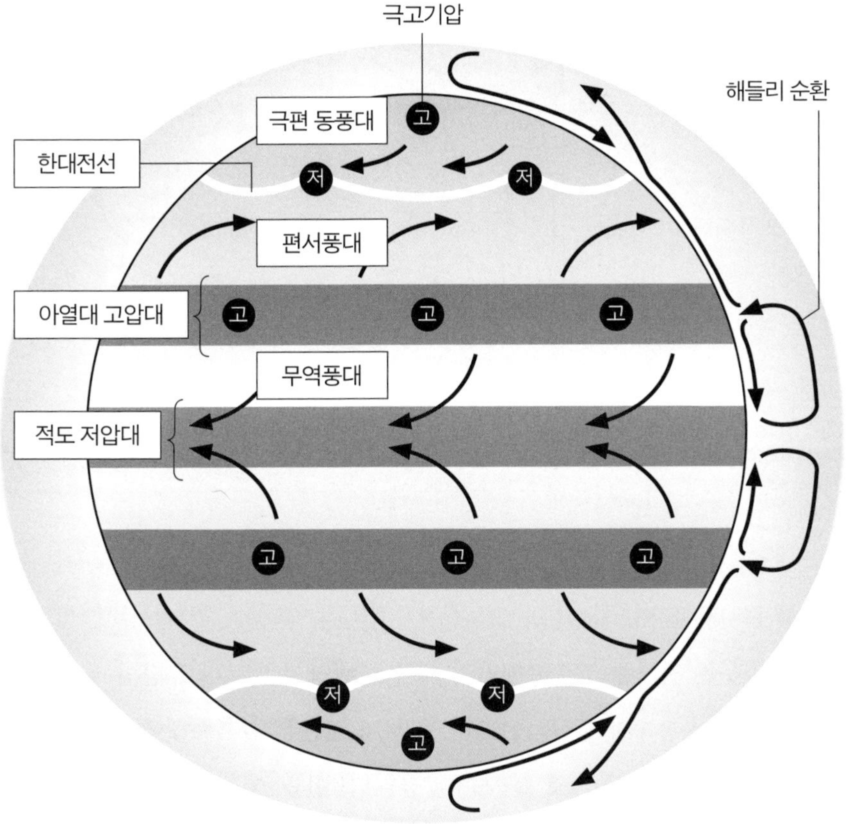

이를 해들리(Hadley) 순환이라고 합니다. 해들리 순환은 매우 활발해서 항상 열이 섞이기 때문에 이 순환이 위치한 위도의 지상에는 그다지 큰 온도차가 생기지 않습니다.

편서풍대와 한대전선

아열대 고압대에서 고위도 쪽으로 부는 지상의 바람은 코리올리의 힘 때문에 오른쪽으로 휘어진 서풍이 됩니다. 이렇게 중위도 상공에서 발생하는 대규모

그림 4-19

상공 9,000m 부근의 평균 기압 분포

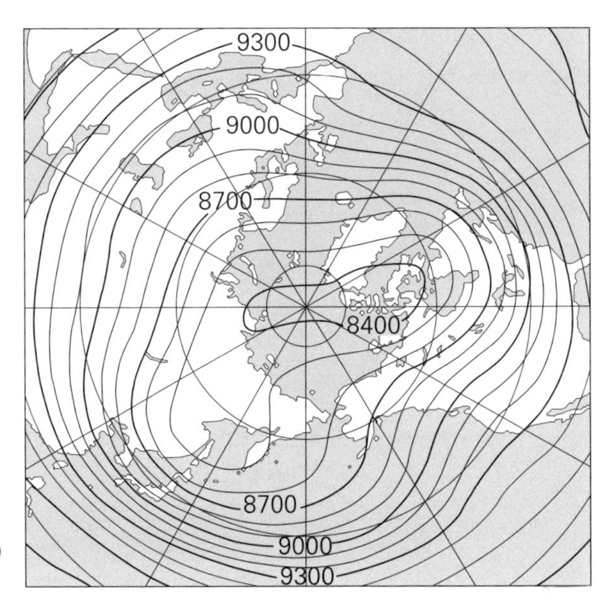

1월의 월평균 300hPa 등압면의 고층 일기도(1971~1990년의 평균)
출처 :《기상 과학 사전》

서풍을 **편서풍**이라고 합니다.

지상에 부는 편서풍은 북아메리카 대륙 서해안의 북부나 유럽의 서쪽 해안에서는 비교적 현저하게 나타납니다. 한국과 일본은 편서풍대에 속하지만 지상의 바람이 연중 서풍으로 불지는 않습니다. 반면 상공에서는 편서풍이 현저하게 나타나는데, 이는 지상 부근의 바람인 무역풍과 대조적인 모습입니다. 상공에 서풍이 부는 이유는 고층 일기도를 보면 알 수 있습니다.

그림 4-19는 북극 쪽에서 바라본 300hPa 등압면의 고층 일기도입니다. 이 그림은 상공 9,000m 부근의 평균 기압 분포를 나타내고 있습니다. 등고압선은 거의 동서로 뻗어 있고 등압면은 고위도일수록 낮습니다. 즉 기압은 고위도일수록 낮다는 의미입니다. 상공의 기압 분포가 왜 이런 모양인지는 저위도일수록 대기가 데워져 공기 기둥이 높아진다는 '공기 기둥 이론'(129쪽)을 적용하면 알 수 있습니다. 높아진 공기 기둥은 상공에서 기압이 높습니다. 즉 등압면이 높습니다.

그림 4-20
제트기류의 위치

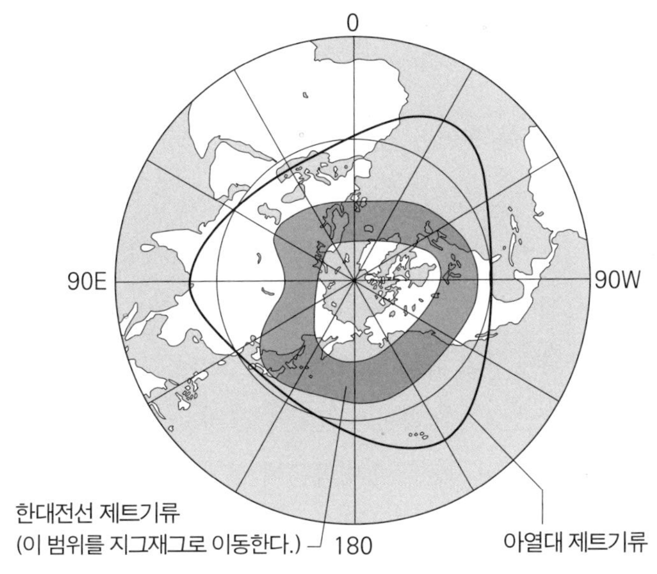

출처:《편서풍의 기상학》, Riehl, 1962

상공의 바람은 거의 지균풍이나 경도풍이기 때문에 등압면이 낮은 고위도 쪽을 왼쪽에 두고 등고도선을 따라 평행하게 붑니다. 중위도부터 고위도에 걸친 상공에는 거의 어디든 서풍임을 알 수 있습니다. 이렇게 해서 생기는 상공의 서풍도 역시 편서풍이라고 부릅니다. 중위도부터 고위도에 걸친 상공에는 편서풍이 부는데, 이는 지상의 편서풍대보다 훨씬 넓은 위도 범위입니다.

그럼 다시 지상의 바람으로 돌아가겠습니다. 아열대 고압대에서 부는 바람은 고온이지만 고위도에는 극지방의 찬 공기가 기다리고 있습니다. 이렇게 온도가 서로 다른 공기가 만나는 경계 지대를 **한대전선**(寒帶前線)이라고 합니다.

한대전선에서는 저위도의 따뜻하고 가벼운 공기가 고위도의 차갑고 무거운 공기 위로 상승하기 때문에 구름이 발생하기 쉽습니다. 이처럼 저기압 발달에 크게 관여하는 한대전선은 다음 장에서 자세히 살펴보겠습니다.

한대전선의 상공에는 특히 강한 서풍이 부는데 **한대전선 제트기류**라고 합니다. 그림 4-20에는 한대전선 제트기류와 아열대 제트기류의 평균적인 위치가 표시되어 있습니다.

강풍이 부는 원인은 한대전선의 남북 사이에서 온도차가 크기 때문입니다. 따뜻한 쪽은 공기 기둥이 높고, 찬 쪽은 공기 기둥이 낮습니다. 그래서 '공기 기둥 이론'에서 살펴본 바와 같이 상공에서는 따뜻한 쪽 기압이 높아집니다. 등압면으로 보면 그림 4-21의 (a)처럼 따뜻한 쪽이 높고, 찬 쪽이 낮아 한대전선 부분의 등압면 기울기가 급격함을 알 수 있습니다. 이를 고층 일기도로 보면 등고압선 간격이 좁아서 그림 4-21의 (b)처럼 기압 경도력이 크고 강풍이 붑니다. 풍향은 지균풍이기 때문에 등고도선에 평행한 서풍입니다. 이와 같은 이유로 한대전선 상공에는 제트기류가 생기는 것입니다.

한대전선 제트기류는 아열대 제트기류와 비교해서 변화가 심합니다. 남북

그림 4-21 **한대전선 상공의 기압 경도와 제트기류**

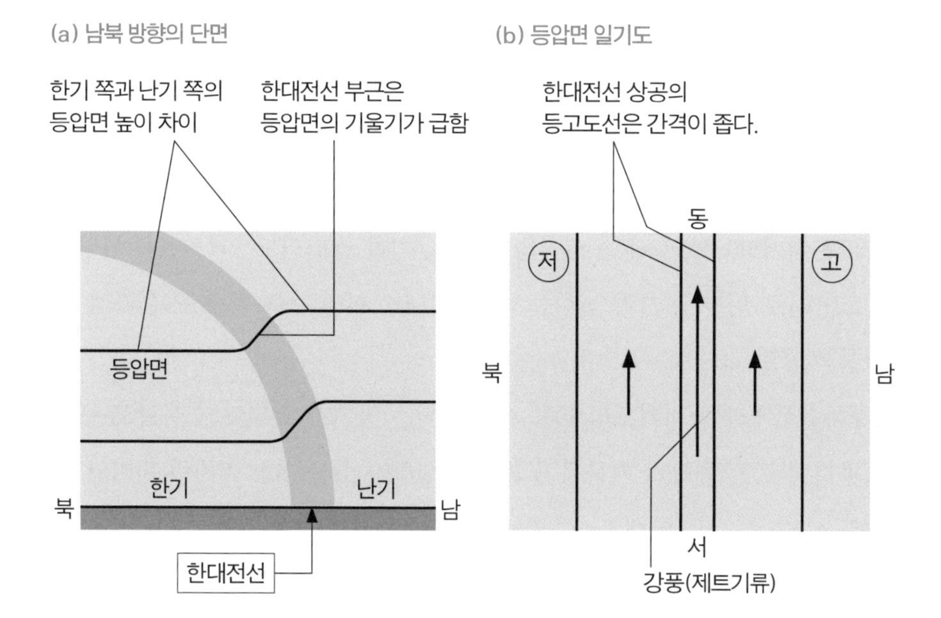

으로 사행(蛇行. 뱀처럼 구불거리는 움직임-옮긴이)하기 때문에 항상 모양이 바뀝니다. 이런 활발한 움직임은 중위도의 저기압 발생에 영향을 줍니다. 이에 대해서는 다음 장에서 자세히 살펴보겠습니다.

유라시아 대륙의 동쪽 해안에 위치한 일본 상공부터 북아메리카 대륙 서쪽 해안의 상공에 걸친 지역은 제트기류 2개가 근접하여 흐르기 때문에 세계에서 제트기류가 가장 강한 곳입니다. 풍속이 초속 100m 이상 달하는 일도 빈번합니다. 시속으로 환산하면 360km이므로 고속열차를 뛰어넘는 속도입니다. 일본에서 미국으로 향하는 비행기는 이 제트기류를 타고 비행하기 때문에 시간과 연료를 절약할 수 있습니다. 비행기 운항은 기상에 큰 영향을 받기 때문에 '디스패처'(dispatcher, 운항 관리자)라는 기상학 전문가가 비행 계획을 세웁니다.

마지막으로 고위도인 극지방에 부는 바람입니다. 극지방은 일사량이 적고 복사로 인해 계속 기온이 낮은 상태입니다. 그래서 공기 기둥도 낮습니다. 대류권계면의 높이도 적도 부근이 18km이고 중위권은 11km인데 비해, 극지방은 8km 정도입니다. 이렇게 기압이 낮은 상공으로 중위도의 공기가 유입되기 때문에 지상 기압은 높습니다. 이런 식으로 발생하는 고기압을 **극고기압**(極高氣壓)이라고 합니다.

극고기압에서 부는 바람은 코리올리의 힘 때문에 휘어진 동풍이 되는데 이를 **극편동풍**(極偏東風)이라고 합니다. 다만 이 상공에서는 편서풍대와 마찬가지로 거의 서풍입니다.

대륙과 바다가 만드는 계절풍

현실 세계의 기압과 바람

여기서는 그림 4-22와 같이 실제 관측 데이터로 세계의 기압 분포와 바람을 살펴보겠습니다. 왜냐하면 그림 4-18처럼 단순화한 모델과 차이가 있고 북반구와 남반구도 서로 다르기 때문입니다. 먼저 남반부는 그림 4-18과 일치합니다. 아열대 고압대과 남위 40~60도에 해당하는 편서풍대는 여름과 겨울에 띠 모양을 하고 있기 때문에 명확히 구분할 수 있습니다. 남반구의 편서풍은 상당히 강한 바람을 일으키기 때문에 바다가 거칠어져 항해하기 위험합니다. 그래서 '으르렁거리는 40도선, 분노하는 50도선, 절규하는 60도선'(roaring forties, furious fifties, screaming sixties)이라는 말도 있습니다. 이렇게 남반구는 대기 대순환의 모델과 큰 차이 없이 잘 맞아떨어집니다.

북반구는 남반구에 비해 복잡합니다. 예를 들어 그림 4-22의 태평양 부근을 보면 여름에는 아열대 고기압이 발달하지만, 겨울에는 태평양 동부로 후퇴하여 태평양 북부에는 큰 저기압이 확장합니다.

일본에서 인도까지 걸친 지역을 주목해서 북반구의 바람이 부는 유형을 살펴보면 겨울에는 대륙에서 해양으로 바람이 불지만, 여름에는 해양에서 대륙으로 바람이 붑니다. 이렇게 북반구에는 바람 방향이 여름과 겨울이 서로 반대인 지역도 있습니다. 이 바람을 **계절풍** 또는 **몬순**(monsoon)이라고 합니다.

겨울 계절풍의 구조

북반구에 계절풍이 부는 이유는 중위도에 큰 유라시아 대륙이 가로지르고 있기 때문입니다. 반면 남반구의 중위도에는 주목할 만한 육지가 없습니다. 제3장에서 설명했듯이 육지와 바다는 열에 반응하는 환경에 차이가 있습니다.

그림 4-22 **세계의 평균 기압 분포와 바람**

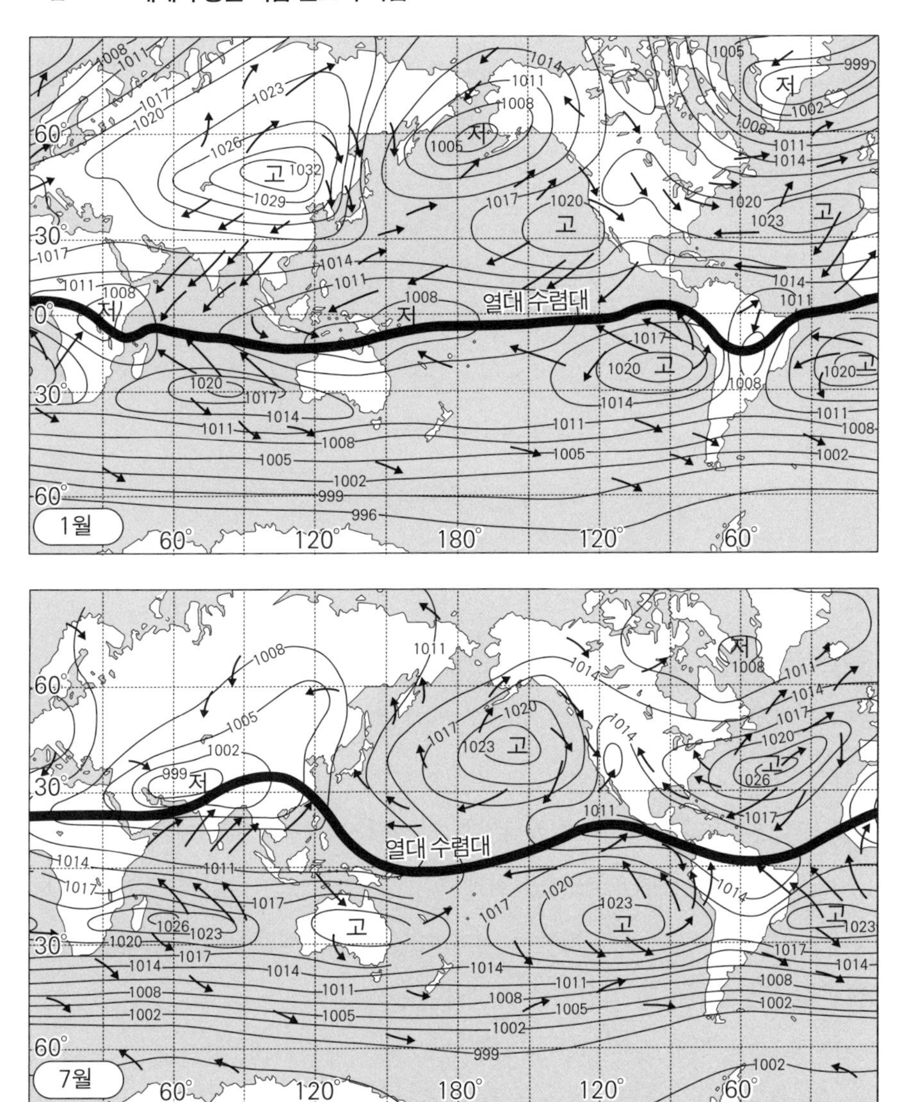

Eastern Illinois University 홈페이지
Figure 7.9 in The Atmosphere, 8th edition, Lutgens and Tarbuck, 8th edition, 2001을 수정

그림 4-23

겨울 지상 일기도

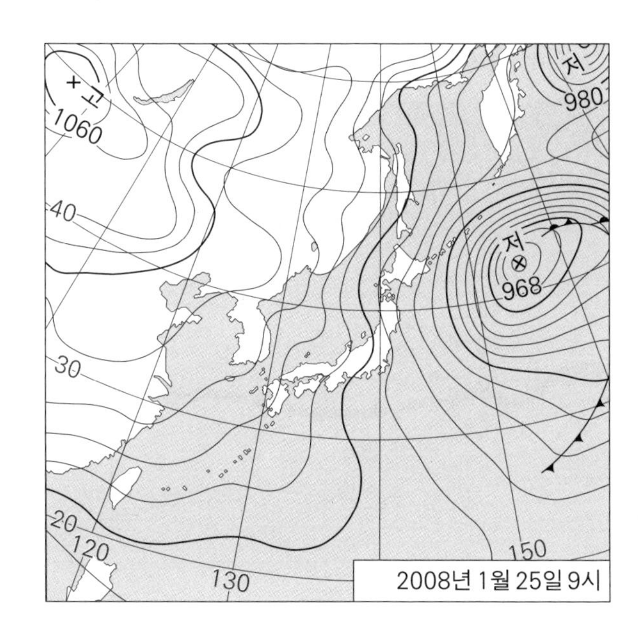

여기서도 '공기 기둥 이론'인 '데워진 공기 기둥은 지상에서 기압이 낮아지고 반대로 차가워진 공기 기둥은 지상에서 기압이 높아진다.'라는 사실을 떠올려봅시다.

겨울철 대륙은 해양에 비해 열복사로 차가워지기 쉽기 때문에 온도가 떨어집니다. 유라시아 대륙의 오지인 시베리아는 -40℃라는 극단적인 기온을 보입니다. 이 때문에 지표의 기압이 높아지고 반대로 해양에서는 기압이 낮아집니다. 대륙과 해양의 기압차가 나타나는 것입니다.

일본은 세계에서 가장 겨울 계절풍이 강한 지역입니다. 일기도 그림 4-23을 보면 대륙에는 고기압이, 해양에는 저기압이 발달한 '서고동저'형 기압 배치임을 알 수 있습니다. 이때 대륙에서 발생하는 고기압을 **시베리아 고기압**이라고 합니다.

겨울철 계절풍은 대륙에서 불기 때문에 매우 차고 건조합니다. 그런데 일본은 바다를 대륙 사이에 두고 있어 여기로 남쪽에서 난류(쓰시마 해류)가 흘러

그림 4-24 **겨울철 계절풍 때문에 발달한 새털 모양의 구름**

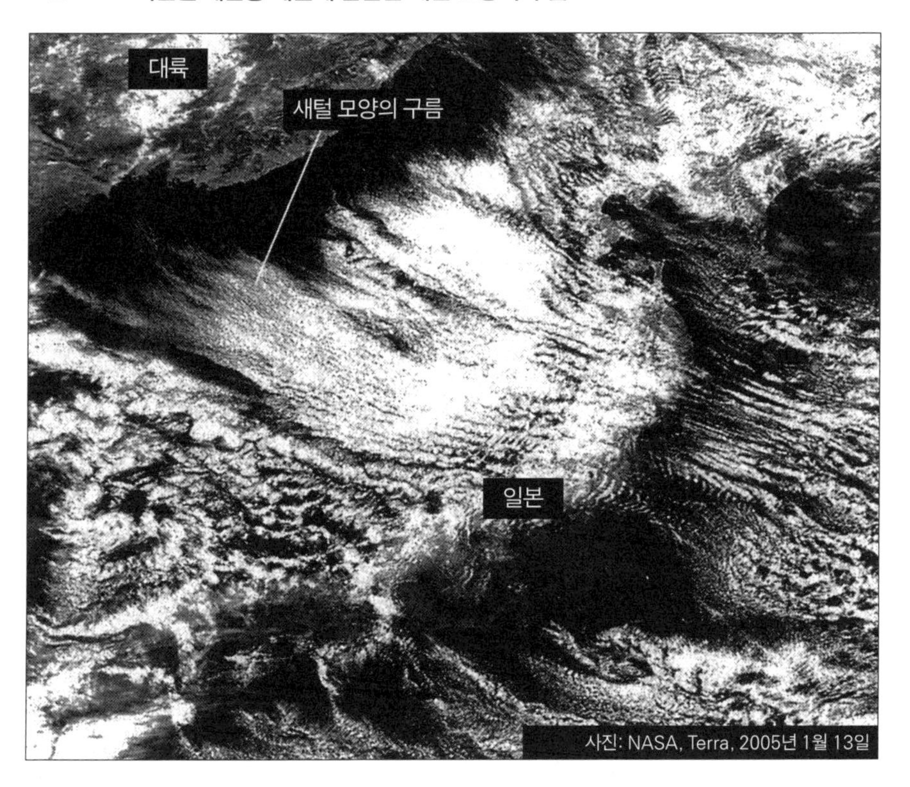

들어옵니다. 수온이 겨울철에도 평균 10℃를 유지하는 이 난류는 -10℃ 전후인 찬 계절풍 아래를 데우고 수증기를 공급합니다. 이러한 대기는 제2장에서 살펴본 바와 같이 '불안정'하며 적란운이 발달하기 쉽습니다. 또 일본 열도의 중심을 가로지르는 산맥에 계절풍이 부딪쳐 생기는 상승 기류도 구름 발달을 돕습니다. 이런 적란운 때문에 동해에 인접한 일본 지역은 세계적으로도 눈이 많이 내리는 지역에 속합니다.

동해에 발달한 적란운을 기상 위성 사진으로 보면 그림 4-24처럼 새털 모양을 하고 있기 때문에 '새털구름'이라고 합니다. 그런데 새털 모양으로 보이는 이 구름은 권운이 아니라 적운이나 적란운이 줄 선 모습입니다. 구름이 이렇게 줄을 서는 이유는 무엇일까요?

106쪽에서 '~적운'이라는 덩어리 모양의 구름이 베나르 대류로 인해 발생한다고 설명했습니다. 겨울 계절풍 속에 생기는 새털 모양의 구름도 따뜻한 해수로 인해 찬 공기가 아래부터 일제히 데워지기 때문에 생기는 베나르 대류의 일종입니다. 강풍 속에서 베나르 대류가 일어나면 나선 모양의 상승 기류와 하강 기류가 발생합니다. **그림 4-25** 상승 기류가 발생하는 곳에는 적운이 발달해 일직선으로 늘어서고, 하강 기류가 발생하는 곳에는 구름이 생기지 않기 때문에 새털처럼 보이는 것입니다.

동해의 구름은 일본 열도의 산맥에 막혀 태평양으로 뻗지 못하고 눈을 내린 뒤 태평양 쪽에 차고 건조한 바람을 일으킵니다. 간토 평야로 부는 강한 바람도 이렇게 발생합니다. 그런데 그림 4-25를 살펴보면 따뜻한 태평양 해상으로 진출한 바람이 다시 새털 모양의 구름을 발달시키고 있음을 알 수 있습니다.

그림 4-25 **새털 모양의 구름이 만드는 나선 모양의 바람**

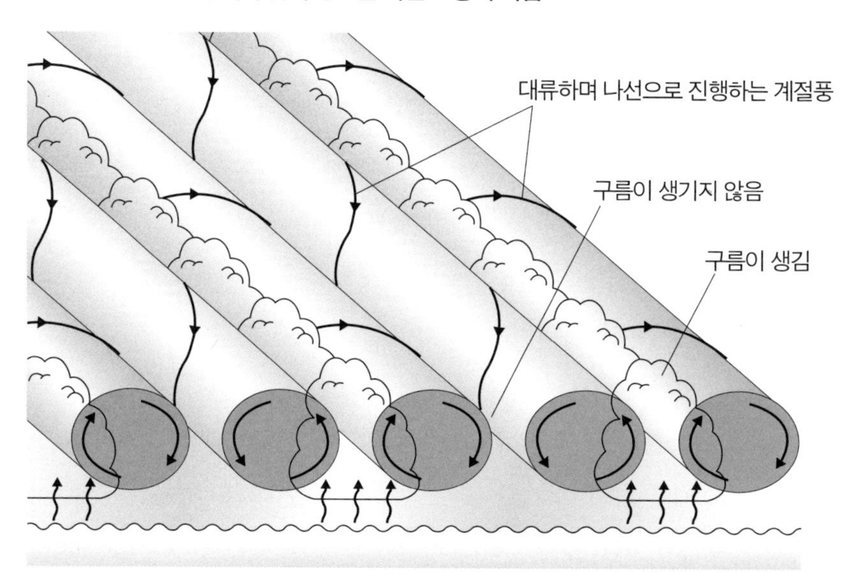

여름 계절풍

여름은 겨울과 반대로 대륙의 지상 기압이 낮아지고, 해상 기압이 높아집니다. 그림 4-26 그래서 해양에서 대륙으로 여름 계절풍이 붑니다.

몬순이라는 말은 계절풍과 같은 의미로 사용되지만 남아시아의 여름 계절풍이 일으키는 우기를 몬순이라고도 합니다. 바다에서 습한 바람이 대륙으로 불기 때문에 몬순이 불면 비가 자주 내립니다. 몬순에 의한 비는 인도나 태국 등 남아시아 지역의 농업에 매우 중요한 역할을 합니다.

이 비는 몬순을 강화하는 역할도 합니다. 해상에서 운반된 수증기가 대륙에서 응결하여 구름이 될 때 잠열을 방출하기 때문입니다. 그래서 대륙의 공기가 뜨거워져 몬순을 일으키는 해양과 대륙의 기압차가 커집니다.

한편 계절풍의 원인인 해상의 고기압은 아열대 고기압인 태평양 고기압이 강해지면 발생합니다. 한국과 일본에서는 계절풍으로 인해 여름에 바다에서 습한 바람이 유입되어 습한 무더위가 이어집니다. 그리고 태평양 고기압 중

그림 4-26
여름 지상 일기도

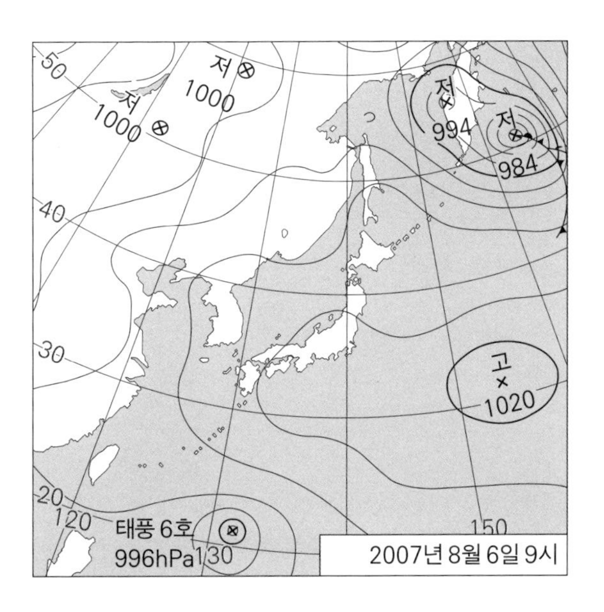

심이 일본 쪽에 자리 잡으면 한층 더 더워지고 비는 적어집니다. 장마 때 여름 계절풍이 어떤 영향을 주는지는 다음 장에서 살펴보겠습니다.

제 5 장

저기압, 고기압 그리고 전선의 구조

온대 저기압은 왜 발달하는가?

한대전선으로 발생하는 온대 저기압

대기의 대순환을 설명한 부분에서 '한대전선'을 저위도의 난기와 고위도의 한기 사이에 있는 경계라고 했습니다. 봄이나 가을이 되면 일본 주변은 '한대전선'이 발생하여 난기와 한기가 밀고 당기는 지역이 됩니다.

하지만 매일 일기도를 살펴봐도 '한대전선'은 없습니다. 대신에 한기와 난기의 경계에는 앞으로 설명할 네 종류의 전선과 저기압이 있습니다.

중위도의 온대 지역에서 발생하는 저기압을 **온대 저기압**이라고 합니다. 예를 들어 그림 5-1의 일기도에서 일본의 홋카이도 북쪽에 크게 발달한 저기압도 마찬가지입니다. 이 온대 저기압은 매우 크게 발달하여 규슈부터 홋카이

그림 5-1 **온대 저기압의 지상 일기도**

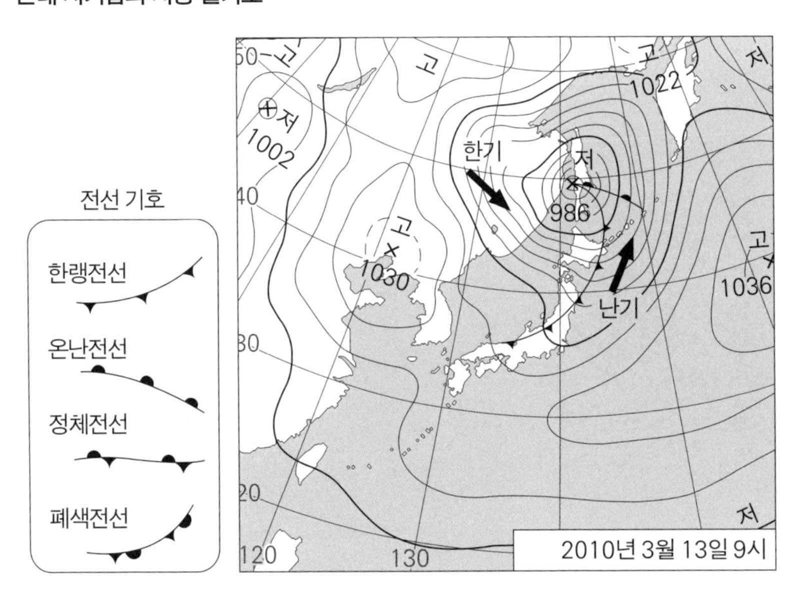

도까지 전부 뒤덮기도 합니다.

온대 저기압은 대개 **전선** 형태로 발달합니다. 전선 기호는 그림 5-1처럼 저기압 중심에서 뻗은 삼각형이나 원반이 달린 선으로 표시합니다. 전선은 난기와 한기가 접하는 지상의 경계선을 의미합니다.

발달한 저기압 주위에는 바람이 강합니다. 일기도에서 등압선 간격이 좁다는 것은 바람이 강하다는 의미입니다. 실제 이 일기도는 홋카이도에서 폭풍이 거칠게 불었던 날의 기상 현황을 표시한 것입니다. 저기압 주위에서는 바람이 반시계 방향으로 소용돌이치듯 붑니다. 저기압의 서쪽에서는 북쪽에서 부는 바람이 한기를 남쪽으로 이동시키고, 저기압의 동쪽에서는 남쪽에서 부는 바람이 난기를 북쪽으로 이동시킵니다. 이런 바람 때문에 저위도의 난기와 고위도의 한기가 충돌하는 것입니다. 개념상 '한대전선'은 이런 온대 저기압의 발생과 발달을 일기도로 나타낸 것이라고 하겠습니다.

그림 5-2 **저기압이 발달할 수 없는 구조**

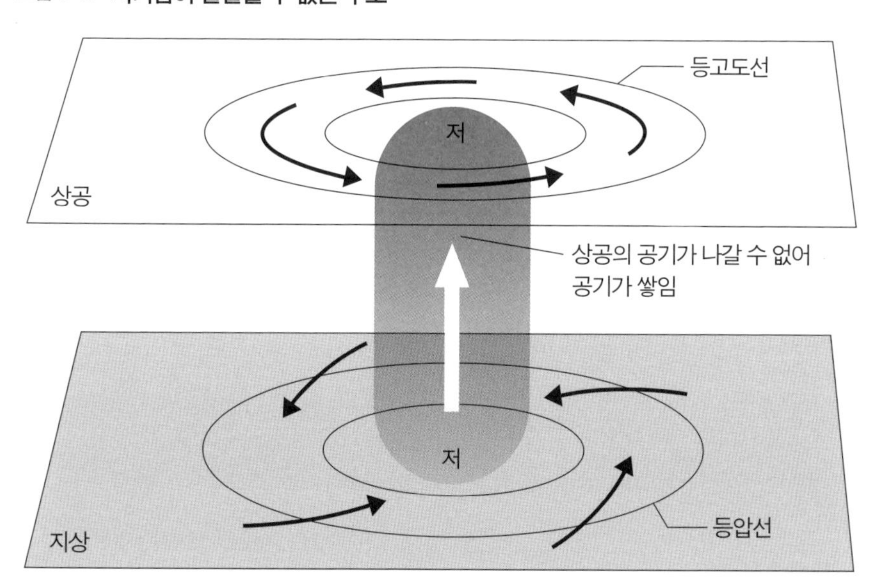

이 일기도의 왼쪽 상단에는 전선이 없는 약한 저기압도 있습니다. 홋카이도 북쪽의 큰 저기압도 서쪽 대륙에서 발생했을 때는 약했지만, 점차 기온이 떨어지면서 발달해 전선을 이루게 된 것입니다. 한편 약한 저기압은 발달하지 못하고 그대로 소멸하기도 합니다. 그럼 저기압은 어떤 환경에서 발달할까요?

그림 5-2를 통해 저기압 내부의 공기 흐름부터 살펴보겠습니다. 그림에서 기압 분포가 지상에서는 물론이고 고층에서도 동심원 모양입니다. 지상의 바람은 중심을 향해 반시계 방향으로 접근하여 중심 부근에서 상승 기류가 됩니다. 반면 상공의 바람은 앞 장에서 경도풍을 설명할 때 언급했듯이 등고도선을 따라 불기 때문에, 상공에서 공기는 저기압 주위를 빙글빙글 돌기만 합니다. 따라서 지상에서 상승한 공기가 상공의 저기압 중심 부근에 계속 쌓여 점차 기압이 높아집니다. 이런 저기압은 발달하지 못하고 소멸하고 맙니다.

저기압이 발달하기 위해서는 상공에 공기가 쌓여서는 안 됩니다. 실제로 온대 저기압이 발달하는 일에는 상공의 편서풍이 크게 관여합니다. 온대 저기압의 발달 조건을 살펴보고 온대 저기압과 편서풍의 관계를 파악하는 것이 이 장의 목표 중 하나입니다.

바로 편서풍 이야기를 하고 싶지만 그 전에 온대 저기압이 동반하는 전선의 구조와 주변 공기의 흐름을 살펴보겠습니다. 그런 후 상공의 편서풍에 대해 살펴보겠습니다.

한랭전선, 온난전선과 온대 저기압의 구조

전선을 동반한 온대 저기압 주위의 바람 흐름은 다소 복잡합니다. 먼저 온대 저기압 중심에서 남서쪽으로 뻗어가는 **한랭전선**에서 어떤 기류가 발생하는지 살펴봅시다. **그림 5-3**

지상의 전선을 경계로 한기와 난기가 인접해 있습니다. 지상의 전선 상공

그림 5-3 **한랭전선의 구조**

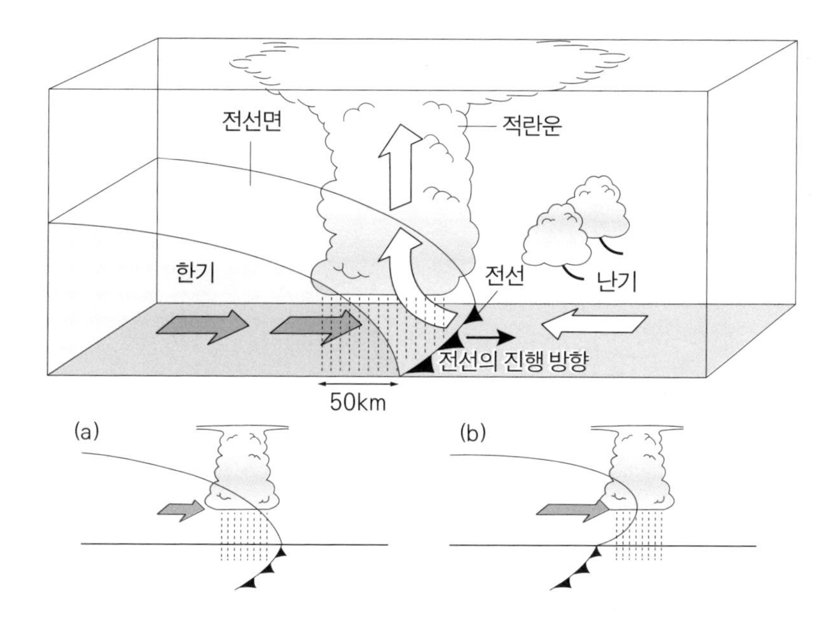

에는 **전선면**이라는 한기와 난기의 경계면이 이어져 있습니다. 전선면은 한기 쪽으로 기울어져 있습니다. 이는 난기보다 무거운 한기가 난기 아래로 파고들며 난기를 들어 올리기 때문입니다. 난기는 한랭전선 부근에서 강제적으로 들어 올려져 그림처럼 전선의 상공 또는 한기 쪽에서 적란운을 발달시킵니다.

일기도를 보면 한기는 한랭전선의 삼각형 표시가 붙어 있는 방향으로 진행합니다. 한기가 빠르게 진행할 때는 지표와 마찰을 일으키기 때문에 그림 (b)처럼 지상의 전선보다 상공의 전선면이 먼저 진행하기도 합니다. 이때 강우영역은 지상의 전선보다 남쪽입니다.

한랭전선을 따라 발생하는 적란운 띠는 폭이 50km 정도로 좁고, 전선 이동속도는 시속 수십 킬로미터 수준입니다. 거센 비가 단시간에 쏟아지는 특징을 보이며 돌풍이나 벼락 등을 동반하기도 합니다. 또 이 전선이 통과하면 난

그림 5-4 **온난전선의 구조**

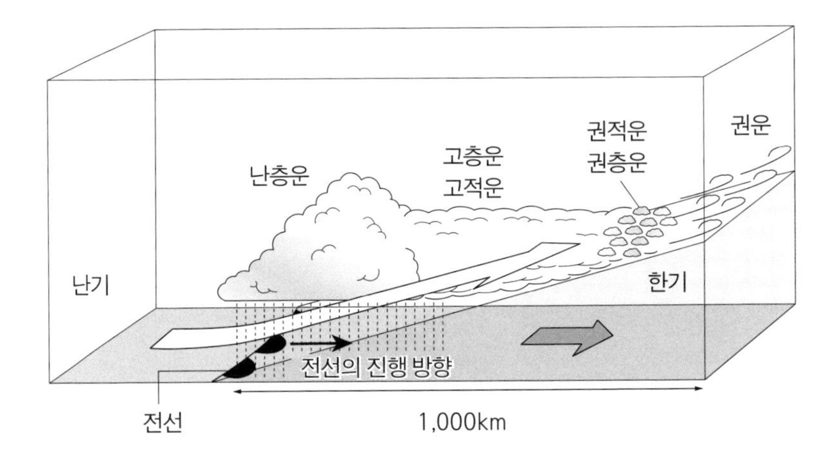

기에서 한기로 공기가 바뀌기 때문에 기온이 급격히 떨어집니다. 풍향도 남서에서 북서로 바뀝니다. 이 변화는 급격하게 이루어지기 때문에 일기도가 없더라도 한랭전선의 통과를 감지할 수 있습니다.

이번에는 온대 저기압의 동쪽으로 뻗어가는 **온난전선**을 살펴보겠습니다. **그림 5-4** 반원형 전선 기호는 온기의 진행 방향을 나타내며, 전선은 반원형이 달려 있는 쪽으로 진행합니다. 가벼운 온기는 무거운 한기 위를 미끄러지듯 타고 넘으면서 전선면을 만듭니다. 난기가 전선을 미는 힘은 한랭전선의 한기가 전선을 밀 때보다 약해서 온난전선의 이동은 느린 편입니다. 또 난기가 상승하는 전선면의 경사가 완만하기 때문에 구름이 층 모양으로 발달하여 주로 난층운이 비를 뿌립니다. 그리고 난층운을 만들고 난 후 더 상승한 공기가 고층운, 고적운, 권적운, 권층운, 권운을 만듭니다. 온난전선이 서쪽에서 접근할 때 이들 구름이 지금 설명한 것과 반대로 나타나기 때문에 접근을 예상할 수 있습니다.

옛날부터 '해무리, 달무리가 나타나면 비가 내린다.'라는 날씨 속설이 있습

그림 5-5 **컨베이어 벨트 모델**

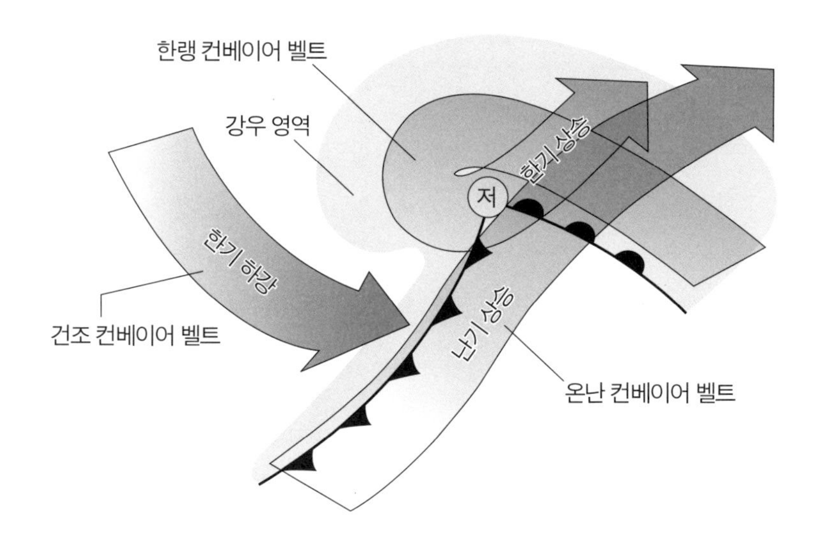

니다. 무리란 태양이나 달 주위가 고리 모양으로 빛나는 현상을 말하며, 권층운을 만드는 수많은 빙정이 태양 광선이나 달빛을 같은 각도로 반사, 굴절하기 때문에 생깁니다. 온난전선이 발달할 때 자주 보이는 현상으로 반나절 뒤에 비를 내린다는 속설이 있습니다. 이 속설이 70% 확률로 맞아떨어진다는 사람도 있습니다. 이 확률의 진위는 명확히 알 수 없으나 권층운이나 권적운이 다소 두껍고 낮은 고층운으로 변할 때는 온난전선이 접근할 가능성이 매우 높아집니다. 한랭전선과 온난전선 이 외에 '정체전선' '폐색전선'이 있는데 이에 대해서는 뒤에서 다시 다루도록 하겠습니다.

지금까지 살펴본 바로 온대 저기압의 상승 기류가 전선 부근에서 발생한다는 사실을 확인했습니다. 물론 저기압 주변의 상승 기류는 전선 부분뿐만 아니라 바람이 불어 공기가 모이는 중심 부근에서도 발생하여 구름이 발달하고 비가 내립니다.

온대 저기압 주위의 기류나 그에 따른 강우 영역의 전체 모습을 대략적으로 살펴보면, 그림 5-5처럼 세 가지 경로로 공기가 운반되면서 강우 지역이 발생함을 알 수 있습니다. 이렇게 공기가 운반되는 세 가지 경로를 컨베이어 벨트에 비유해 '컨베이어 벨트 모델'이라고 합니다.

그림의 **온난 컨베이어 벨트**는 난기가 흐르는 경로입니다. 온난전선에서 상승한 난기는 이 경로를 타고 북동쪽으로 상승합니다. 이 흐름은 한랭전선과 겹쳐져 있어 한랭전선이 상승시킨 난기도 온난 컨베이어 벨트를 타고 북동쪽으로 운반됩니다.

저기압의 중심 부근에서는 온난전선의 북쪽에 있던 찬 공기가 온난 컨베이어 벨트 아래로 파고들며 북쪽으로 돌아 들어와 중심 부근에서 방향을 바꿔 상승합니다. 온대 저기압에서는 이렇게 한기가 상승하는 흐름도 있는데 이를 **한랭 컨베이어 벨트**라고 합니다. 따뜻한 공기가 상승하는 현상은 지금까지 많이 살펴봤지만 찬 공기가 상승하는 이유는 무엇일까요? 찬 공기가 상승하는 이유는 그림 1-20의 ④에서 살펴본 수렴에 의한 상승 기류 때문입니다.

한랭 컨베이어 벨트는 차고 습한 공기를 상승시키기 때문에 온난 컨베이어 벨트보다 눈[雪]으로 발전할 가능성이 큽니다. 일본의 간토 지방에서는 겨울

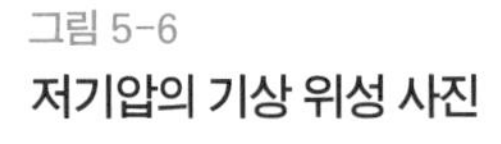
그림 5-6
저기압의 기상 위성 사진

부터 이른 봄에 걸쳐 저기압이 혼슈(本州) 남쪽 해상을 통과하면서 눈을 뿌리는 경우가 많은데 이를 **남안(南岸) 저기압**이라고 합니다. 이 한랭 컨베이어 벨트가 만들어내는 구름이 간토 지방에 걸리는 모양새가 되면 상공의 찬 공기 속에서 만들어진 눈이 지상까지 녹지 않고 내립니다.

저기압 구름을 만드는 습한 컨베이어 벨트는 앞서 살펴본 두 가지이며, 세 번째 컨베이어 벨트는 건조한 공기로 발생합니다. 뒤에서 설명하겠지만 저기압의 서쪽에는 하강 기류가 있는데 이 기류가 한랭전선으로 불어옵니다. 원래 상공에 있던 공기이기 때문에 저온인데다 건조한 특징도 있어서 **건조 컨베이어 벨트**라고 합니다. 건조 컨베이어 벨트의 찬 공기는 한랭전선을 밀어냅니다. 그리고 일부는 저기압 중심으로 불어 구름 없이 맑게 갠 영역을 만듭니다. **그림 5-6**

편서풍 제트기류의 움직임과 지상의 온대 저기압

여기서부터는 온대 저기압의 상공에 부는 편서풍을 살펴보겠습니다. 컨베이어 벨트로 옮겨져 상승한 공기는 어떻게 될까요? 상승한 공기가 상공에 쌓이면 저기압은 왜 소멸하는지 앞서 의문을 제기했던 문제를 해결해봅시다.

난기와 한기의 경계인 '한대전선'의 상공에는 편서풍 중에서도 특히 강한 한대전선 제트기류가 분다고 앞 장에서 설명했습니다. 이 편서풍은 기본적으로 서쪽에서 동쪽으로 진행하며 남북으로 사행합니다. 그림 5-7은 편서풍이 사행하는 모습을 보이는 상공 5,500m 부근의 500hPa 고층 일기도입니다.

대기 고층의 등압면은 저위도에서 높은 반면 고위도일수록 낮습니다. 그림 5-7의 일기도에서도 등압면은 저위도에서 고위도 쪽으로 낮게 기울어져 있습니다. 앞서 고층 일기도의 등고도선이 산이나 계곡을 표시하는 지형도와 같은 방식으로 등압면을 그린다고 설명한 부분을 떠올리며 살펴봅시다. 등고도선이 남쪽으로 완만히 굽은 부분은 주변보다 고도가 낮아 지형도로 말하자

그림 5-7 **상공의 기압골과 기압마루**

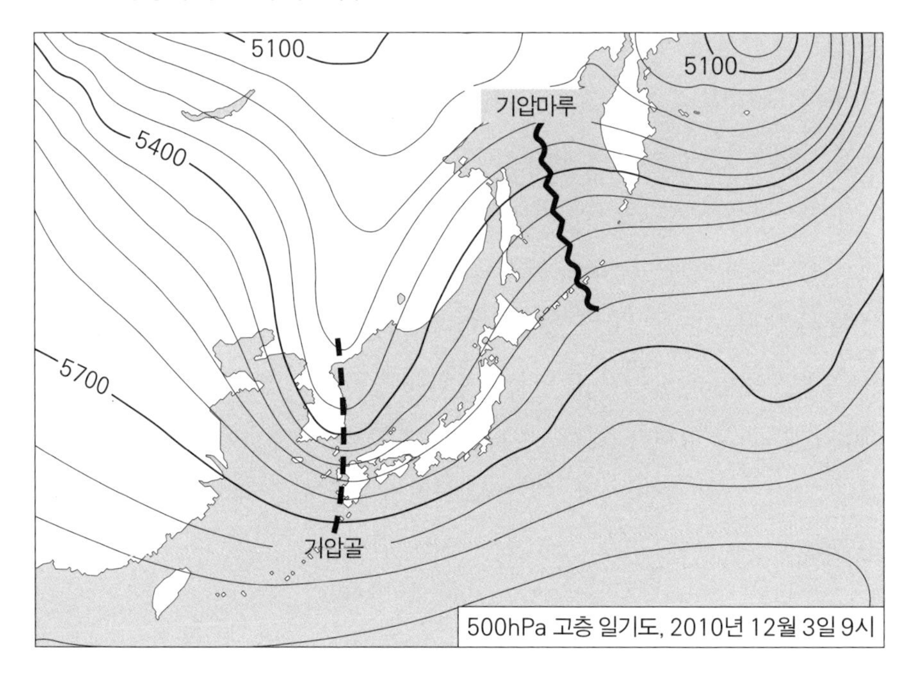

면 '계곡'에 해당합니다. 이렇게 고층 일기도에 나타나는 '계곡'을 **기압골**이라고 합니다. 반대로 등고도선이 북쪽으로 완만히 굽은 부분은 지형도에서는 '산마루'를 나타내는데 일기도에서는 **기압마루**라고 합니다.

상공에 기압골이 있을 때 지상에는 보통 저기압이 관측됩니다. 기압골이나 기압마루는 파도치듯이 흐르는 모습을 보이는데, 이 부분에는 각각 저기압성 반시계 방향 회전, 고기압성 시계 방향 회전이 숨어 있습니다.

그림 5-8처럼 상공의 편서풍에 저기압처럼 반시계 방향으로 회전하는 바람을 합성한다고 생각해봅시다. 저기압 북쪽은 바람이 서로 맞부딪쳐 속도가 느려지고, 남쪽은 바람 속도가 더해져 빨라집니다. 그 결과 남쪽으로 사행하는 바람이 발생합니다.

즉 서풍 속에 저기압성 반시계 방향 회전이 들어 있으면 기압골이 되고, 반

그림 5-8 **편서풍에 회전하는 바람을 합성**

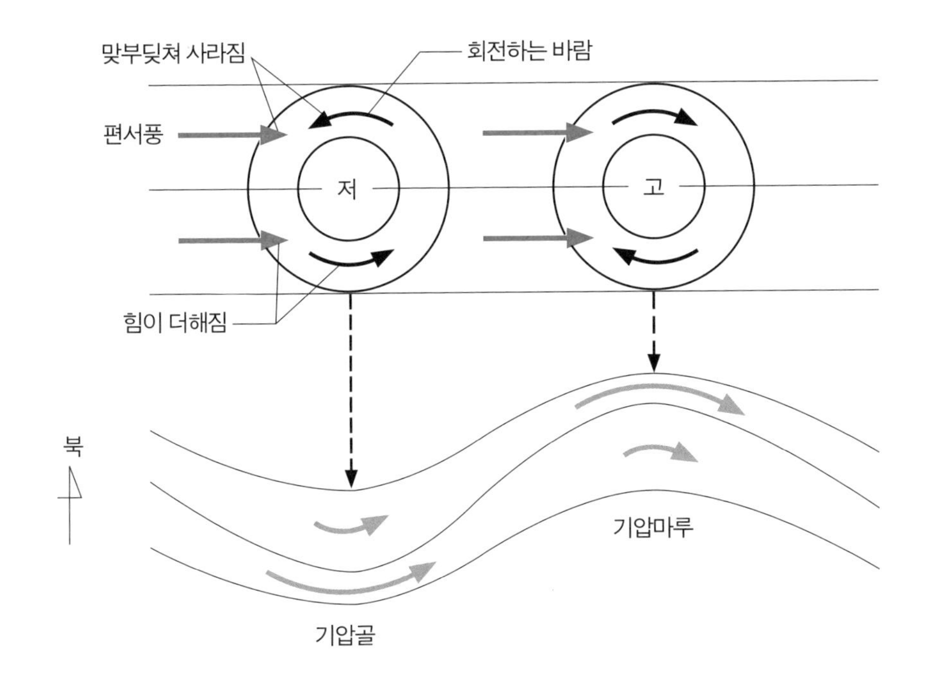

대로 서풍 속에 고기압성 시계 방향 회전이 들어 있으면 기압마루가 됩니다. 그리고 상공의 기압골이나 기압마루에서 서풍을 제거하면 지상의 저기압이나 고기압에 보이는 '회전하는 바람'이 나타납니다.

지상의 저기압은 동심원 모양의 등압선으로 둘러싸여 있지만 그림 5-9처럼 상공으로 올라가면 그 모양은 사라집니다. 다만 발달 중인 저기압의 중심과 이에 대응하는 상공의 기압골을 연결하는 선이 서쪽으로 기울어져 있음을 주목해야 합니다. 그래서 저기압 중심은 기압골의 동쪽에 위치합니다.

저기압 중심이 상공의 기압골 동쪽에 위치하는 이유는 그곳에 저기압을 발달시키는 구조가 존재하기 때문입니다. 편서풍 기류가 기압골에서 동쪽으로 빠질 때 풍향과 풍속이 급속도로 변하면서 공기가 '발산'하는 곳이 생깁니다. 발산이란 공기가 퍼져간다는 의미입니다.

그림 5-9 **기압골 동쪽에 저기압이 발달**

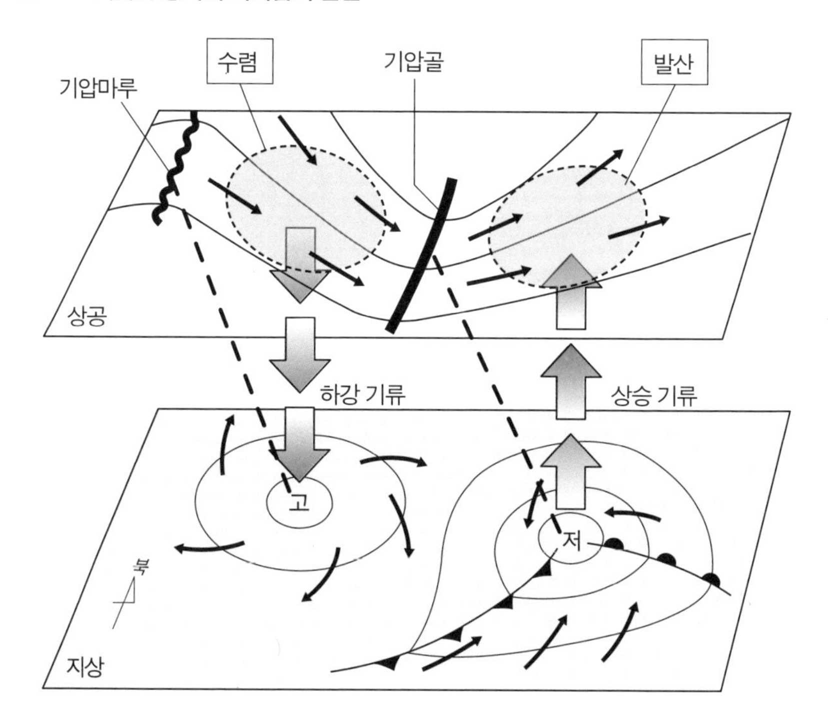

발산하면 공기가 부족해져 기압이 떨어질 것 같지만 실제로는 아래에서 공기가 올라와서 부족함을 보충해줍니다. 이러한 상공의 발산 영역 때문에 저기압의 온난 컨베이어 벨트나 한랭 컨베이어 벨트로 상승한 공기가 상공에 쌓이지 않고, 편서풍의 흐름을 타고 퍼져나갑니다. 그래서 저기압이 소멸하지 않고 계속 발달할 수 있는 것입니다.

기압골과는 반대로 등고도선이 북쪽으로 완만히 굽은 기압마루에서는 바람이 고기압처럼 시계 방향으로 돌면서 붑니다. 지상의 고기압 중심에 대응하는 상공의 기압마루를 연결해보면 이 역시 서쪽으로 기울어져 있습니다. 따라서 고기압 중심은 기압마루의 동쪽, 즉 기압골의 서쪽에 위치합니다. 여기서는 풍향과 풍속이 급격히 변하면서 공기가 수렴하기 쉬워집니다. 그래서

그림 5-10 **편서풍 파동과 닮은 현상을 일으키는 실험**

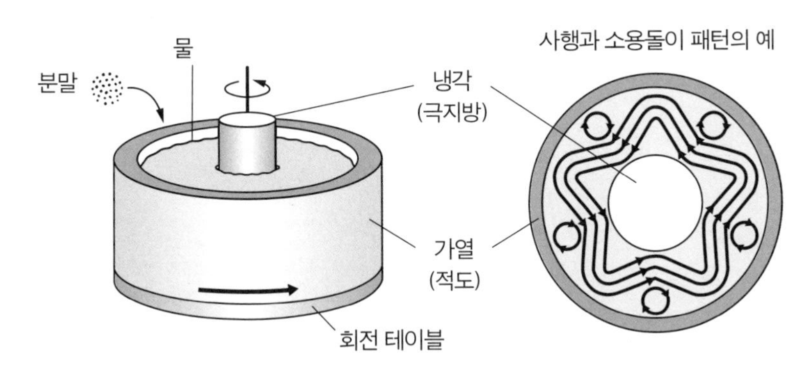

하강 기류가 발생하고 동시에 고기압(뒤에서 설명할 이동성 고기압)이 지상에서 발달합니다. 상공에서 하강하여 고기압 중심 부근에서 발생한 기류는 동쪽에 위치한 저기압의 한랭전선 쪽으로 불어 앞서 설명한 건조한 컨베이어 벨트 모델을 만들어냅니다.

편서풍 파동의 발생

사행하는 편서풍에 대해 좀 더 살펴보겠습니다. 상공의 편서풍이 출렁거리며 골이나 마루를 만드는 현상을 **편서풍 파동**이라고 합니다. 그런데 이런 파동은 왜 생길까요?

그림 5-10의 실험으로 확인해보겠습니다. 원통 모양의 수조를 준비합니다. 수조의 중심을 차게 식힌 후 주변을 데웁니다. 그러면 북극에서 지구 북반구를 봤을 때 나타나는 온도 분포를 만들 수 있습니다. 이 수조를 반시계 방향으로 회전시켜 자전하는 지구와 유사한 환경을 조성합니다.

이때 수조 안에는 물의 온도차로 대류가 발생하고, 동시에 회전력이 작용하여 독특한 흐름이 만들어집니다. 물에 분말을 띄워서 그 흐름을 살펴보면 그림처럼 사행과 소용돌이 패턴을 관찰할 수 있습니다.

그림 5-11
북반구의 편서풍 파동

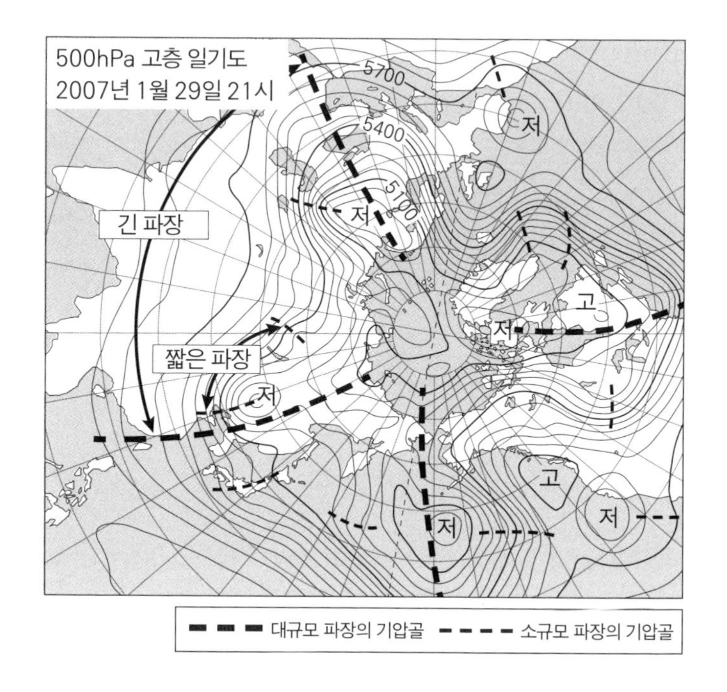

사행하는 물의 흐름은 바깥쪽 고온부의 열을 안쪽 저온부로 운반하는 역할을 합니다. 이 실험에서 확인할 수 있는 물 흐름과 마찬가지로 지구 대기에서도 저위도와 고위도의 온도차와 자전이 편서풍 파동을 만들어냅니다. 이렇게 만들어진 편서풍 파동은 저위도의 열을 고위도로 전달하는 역할을 합니다.

그림 5-11은 북반구의 500hPa 고층 일기도입니다. 이 그림에서 상공 5,000m 부근의 편서풍 파동은 수조 실험과 비슷한 패턴임을 알 수 있습니다. 이 일기도에서는 대규모 파동 4개가 보이고 소규모 파동이 10개 정도 보입니다. 대규모 파동은 오랫동안 멈춰 있거나 천천히 이동합니다. 반면 소규모 파동은 서쪽에서 동쪽으로 하루 단위로 이동하고, 일본 부근을 통과할 때는 사흘 정도 걸립니다. 일기도에서 일본 부근을 살펴보면 소규모 파동에 의한 기압골이 하나 발견되며, 서쪽에서 또 다른 기압골이 접근하고 있습니다. 이때 지상에서는 저기압이 발달 중입니다. 편서풍 파동의 규모를 계곡과 계곡 사

이, 즉 파장으로 구별한다고 가정할 때 온대 저기압의 발달과 관계 깊은 파장은 대략 수천 킬로미터에 이릅니다.

기압골의 깊이와 온도이류

한기와 난기의 움직임은 편서풍 파동이 발달하는 과정에서 중요한 역할을 합니다. 온도차가 큰 전선 상공에는 고층 일기도의 등고도선 간격이 좁아서 지상과 달리 강한 서풍이 붑니다. 그림 5-12의 ①이 여기에 해당합니다. 온도 분포를 나타내는 등온선은 점선으로 표시되어 있으며 북쪽으로 갈수록 온도가 낮습니다. 바람이 등온선에 평행하게 불기 때문에 온도차에 변화는 없습니다. 기상학에서 이처럼 남북의 온도 변화가 급격하고 상공의 풍속이 큰 대기 상태를 **경압대기**(傾壓大氣)라고 합니다. 경압대기는 사소한 요인으로 편서풍 파동이 발달하는 성질이 있습니다. 이는 미국의 기상학자 차니(Jule Gregory Charney, 1917년~1981년)가 1947년에 발견했으며 '경압 불안정 이론'이라고 합니다.

경압대기에 파동이 발생하는 이유는 **요란**(搖亂)이라는 바람의 흐트러짐 때문입니다. 요란은 대륙과 해양의 온도차나 산맥 등에 의한 대기 흐름의 흐트러짐 때문에 발생하며, 작은 파동 형태로 대기에 전해집니다. 중간에 사라지는 파동도 있지만 파장이 수천 킬로미터에 이르는 편서풍 파동으로 발달하기도 합니다.

요란에서 파동이 발달하는 과정을 살펴보겠습니다. 그림 5-12의 ②는 편서풍에 요란이 발생했을 때 상황입니다. 바람은 등온선에 평행이 아니라 가로질러 붑니다. 바람이 찬 쪽에서 따뜻한 쪽으로 부는 부분에서는 따뜻한 공기가 찬 공기와 교체됩니다. 이를 **한랭이류**(寒冷移流)라고 합니다. 차고 무거운 공기가 따뜻한 쪽으로 이동하기 때문에 낮은 고도로 가라앉으면서 움직입니다.

여기서도 제4장에서 설명한 '공기 기둥 이론'을 적용할 수 있습니다. 한기

그림 5-12 **온도이류에 따른 기압골의 깊이**

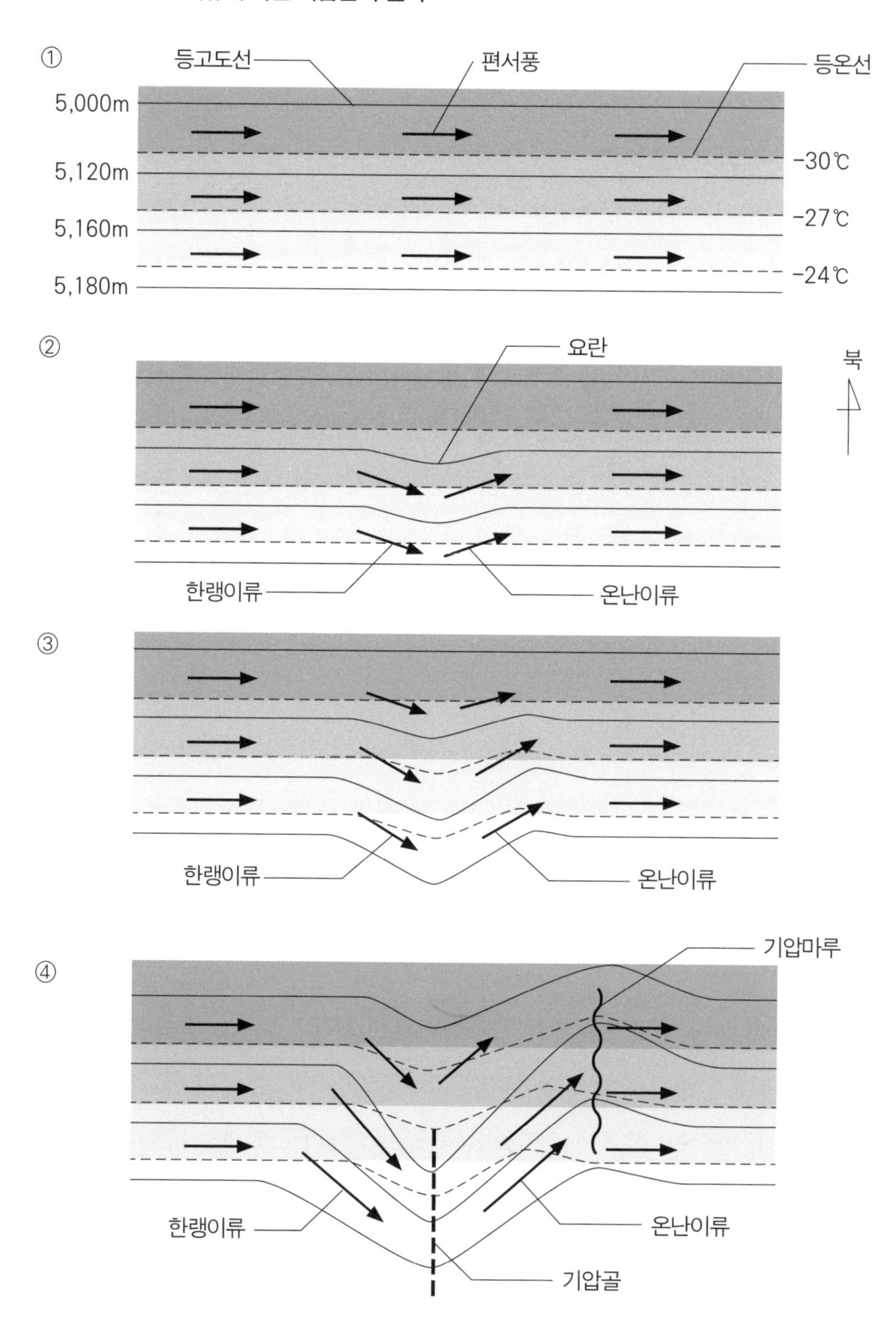

가 들어온 부분은 공기 기둥이 차가워져 상공의 압력이 낮아집니다. 즉 등압면이 낮아집니다. 등고도선의 모양을 살펴보면 남쪽으로 강하게 휘어집니다. 그러면 그림 5-12의 ③처럼 휜 모양을 따라 한기가 남쪽으로 더 유입되고 등고도선도 남쪽으로 더 내려갑니다. 이 결과 그림 5-12의 ④와 같이 기압골은 점차 남쪽으로 깊어집니다.

마찬가지로 난기가 다소 북쪽으로 유입된 부분에도 이러한 현상이 발생하여 기압마루가 북쪽으로 뻗어가는 요인으로 작용합니다. 편서풍을 따라 한기가 난기의 영역에 진입하는 움직임을 한랭이류라고 하고 반대로 난기가 한기의 영역에 진입하는 움직임은 **온난이류**(溫暖移流)라고 합니다. 공기가 따뜻하기 때문에 다소 상승하는 흐름입니다. 한랭이류와 온난이류를 합쳐서 **온도이류**(溫度移流)라고 부릅니다.

온도이류는 기압골의 깊이와 밀접한 관계가 있어 고층 일기도를 볼 때 중요합니다. 온도이류는 등고도선과 등온선이 평행이 아닌 그림 5-13처럼 교차된 상태에서 나타납니다. 교차하지 않고 평행인 경우라면 온도이류는 없습니다. 익숙하지 않다면 알아내기 힘들지만 점선인 등온선에서 바람이 온도가 낮은 영역에서 높은 영역으로 향하면 한랭이류입니다. 해당 지역은 온도가 계속 낮아집니다. 반대로 바람이 온도가 높은 영역에서 낮은 영역으로 향하면 온난이류입니다.

고층 일기도에서 온도이류가 강하면 그 기압골은 한창 깊어가는 중임을 의미합니다. 그래서 지상에 저기압이 발생하거나 발달할 가능성이 있다고 예측할 수 있습니다.

한편 온도이류를 에너지 관점에서 살펴보면 위치 에너지가 운동 에너지로 변하는 것임을 알 수 있습니다. 위치 에너지란 물체가 높은 곳에 있을 때의 에너지로 댐이 물을 막아 담고 있을 때의 에너지와 동일합니다. 높은 곳에 있는 어떤 물체가 낙하하면 위치 에너지는 운동 에너지로 변하고 물체는 운동합니

그림 5-13 **온도이류가 보이는 고층 일기도**

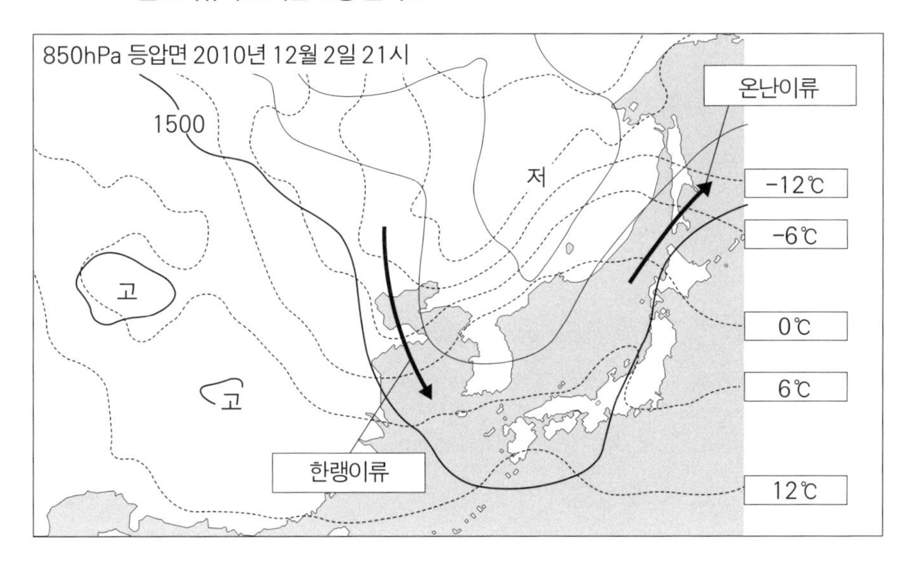

다. 수력 발전은 이때 생긴 운동으로 발전기를 돌립니다.

편서풍이 동서로 곧장 불 때 상공의 차고 무거운 공기는 이른바 댐의 물과 같은 상태입니다. 그런데 편서풍 파동이 깊어져 저기압이 발생하면 지기압의 서쪽에서 찬 공기가 하강하여 위치 에너지가 운동 에너지로 바뀝니다. 동쪽에서 한기와 교체하며 난기가 상승하는 경우도 있지만 한기보다 가볍기 때문에 전체적으로는 위치 에너지가 감소되어 운동 에너지로 바뀐다고 할 수 있습니다. 저기압 주위에 부는 바람의 운동 에너지는 이런 식으로 만들어집니다. 참고로 구름이 발생할 때 수증기의 잠열 방출도 온대 저기압을 발달시키는 에너지로 작용합니다.

편서풍 파동으로 발생하는 온도이류가 저위도의 따뜻한 공기와 고위도의 찬 공기를 서로 섞어 열을 주고받게 하는 역할을 한다고 생각해도 됩니다.

온대 저기압의 발생과 소멸

온대 저기압은 어떻게 발생하고 발달할까?

앞서 온대 저기압과 상공의 편서풍 파동 사이의 관계를 살펴봤습니다. 이번에는 온대 저기압의 시간에 따른 변화 추이를 추적해보겠습니다. 먼저 저기압의 발생과 발달 사례 두 가지를 살펴봅시다.

일본 부근은 온대 저기압이 발생하고 발달하며 통과하는 지역입니다. 이는 일본 열도가 대륙과 해양의 경계이며 남북 온도차가 크기 때문입니다. 그림 5-14 (A)는 대만 부근의 바다와 육지 사이에서 전선과 저기압이 순차로 발생하여 '남안 저기압'(169쪽 참고)으로 발달한 모습입니다. 이렇게 저기압 발생 전에 나타나는 전선은 여름이나 가을에 남중국해와 대륙의 경계 부근에서 자주 관측됩니다. 이는 온도차가 있는 곳에서 저기압이 발생하기 쉽다는 사실을 확인할 수 있는 좋은 예입니다.

이 예에서 첫째 날(180쪽)의 지상 일기도를 보면 전선 기호는 삼각과 원반 기호가 서로 선의 반대편에 위치하고 있습니다. 이는 한기와 난기가 서로 미는 힘이 균등하여 어디로 진행할지 정해지지 않은 상태를 의미합니다. 이런 전선을 **정체전선**이라고 합니다. 이때 500hPa 고층 일기도에서는 기압골이 아직 확실하지 않지만 850hPa 고층 일기도에서는 전선 상공의 등온선 간격이 좁아 남북의 기온차가 관측됩니다.

둘째 날(181쪽)의 500hPa 고층 일기도에서는 기압골이 조금씩 나타납니다. 또 850hPa 고층 일기도에 한랭이류와 온난이류가 명확한 것으로 보아 기압골이 계속 발달하는 상황입니다. 지상 일기도에는 혼슈의 남쪽 연안에 저기압이 나타나 발달하며 통과하고 있습니다.

이렇게 그림 5-14의 예처럼 애초에 존재하던 지상의 전선으로 인해 저기압

그림 5-14

저기압 발생의 예 (A)
① 첫째 날

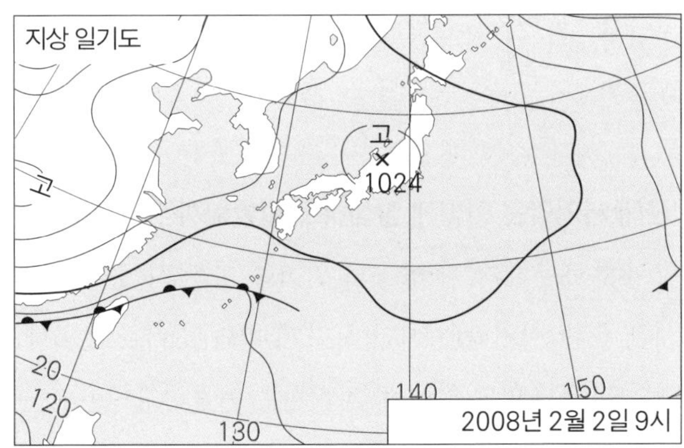

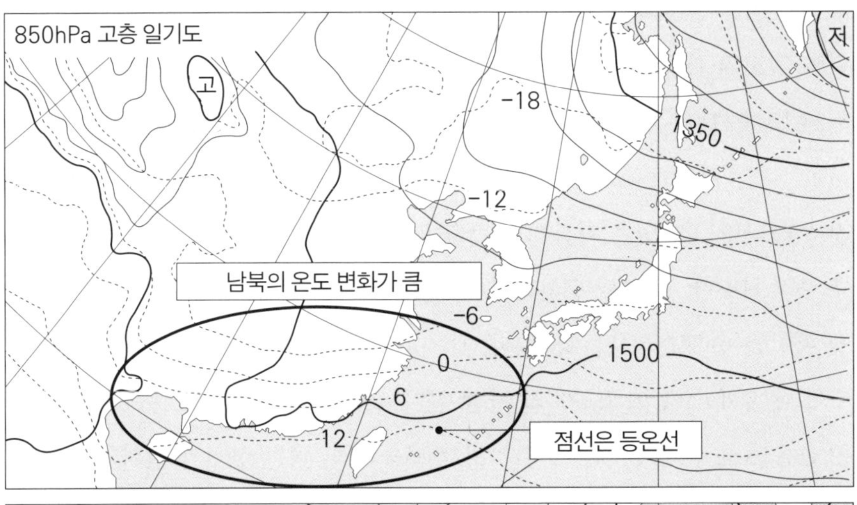

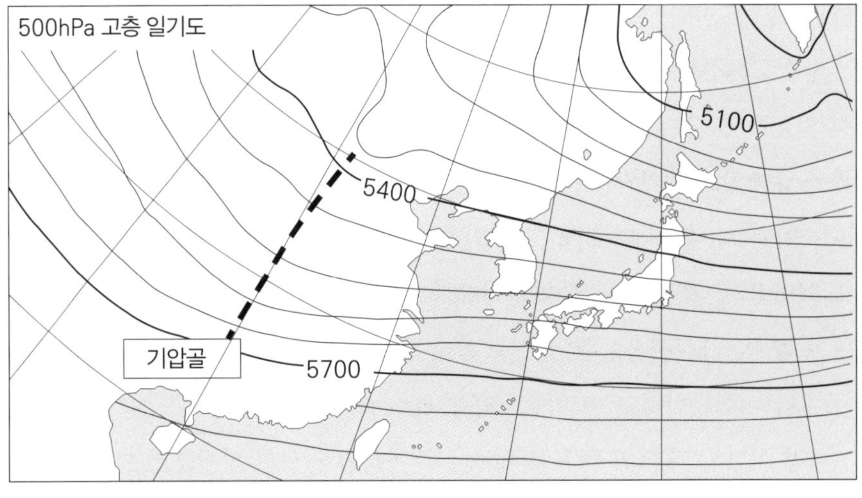

그림 5-14

저기압 발생의 예 (A)
② 둘째 날

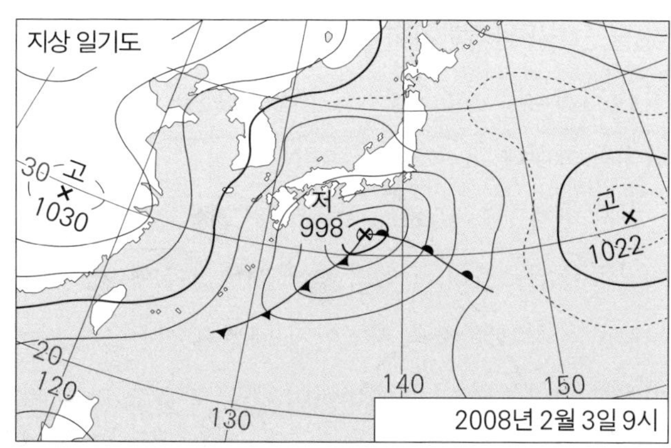

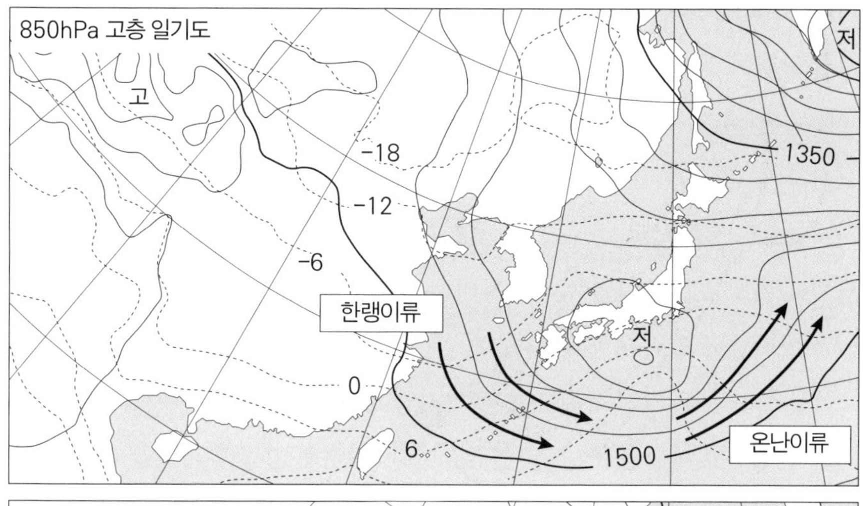

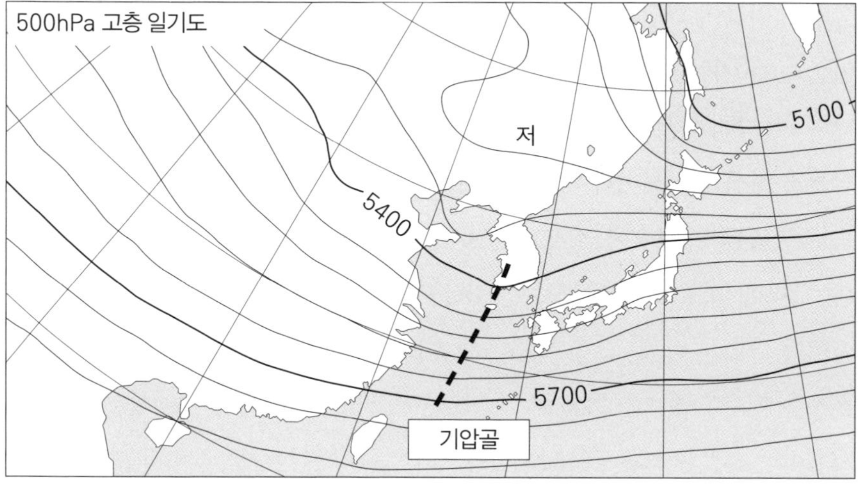

이 발생하고 발달하기도 하지만, 그림 5-15의 예 (B)와 같이 대륙에서 전선이 없던 저기압이 동쪽으로 이동하여 동해로 접어들면서 발달하여 전선을 동반하기도 합니다.

먼저 첫째 날의 500hPa 고층 일기도에는 시베리아에서 남쪽으로 확장하는 기압골이 관측됩니다. 이와 함께 시베리아의 지상에는 저기압이 발생하지만 지상의 온도차가 적은 지역이기 때문에 전선을 동반하지는 않습니다. 이 저기압은 남쪽으로 길게 확장하여 중국 부근도 약한 저압부에 포함되어 있습니다. 850hPa 고층 일기도에서는 한랭이류와 온난이류가 관측되어 기압골이 발달 국면에 접어들었음을 알 수 있습니다.

둘째 날(184쪽)을 살펴보면 저기압이 온도차가 큰 대륙과 바다 경계 지역으로 접어들고 있습니다. 그래서 저기압의 남쪽에 있던 약한 저압부가 강해져 저기압으로 발달하고 동시에 전선도 발생했습니다. 한편 850hPa 고층 일기도에는 전날부터 보이던 한랭이류와 온난이류가 여전히 유효하여 저기압은 더욱 발달할 것으로 예상됩니다.

이상 살펴본 두 가지 사례를 통해 저기압이 상공의 기압골과 지상의 전선에 의해 발생하고 발달함을 알 수 있었습니다. 그런데 상공의 기압골 때문에 지상의 저기압이 발달할까요? 아니면 지상의 전선 때문에 상공의 기압골이 발달할까요? 기상 현상은 다양한 요소가 서로 작용하기 때문에 '복잡계'라고 합니다. '복잡계'에서는 원인과 결과를 단순하게 나눌 수가 없습니다. 상공의 기압골과 지상의 전선이나 저기압은 한쪽이 원인이고 다른 한쪽이 결과라는 식으로 설명할 수 없으며, 상호 작용을 통해 일어나는 현상으로 이해해야 합니다. 이러한 '복잡계'에 대해서는 제7장 '일기예보의 구조'에서 다시 설명하겠습니다.

그림 5-15

저기압 발생의 예 (B)
① 첫째 날

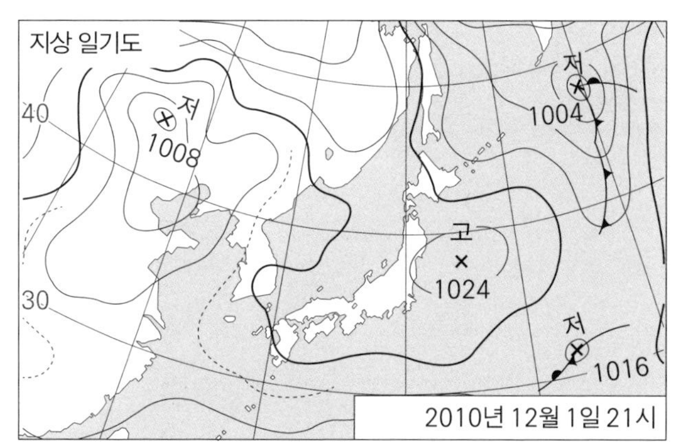

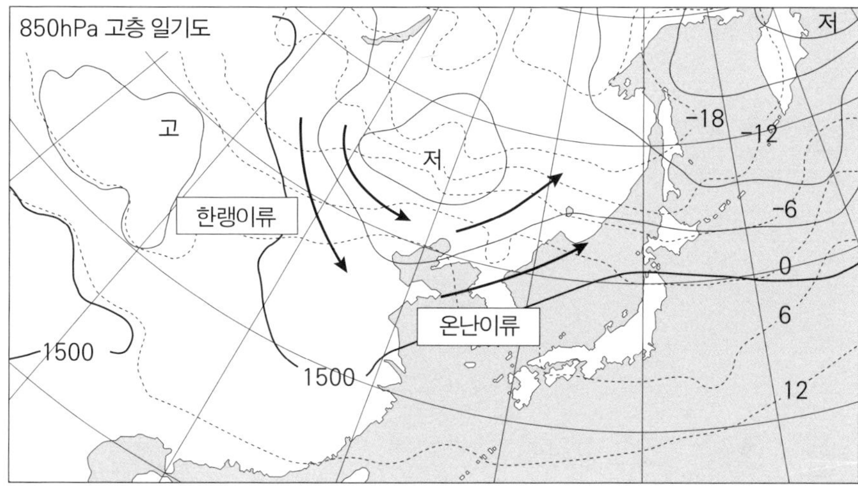

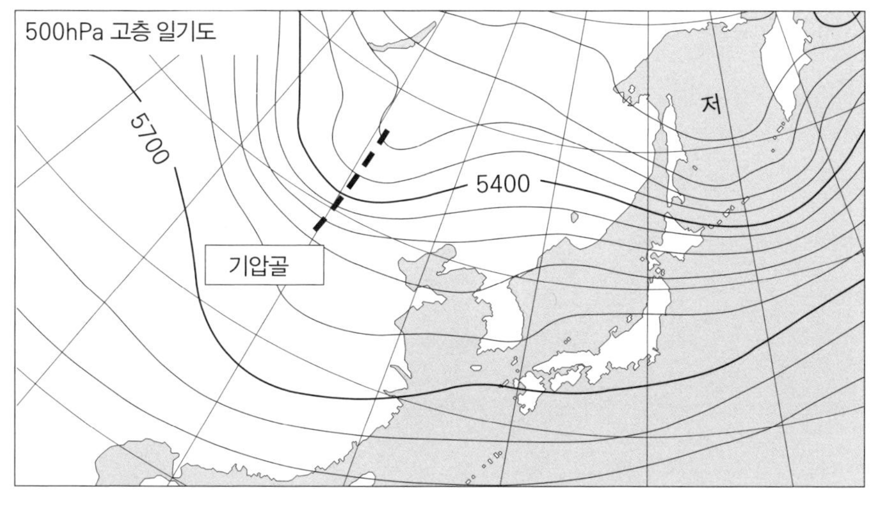

그림 5-15

저기압 발생의 예 (B)
② 둘째 날

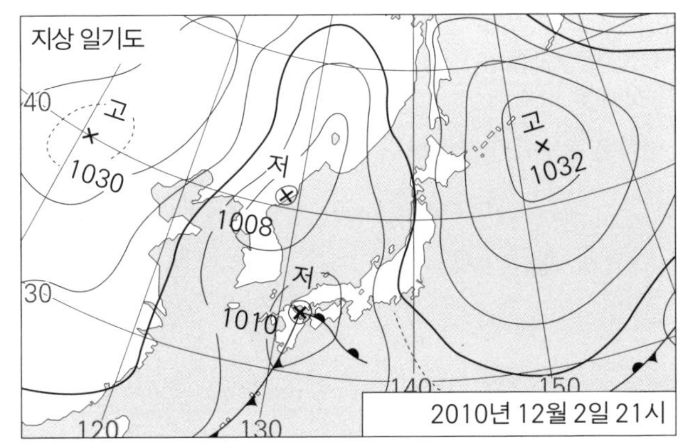

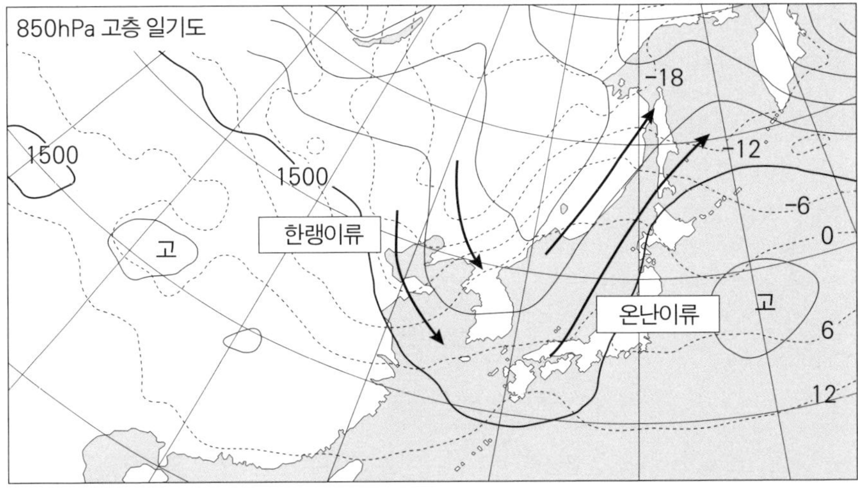

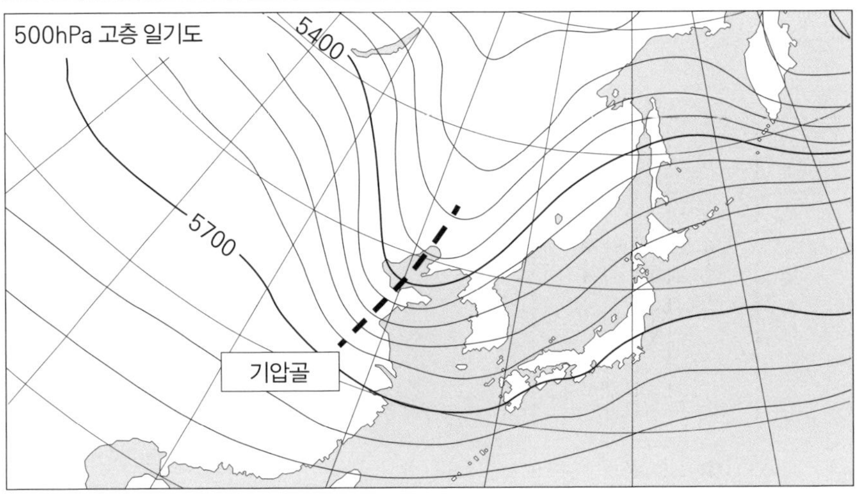

온대 저기압의 폐색과 쇠퇴

발달한 저기압은 그림 5-16처럼 전선이 확실히 관측됩니다. 저기압 중심에서 뻗은 전선을 **폐색전선**이라고 하며 삼각 기호와 원반 기호가 모두 같은 방향을 향해 붙어 있습니다. 저기압이 발달할 때 이동 속도가 빠른 한랭전선이 온난전선을 따라잡아 서로 겹쳐지면 폐색전선이 됩니다.

이렇게 폐색전선이 발생하는 이유는 한랭전선과 온난전선 사이에 갇혀 있던 난기가 상공으로 상승하는 현상 때문입니다. 그림 5-17 이 현상은 그림의 (a)처럼 한랭전선의 한기가 온난전선을 들어 올리듯 밑에서 밀고 들어오는 '한랭형'과 그림의 (b)처럼 한랭전선이 온난전선면을 기어오르는 '온난형'으로 나눌 수 있습니다. 두 형태 모두 원래의 전선을 따라 가늘고 길게 난기를 상공에 남깁니다. 그곳에는 비를 내리는 구름과 새로운 난기 상승이 없기 때문에 점차 구름은 쇠퇴해갑니다.

이상 설명한 폐색전선의 발생 구조는 20세기 초에 확립된 '노르웨이 학파'의 학설을 바탕으로 만들어진 모델입니다. 지금도 이 모델은 저기압을 해석

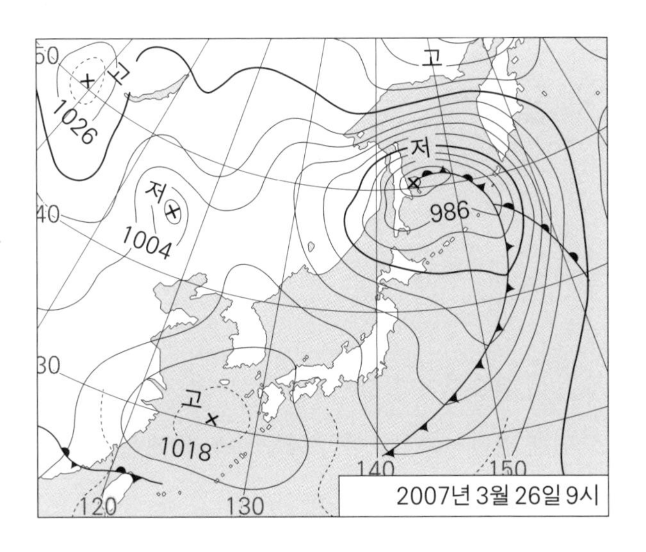

그림 5-16
폐색전선이 보이는 지상 일기도

그림 5-17 **'속도 차이'로 폐색전선이 발생하는 경우**

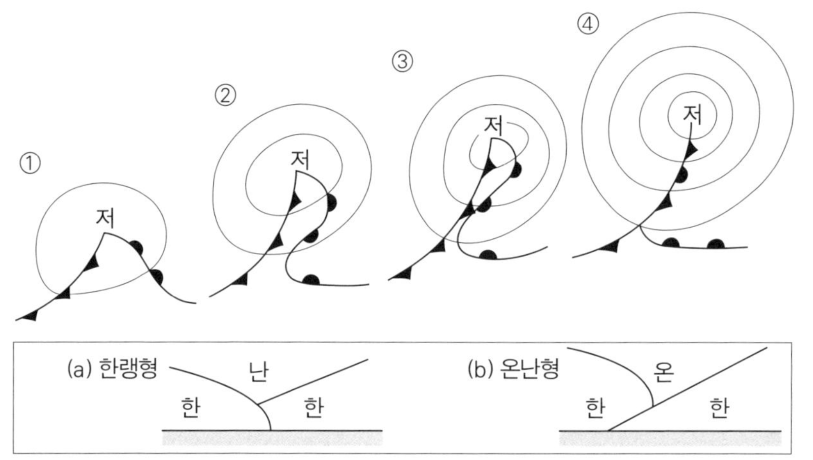

《총관 기상학 입문》, Bjerknes and Solberg, 1922를 수정

그림 5-18 **폐색전선 없이 발달하는 온대 저기압**

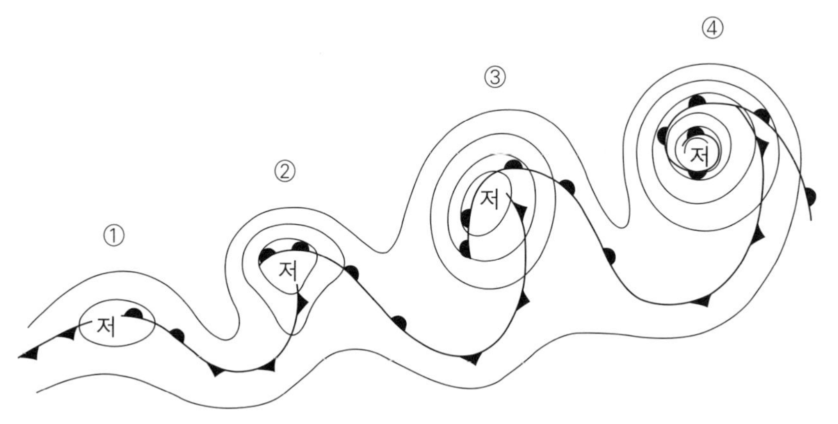

출처: 《기상 과학 사전》, Shapiro and Keyser, 1990

하는 데 활용되지만 실은 그림 5-17과는 다른 형태도 존재합니다. 속도 차이로 인해 겹쳐진다기보다는 이동 속도가 빠른 한랭전선이 저기압 중심에서 잘려나간 뒤 온난전선에 접하면서 어긋나는 과정을 거치는 형태입니다. 그림

그림 5-19 **폐색된 저기압에 동반하는 소용돌이 모양의 구름 사진**

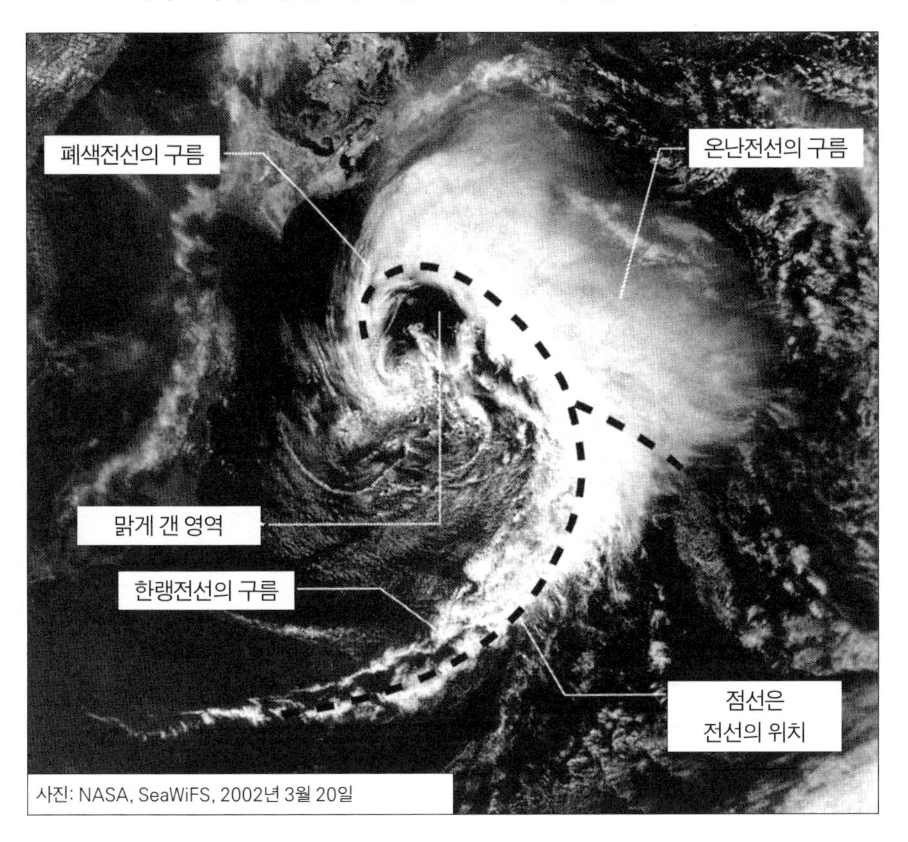

5-18은 이런 학설에 근거한 저기압 발달 모델입니다. 여기에는 폐색전선이 없는 대신 전선 2개가 T자 모양을 하고 있습니다.

이렇게 학설은 두 가지이지만 무엇이 옳고 그른 것이 아니라 같은 온대 저기압이지만 발생하고 발달하는 구조에 몇 가지 변형이 있다고 생각하면 되겠습니다. 일기도 작성 등 예보 업무에서는 전선의 폐색 과정에 변형이 있어도 별도로 구별하지 않고, 기존의 폐색전선 기호로 표시합니다.

그림 5-19는 전선의 폐색이 진행된 온대 저기압의 사진입니다. 일본 열도를 가로지르며 발달해 도후쿠(東北) 지방의 동쪽 해상에 있습니다. 폐색전선

그림 5-20 **저기압의 폐색과 절리 저기압의 생성**

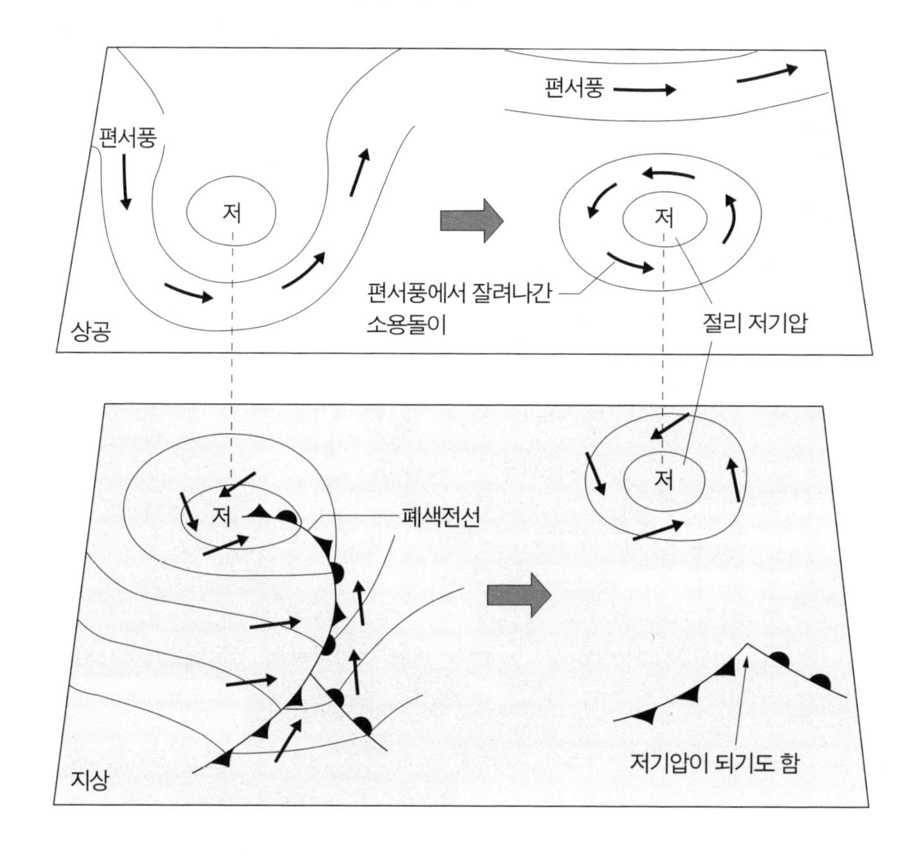

의 구름이 띠 모양 구조를 유지하면서 저기압 중심을 향해 소용돌이치고 있습니다.

전선이 폐색된 저기압은 그 후 어떻게 될까요? 상공의 기압골이 깊어진 결과 그 일부가 저압 소용돌이로 잘려나갑니다.**그림 5-20** 이렇게 지상이나 상공에 남겨진 저기압을 **절리(切離) 저기압**이라고 합니다.

이렇게 되면 저기압을 발달시키는 편서풍의 발산 영역은 더 없습니다. 지상의 저기압 중심 부근에서 상승한 공기는 상공의 저기압 중심 부근을 메우고 저기압은 점차 소멸해갑니다. 다만 저기압이 충분히 발달하여 중심 기압이 낮아진 뒤에 생긴 큰 규모의 절리 저기압이 당분간 목숨을 부지하며 주위에 폭풍을 지속시키기도 합니다. 일본 부근에서는 대부분 열도를 통과해 동쪽 해상으로 진출한 뒤에 저기압이 이런 상태가 됩니다.

절리 저기압 중심에서는 폐색전선이 남긴 구름이 빙글빙글 소용돌이치는 모습이 관측되기도 하는데 소용돌이가 뚜렷하면 태풍으로 착각하기도 합니다. 이 단계에서는 보통 지상 일기도에 폐색전선은 표시하지 않고 소멸했다고 판단합니다. 다만 남쪽에 남은 전선에서 새로운 저기압의 중심이 생성되기도 합니다.

태풍도 저기압의 일종인데 이에 대해서는 제6장 '태풍의 구조'에서 자세히 살펴보기로 하고 저기압과 대조를 이루는 고기압에 대해 먼저 살펴보겠습니다.

고기압의 다양한 생성

한랭 고기압은 키가 작다

고기압에 대해서는 지금까지 몇 차례 설명했기 때문에 여기서는 정리하는 수준에서 고기압의 생성 구조를 크게 두 가지 또는 세 가지로 나누어 설명하겠습니다.

첫 번째는 지표 부근에서 차고 무거워진 공기 기둥이 고기압으로 발달하는 구조입니다. 겨울철 시베리아 고기압이 여기에 해당합니다. 동절기 대륙의 지표가 복사 냉각으로 계속 차가워지면 지표 부근의 공기도 차가워지는데, 이때 밀도가 커져 고기압이 되는 것입니다.

그림 5-21 **지표가 차가워져 생기는 한랭 고기압의 구조**

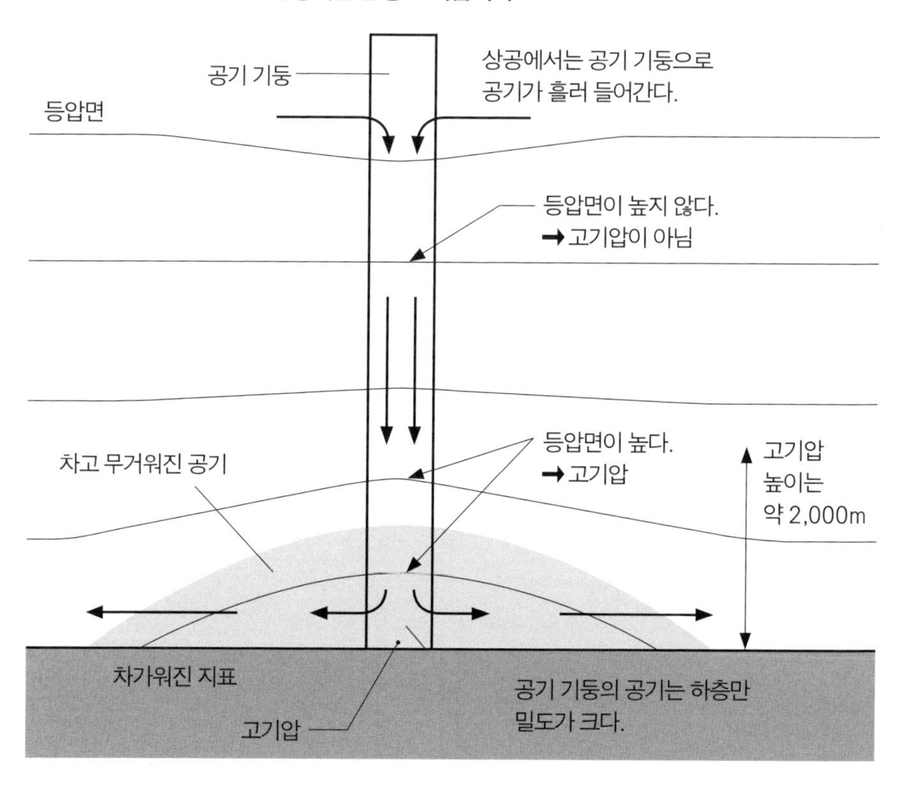

그림 5-21처럼 공기 기둥의 하층만 차가워지고 중층 이상은 차가워지지 않습니다. 그런데 고기압을 발달시키는 하층의 무거운 공기가 밖으로 새어나가면 고기압은 소멸해버립니다. 위에서 공기가 계속 하강해오고, 중층 이상에서는 주위 공기가 공기 기둥으로 보충되기 때문에 고기압은 지속될 수 있습니다.

이러한 구조의 고기압은 공기 기둥이 중층 이상에서는 차가워지지 않기 때문에 대략 고도 2,000m 이내에서 발생합니다. 이처럼 공기 기둥이 차가워져 생기는 고기압을 **한랭 고기압**이라고 하며 **키 작은 고기압**이라고도 합니다.

시베리아 고기압**그림 5-22**을 생성시키는 찬 공기를 **시베리아 기단**이라고 합니

그림 5-22 **시베리아 고기압의 지상 일기도**

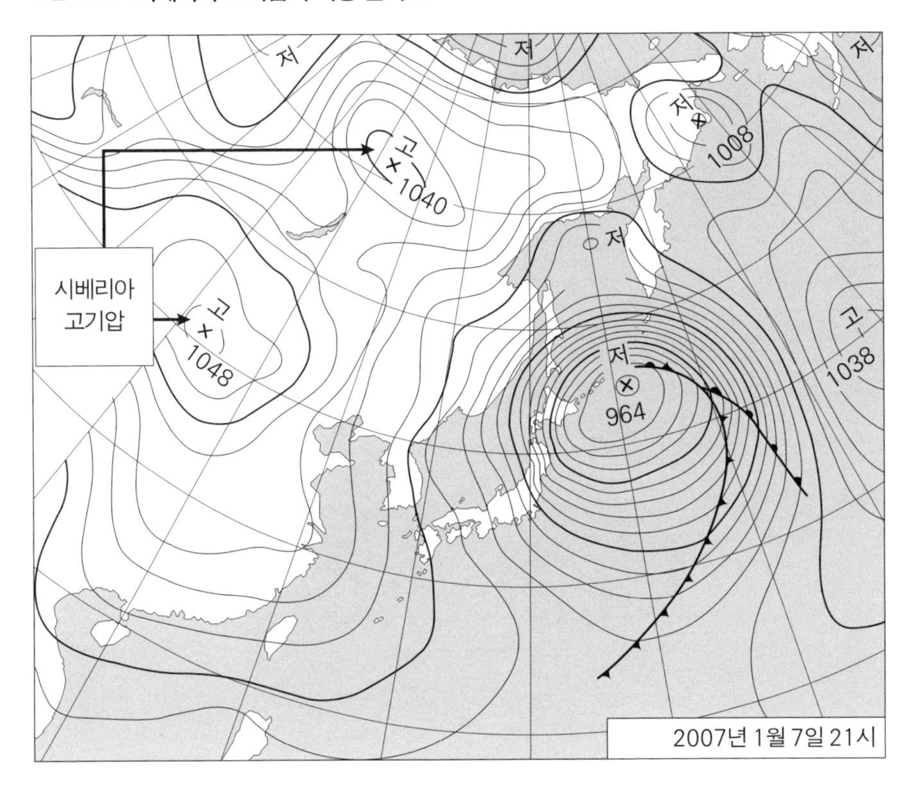

다. 여기서 기단이란 수평 방향 규모가 1,000km 정도인 공기 덩어리로 온도와 습도가 일정한 것을 말합니다. 넓은 대륙 위는 온도와 습도가 일정해서 공기가 어느 정도 멈춰 있으면 공기의 온도와 습도도 일정해지기 때문에 기단이 잘 발생합니다. 대륙뿐만 아니라 바다 위도 기단이 잘 발생하는 환경입니다.

기단은 고기압이 발생시키지만 반대로 큰 고기압의 중심 부근은 여러 가지 기단이 발생하기 쉬운 장소이기도 합니다. 그곳은 등압선 간격이 넓어서 바람이 약하고, 그 덕분에 공기가 조건이 같은 장소에 장시간 머물 수 있습니다. 또한 상공에서 하강하는 공기의 성질이 한결같다는 점도 기단이 잘 발생하는 원인입니다.

그림 5-23 **고기압과 기단**

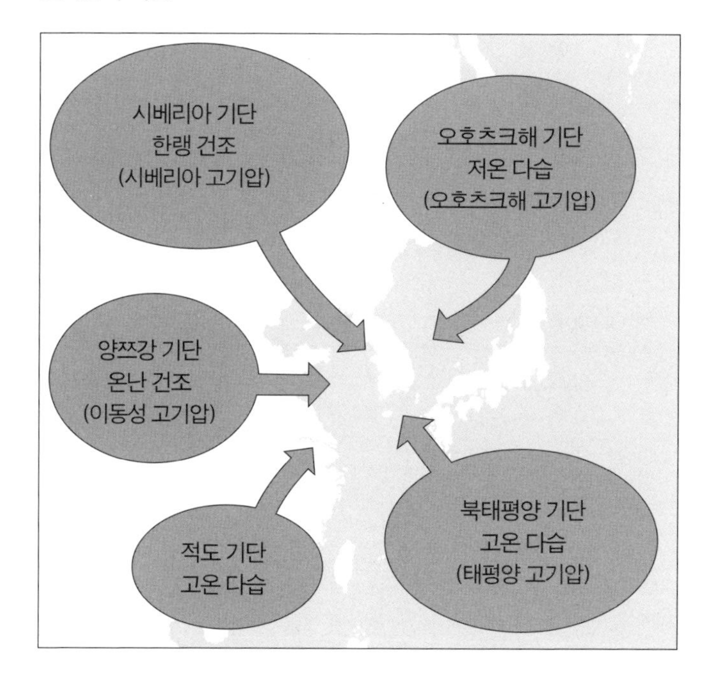

한편 고기압에서 부는 바람이 다른 성질의 공기를 만나면 둘 사이의 온도와 습도 대비로 인해 그 경계가 뚜렷해져 서로 다른 기단임을 명확히 인지할 수 있습니다. 앞으로 다른 고기압의 구조를 설명할 때에도 관련 있기 때문에 그림 5-23과 같이 기단을 정리해두겠습니다. 기단은 크게 저위도의 따뜻한 기단과 고위도의 찬 기단으로 나누고 추가로 대륙성인 건조한 기단과 해양성인 습한 기단으로 나눕니다.

시베리아 기단은 건조한 대륙성 기단이지만 일본에 영향을 미칠 때는 동해의 비교적 따뜻한 해수 위를 지나면서 수증기가 풍부해져 습기가 많아집니다. 이렇게 기단은 이동하면서 성질이 바뀌기도 하는데 이를 **기단 변질**(氣團變質)이라고 합니다.

그림 5-24 **온난 고기압의 구조**

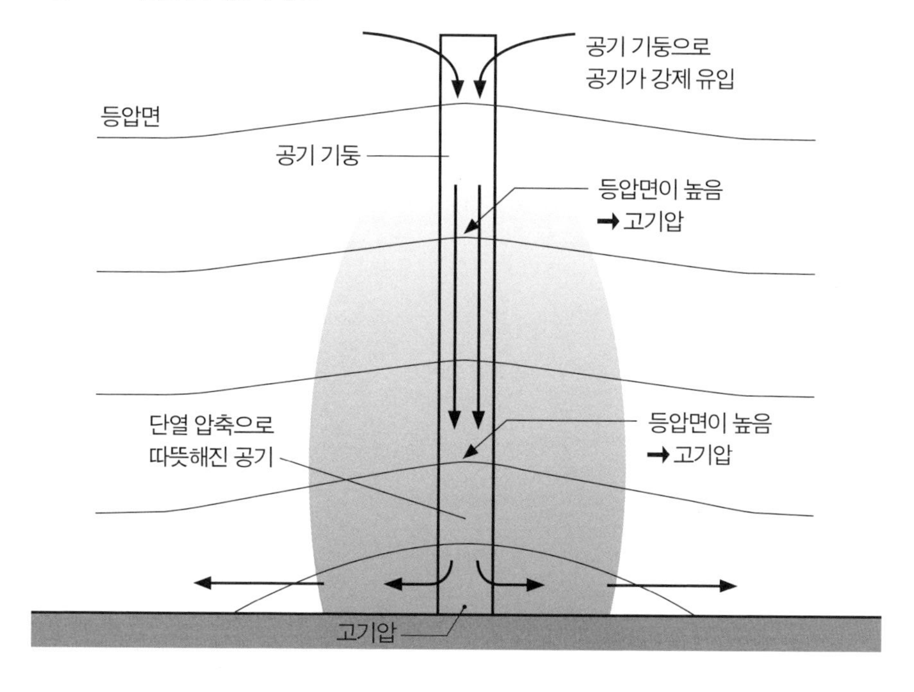

온난 고기압은 키가 크다

고기압이 생성되는 두 번째 구조는 그림 5-24처럼 공기 기둥으로 공기가 강제 유입되어 무거워지는 경우입니다. 아열대 고기압인 태평양 고기압이 여기에 해당합니다. 적도 저압대에서 상승한 공기가 태평양 고기압의 상공으로 강제 유입되어 공기 기둥을 무겁게 만듭니다. 공기가 고기압 중심에서 하강할 때는 단열 압축으로 온도가 상승합니다. 지표 부근이 상대적으로 온난한 공기로 채워지기 때문에 **온난 고기압**이라고 합니다. 한랭 고기압과는 달리 상공의 기압도 주위보다 높기 때문에 **키 큰 고기압**이라고도 합니다. 500hPa 고층 일기도(5,700m 부근)나 300hPa 고층 일기도(9,600m 부근)에서도 태평양 고기압을 확인할 수 있습니다. **그림 5-25**

태평양 고기압의 중심 부근을 단열 압축하며 하강하는 기류는 온도가 높을

그림 5-25 **고도 5,700m 부근의 태평양 고기압**

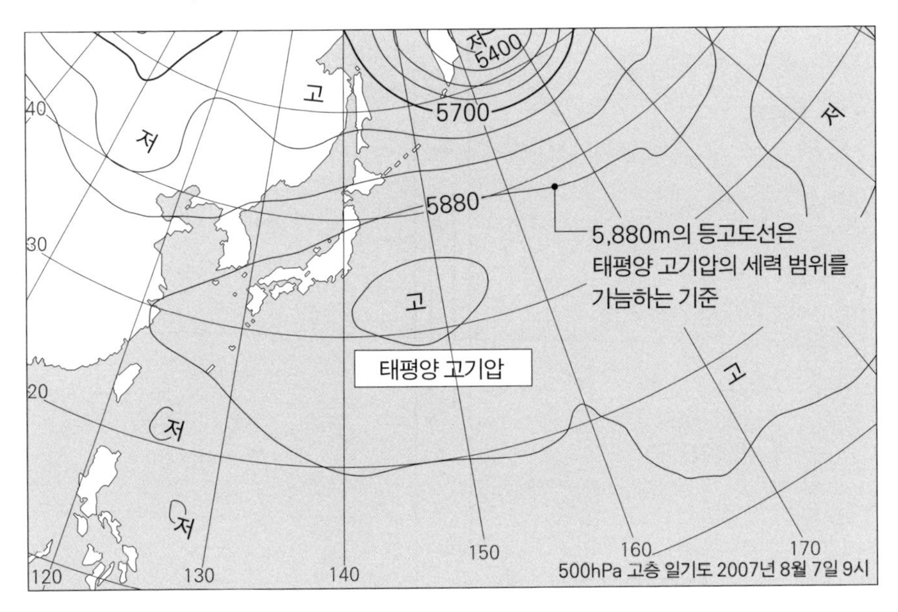

뿐 아니라 상대 습도가 낮아 건조합니다. 대륙 위에 있다면 건조한 기후를 만들어내겠지만, 태평양의 따뜻한 해상을 지나갈 때 수증기가 증가하기 때문에 고기압 중심에서 벗어날수록 다습해지는 특징이 있습니다. 그래서 태평양 고기압에서 일본 열도로 불어오는 공기는 고온 다습한 성질이 있습니다. 이를 **북태평양 기단**이라고 합니다. 제4장에서 살펴본 여름 계절풍은 이 기단에서 부는 바람입니다.

태평양 고기압은 겨울에 약해져 북태평양 동쪽으로 후퇴하지만 여름이 다가오면 발달하여 서쪽으로 확장합니다. 특히 일본에서는 일본의 남해상까지 확장한 고기압을 오가사와라(小笠原) 고기압이라고도 부르며 이때 일본은 한여름입니다.

그림 5-26 **이동성 고기압의 구조**

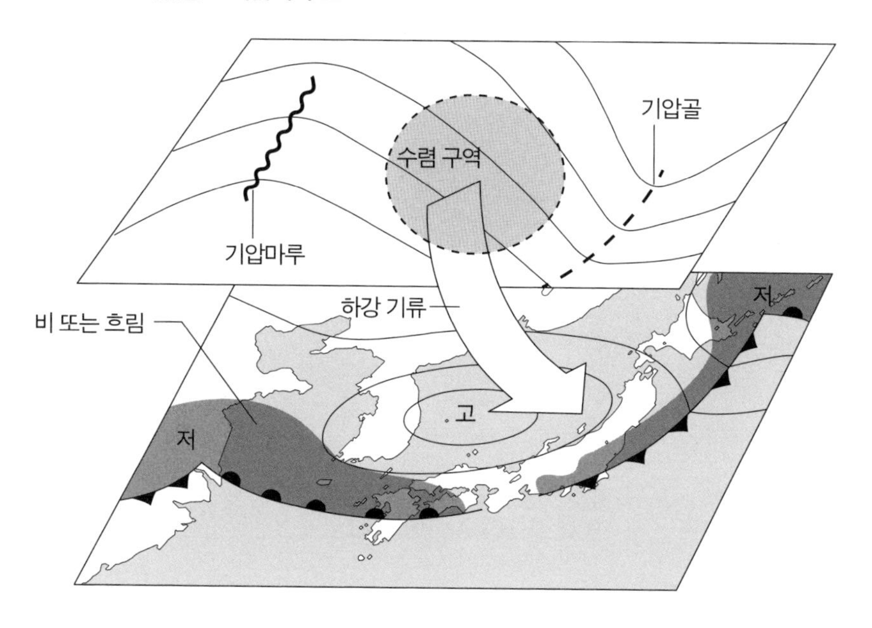

편서풍 파동이 만드는 이동성 고기압

고기압의 세 번째 생성 구조는 이 장에서 계속 설명해온 편서풍 파동으로 발달하는 고기압입니다. 상공의 기압골 서쪽에는 편서풍 수렴 구역이 있어 공기 기둥에 공기가 강제로 유입됩니다. 그래서 지상의 기압이 높아지는 것입니다.**그림 5-26** 이렇게 생성되는 고기압은 편서풍 파동과 함께 서쪽에서 동쪽으로 이동하기 때문에 **이동성 고기압**이라고 합니다. 통상 온대 저기압과 연계하여 발생하는데 서로 교차하며 줄을 서듯이 발달합니다.

강제로 공기가 유입된다는 점에서 두 번째로 설명한 온난 고기압과 같지만 보통 별도로 분류합니다. 왜냐하면 이동성 고기압은 상공 5,000m 부근의 편서풍 수렴 구역에서 공기가 아래로 보내져 생기기 때문에 높이가 그 이하입니다. 따라서 시베리아 고기압보다는 높지만 태평양 고기압만큼은 높지 않습니다.

그림 5-27

이동성 고기압의 지상 일기도

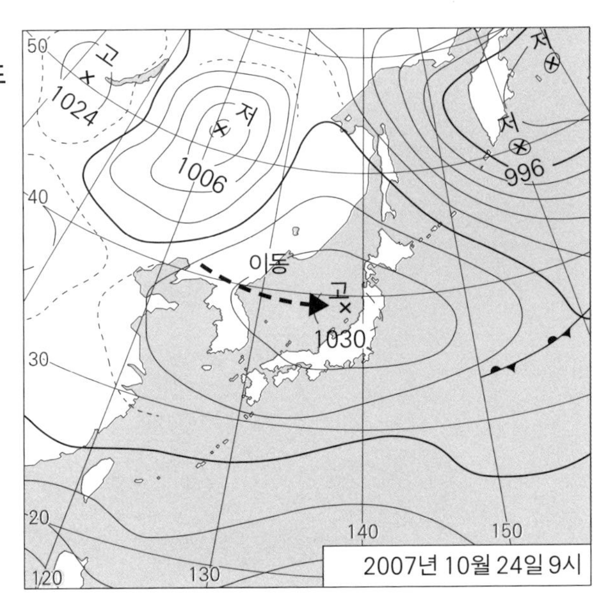

이동성 고기압의 중심 또는 그 동쪽에는 상공의 편서풍 때문에 생긴 하강 기류가 존재합니다. '동쪽'이라고 표현한 이유는 편서풍이 서쪽부터 비스듬하게 하강하기 때문에 하상 기류도 고기압 중심에서 동쪽으로 기울어지기 때문입니다.

하강 기류가 존재하는 장소는 이미 설명한 바와 같이 상대 습도가 낮아 공기가 건조합니다. 그래서 이동성 고기압으로 덮이면 중심부나 동쪽은 쾌청하고 기분 좋은 날씨가 됩니다. 반면 밤에는 구름이 없고 건조하며 바람이 약하기 때문에 복사 냉각으로 기온 저하가 진행되어 계절에 따라서는 서리나 안개가 발생하기 쉽습니다. 그림 5-27은 큰 이동성 고기압에 일본 열도가 뒤덮여 있는 모습인데, 이날 후쿠시마 현의 아이즈와카야마 시에서 서리가 관측되었습니다.

일본으로 접근하는 이동성 고기압은 중국 남부에서 발생합니다. 그곳은 따듯하고 건조한 **양쯔강 기단**이 만들어지는 곳입니다. 여기서 발생하는 이동성

그림 5-28 **이동성 고기압의 이동 코스와 날씨**

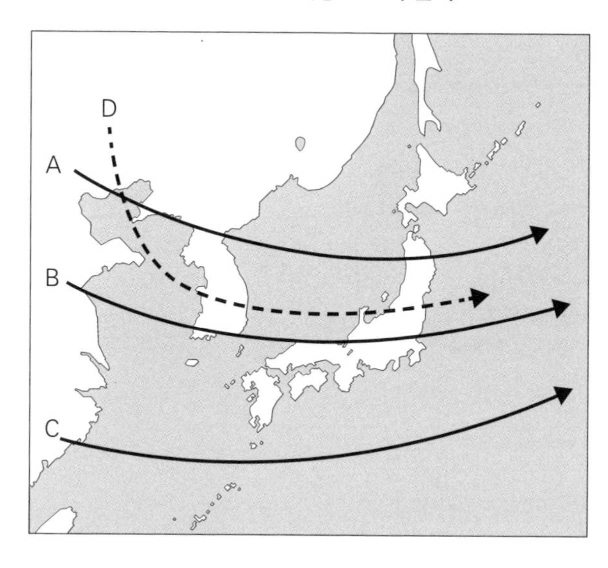

A : 북일본은 맑지만 동일본은 흐리거나 비

B : 일본 전국이 맑음

C : 남풍으로 기온이 올라가기 쉬움

D : 맑지만 차가운 공기가 유입

고기압은 양쯔강 기단의 따뜻하고 건조한 공기를 일본 쪽으로 밀며 이동한다고 생각할 수 있습니다. 하지만 건조해지는 원인이 상공의 하강 기류 때문이기도 해서 순전히 대륙성 기단의 영향이라고는 단정 지을 수 없습니다.

하강 기류가 있는 중심부나 동쪽 이외 지역의 날씨는 어떨까요? 고기압에서 남쪽으로 부는 바람은 남쪽의 따뜻한 공기와 만나 전선을 자주 발생시킵니다. 전선에서 북쪽 상공으로는 전선면을 따라 남쪽의 따뜻한 공기가 올라가 구름을 만듭니다. 그래서 고기압의 남쪽은 구름이 많이 생겨 꼭 맑지만은 않습니다. 고기압의 서쪽에는 기압골이 분포하는 경우가 많아 저기압의 구름 일부가 비를 뿌리기도 합니다. 저기압이 없더라도 고기압의 서쪽 끝에는 남풍이 불기 때문에 해상의 따뜻하고 습한 바람이 하층으로 유입되면서 구름이 발달해 비가 내리기 쉽습니다.

그림 5-28은 이동성 고기압의 이동 경로에 따른 날씨를 정리한 것입니다. 이동성 고기압은 남쪽이나 서쪽에 청명한 날씨를 만들지 못하기 때문에 일본

그림 5-29 **티베트 고기압의 모식도**

(a) 연직 방향에서 본 등압면의 단면

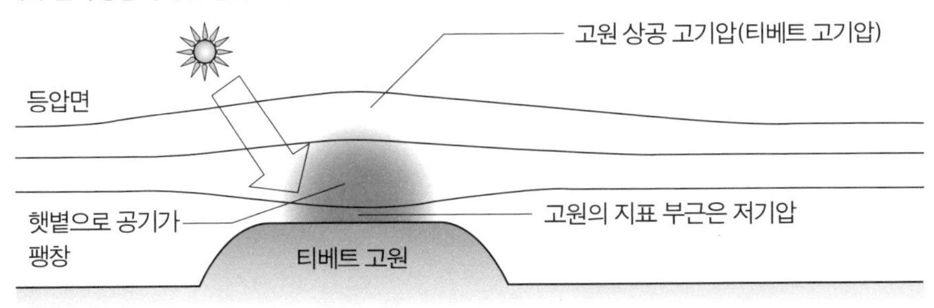

(b) 평면으로 본 고기압(100hPa 등압면의 예)

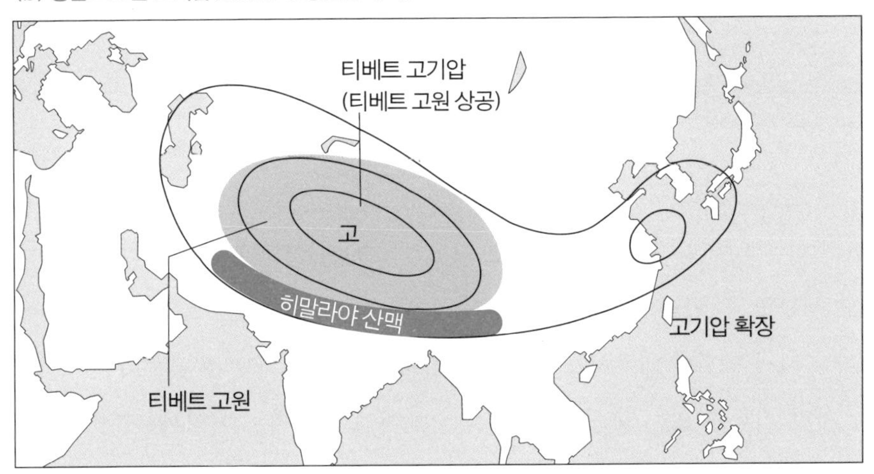

의 북쪽으로 치우쳐서 통과하면 일본의 날씨가 쾌청하지 않을 수도 있습니다. 다만 이동성 고기압이 매우 커서 하강 기류 영역이 넓다면 날씨가 쾌청한 지역도 그만큼 넓어져, 일본 전역이 맑은 날을 보이는 경우도 있습니다.

고층에서 발생하는 티베트 고기압

앞서 시베리아 고기압을 지상 부근에서 관측되는 고기압이라고 설명했습니다. 다만 반대로 고층에서만 나타나는 고기압도 있습니다. 지상의 고기압은 아니지만 참고 바랍니다.

티베트 고원은 평균 표고가 4,500m입니다. 이는 대류권 중층에 해당합니다. 여름철 강한 햇볕은 고원을 달구고 대류권 중층을 직접 데웁니다.그림 5-29 그래서 일반적인 대기의 중층보다 기온이 높아서 공기 기둥은 팽창하고 높아집니다. 여기서 다시 '공기 기둥 이론'을 떠올려봅시다. 데워진 티베트 고원 상공은 기압이 높아져 등압면이 위로 솟아 그림 (a)처럼 됩니다. 이렇게 북반구 여름철에 발생하는 고층 고기압을 **티베트 고기압**이라고 합니다.

티베트 고기압이 나타나는 높이는 고도 1만 5,000m 부근인 성층권입니다. 이 고기압은 동쪽까지 확장하여 동아시아 지역까지 영향을 미치기도 합니다.그림 5-29의 (b) 이때 북태평양 고기압을 만나 지상의 고기압을 한층 더 강화합니다.

일본 역대 최고 기온은 40.9℃로 2007년 8월에 기후 현 타지미 시와 사이타마 현 구마타니 시에서 측정되었는데(2010년 현재), 이때도 태평양 고기압뿐만 아니라 티베트 고기압이 발달하여 일본 상공까지 확장해 기록적인 더위를 갱신했습니다. (2018년 7월 한반도를 덮친 폭염도 예년보다 일찍 발달한 티베트 고기압 때문이다. – 편집자)

장마는 어떻게 생기나?

오호츠크해 고기압이 장마의 원인?

'장마'란 정체전선이 발생하여 비가 많이 내리는 날이 계속되는 시기를 말합니다. 이 정체전선을 **장마전선**이라고도 합니다. 1개월 이상 활동을 이어가는 장마전선은 어떻게 만들어질까요?

그 이유에 대해서는 주로 남쪽의 따뜻한 북태평양 기단과 북쪽의 찬 오호츠크해 기단이 만나 그 사이에 형성된다고 설명합니다. 오호츠크해 기단은 차고 습한 성질의 기단으로 오호츠크해에 고기압이 발생했을 때 그 존재가 뚜렷해집니다. 이 두 가지 기단으로 장마 발생을 설명하는 이유는 '봄 공기'와 '여름 공기'가 서로 힘을 겨루면서 전선이 생긴다는 식으로 명확한 설명이 가능하기 때문입니다.

장마 때 실제 일기도를 살펴보면 오호츠크해에 고기압이 없고 오호츠크해 기단의 기류가 전선으로 유입되지 않더라도 장마전선이 존재하는 경우가 있습니다. 북태평양 기단이 장마전선에 영향을 미치는 것은 사실이지만, 찬 기단을 오호츠크해 기단으로 한정하는 것은 다소 설득력이 약합니다.

그래서 중층 또는 상층의 편서풍이나 남아시아에서 북아시아 일대로 부는 여름 계절풍도 포함해서 장마전선을 살펴보겠습니다. 이를 통해 같은 일본이라도 서쪽과 동쪽의 장마 성질이 다름을 알 수 있습니다.

아시아 몬순과 함께 시작하는 장마

6월부터 7월경, 남아시아 일대에 여름 계절풍인 몬순이 붑니다. 이는 남아시아 우기의 시작을 알리는 신호이기도 합니다. 동시에 동아시아에서는 장마가 시작됩니다. 남서풍인 몬순은 인도뿐만 아니라 인도네시아 반도의 북부를 통과해서 중국 남부까지도 도달합니다. 또 일본 남쪽에서 동쪽으로는 북태평양 고기압이 발달합니다. 북태평양 고기압 서쪽 주변으로 남쪽에서 고온 다습한 기류가 유입됩니다. 이것이 동아시아의 여름 계절풍입니다.

이 시기 상공의 편서풍에 주목해보면 변화를 살펴볼 수 있습니다. 북반구의 여름에는 적도 저압대가 북반구 쪽으로 치우쳐 발생하기 때문에 아열대 고압대도 북쪽으로 치우치고, 그 상공을 흐르는 제트기류도 북쪽으로 이동합니다.

몬순이 시작되는 시기의 제트기류는 히말라야 산맥 서쪽과 부딪치면서 둘로 나눠져 북쪽으로도 흐릅니다. 한편 일사량이 늘어난 티베트 고원에는 티베트 고기압이 발생하기 때문에 북쪽 제트기류가 티베트 고원에서 밀려나 먼 북쪽을 통과합니다. 풍하 지역에 해당하는 동아시아에서는 북쪽으로 밀려난 기류가 원래 위도로 돌아오기 위해 제트기류가 파도치며 사행하는 모습을 보입니다. 그림 5-30

바람이 사행하는 패턴의 원인은 티베트 고원이므로 같은 형태가 계속 유지됩니다. 그래서 기압골의 서쪽에는 항상 상공에서 불어 내려오는 기류가 발생하는 것입니다. 이 기류는 햇볕으로 뜨거워지기 쉬운 대륙의 지표와 만나

그림 5-30 **장마전선을 만드는 기류**

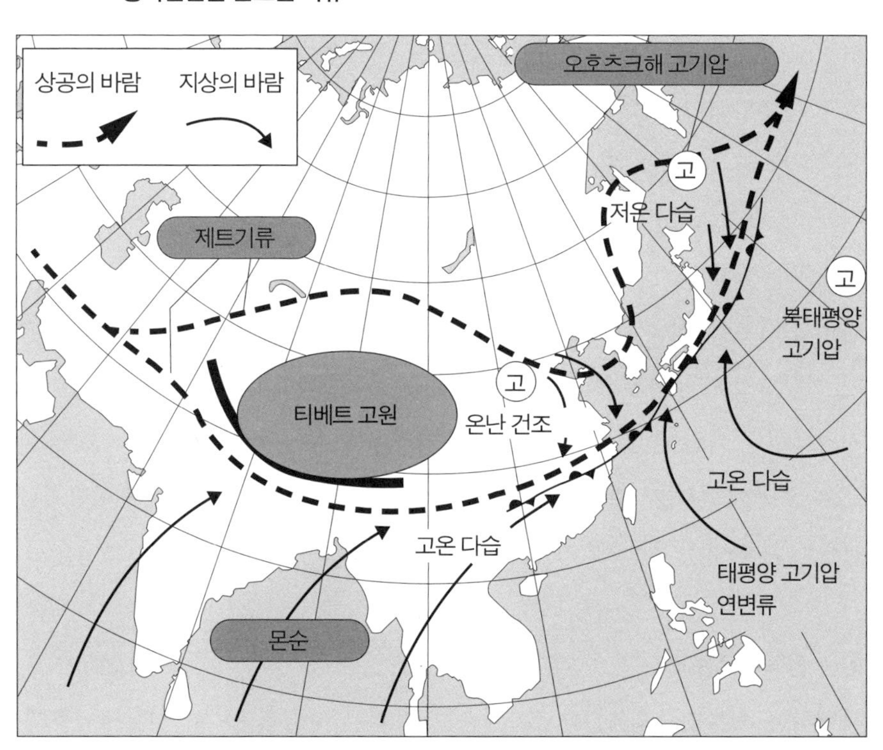

서 고온 건조해지며, 중국 남부에서 남쪽의 몬순과 만나 장마가 시작됩니다. 이렇게 해서 중국에서는 '메이유'(梅雨)라고 부르는 장마가 시작됩니다. 중국 대륙의 전선은 기단 관점에서 보면 온난 건조한 양쯔강 기단과 고온 다습한 적도 기단의 영향으로 발생하는 것입니다.

일본 남쪽과 서쪽의 장마

일본의 남쪽이나 서쪽 지방에서는 중국 대륙과 유사하지만 남아시아의 몬순 대신에 북태평양 고기압의 서쪽을 도는 기류와 대륙의 기류가 만나 전선을 이룹니다.

중국 대륙의 전선은 남북 간 온도차는 크지 않지만 습도 차이는 큽니다. 일기도를 작성할 때 전선 위치는 온도차가 아니라 습도나 풍향 차이로 판단합니다. 그래서 장마전선 서쪽 부분은 기단 간의 온도차로 발생하는 본래의 '전선'과는 다른 성질을 보입니다. 즉 열대 수렴대처럼 기류가 만나 수렴하여 구름이 발생합니다. 중국보다 동쪽인 일본의 서쪽 지방에서는 중국 대륙의 전선이 가지는 성질이 남아 있어 전선을 사이에 두고 남북 간 온도차가 나타납니다.

또 북태평양 고기압의 기류는 중심에서 벗어난 서쪽 가장자리를 도는 기류일수록 습한데 이를 **태평양 고기압 연변류**(緣辺流)라고 합니다. 이 기류가 좀 더 서쪽으로 이동하면 적도 기단의 몬순으로 변합니다. 일본의 남쪽과 서쪽 지방에서는 이런 습한 기류가 유입되는 경우가 많아 특히 장마 말기를 중심으로 종종 거센 비가 내립니다. (북태평양 고기압의 세력이 강해지는 7월이면 장마전선은 북상하여 한국의 중부 지방까지 올라간다. – 편집자)

일본 동쪽의 장마

사행하는 제트기류의 마루 남쪽에는 고기압성 시계 방향 회전이 생기는데,

여기서 고기압이 발생하기도 합니다. 장마 때 오호츠크해 고기압이 이런 식으로 발생합니다. 이곳의 북동풍이 남쪽의 북태평양 고기압을 만나 장마전선의 동쪽 끝 부분을 형성합니다. 그림 5-31의 (a)는 오호츠크해 고기압이 발생

그림 5-31 **장마전선의 지상 일기도**

(a) 오호츠크해 고기압이 있는 경우

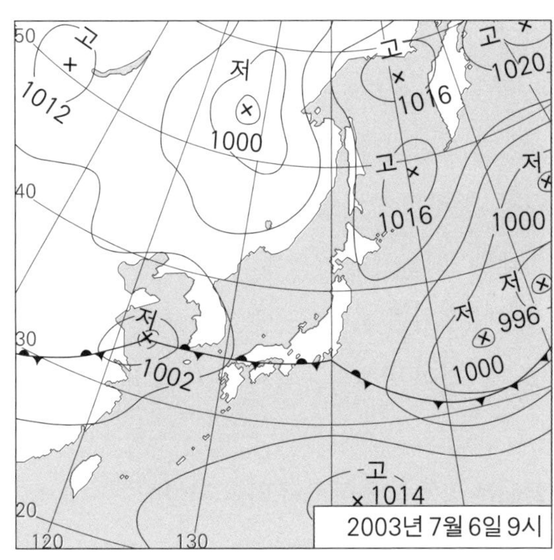

(b) 오호츠크해 고기압이 없는 경우

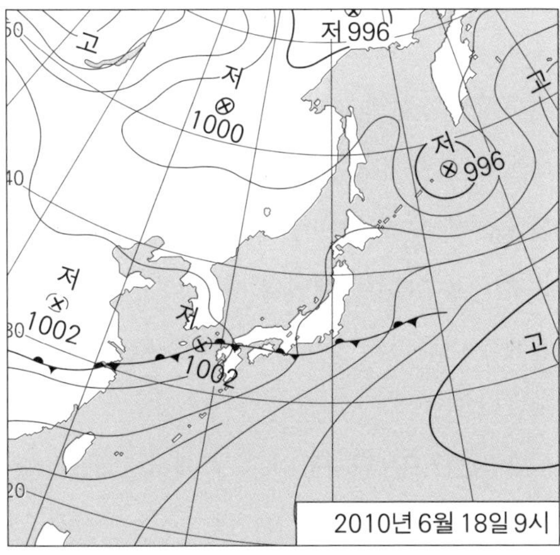

한 일기도입니다.

오호츠크해 고기압 기류는 일본 동쪽 먼 바다의 찬 해상을 통과하기 때문에 습하고 저온입니다. 이 바람이 계속 불면 저온이 계속 이어져 농작물 성장에 나쁜 영향을 줍니다. 간토 지방에서도 이 기류가 유입되면 기온이 내려갑니다. 이러한 장마철 추위는 기온이 낮은 비가 촉촉이 내리는 날씨가 특징인데 오호츠크해 고기압 기류가 영향을 미치는 지역에서 나타납니다. 일본의 서쪽이나 남쪽 지방에서는 장마철에 이런 기후가 관측되지 않습니다.

장마전선은 오호츠크해 고기압이 없을 때도 종종 일본의 동쪽 지방까지 확장하기도 합니다. 그림 5-31의 (b) 이때 전선은 일본의 서쪽 지방과 같은 구조입니다. 동해에 고기압이 자리 잡고 있거나 상공에 한기를 동반한 소용돌이가 존재할 수도 있기 때문에 패턴은 다양합니다. 한편 상공의 제트기류에 작은 사행이 생기면 장마전선에 작은 저기압이 발생하여 동쪽으로 이동합니다. 이런 저기압이 발생하는 곳에는 거센 비가 내립니다.

편서풍 파동의 초장파와 이상 기상

장마는 제트기류의 사행, 즉 편서풍 파동의 크기 변화와 관계 깊습니다. 편서풍 파동은 그림 5-11에서 살펴본 바와 같이 크고 작은 것이 얽혀 있습니다. 그중에서도 북반구 전체에 2~3개 규모로 생기는 긴 파장의 파동을 **초장파**(超長波)라고 하며 계절 변화에 따라 천천히 그 패턴을 바꿉니다. 또 대륙과 해양의 분포에 큰 영향을 받기 때문에 계절마다 생기는 패턴은 대개 유사합니다. 이 편서풍 패턴이 예년에 비해 다르면 이상 기상이 일어납니다. 저기압이나 전선과 마찬가지로 상공의 편서풍과 관련된 이야기이므로 이 장에서 살펴보겠습니다.

그림 5-32는 편서풍 파동 중에서도 파장 길이가 긴 파동에 주목하여 그 패턴을 세 가지로 분류했습니다. (a)는 완만한 사행을 보이고, 북쪽에는 한기가

그림 5-32 **편서풍 파동(초장파)의 세 가지 패턴**

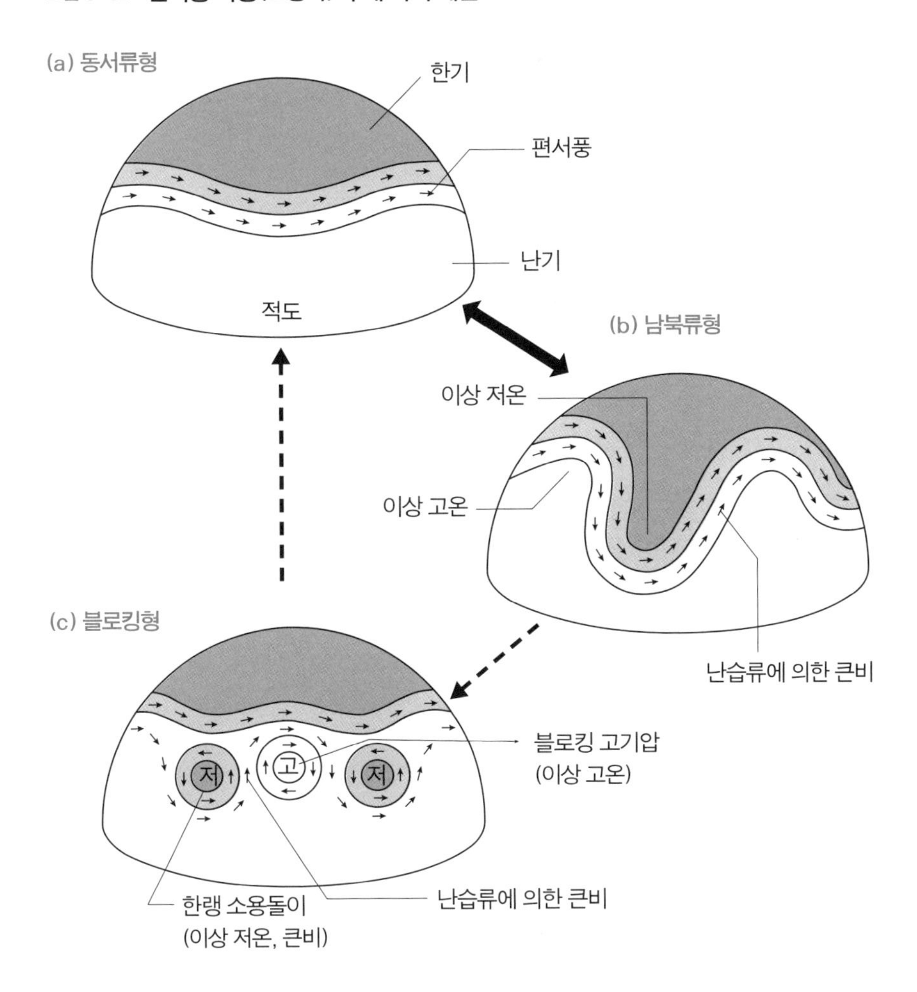

있으며 남쪽에는 난기가 있습니다. 편서풍의 사행이 그림 (b)처럼 강해지면 난기가 고위도로 유입되거나, 한기가 저위도로 유입되기도 합니다.

때로는 (c)처럼 편서풍 파동이 너무 강해 그 일부가 떨어져나가 소용돌이를 이루기도 합니다. 이 소용돌이는 흐름에서 이탈했기 때문에 편서풍과 함께 이동하지는 않습니다. 소멸할 때까지 같은 장소에 머물며 매우 천천히 움직입니다. 이 현상을 동쪽으로 향하던 파동이 가로막혔다고 해서 **블로킹**

(blocking) 현상이라고 합니다.

한편 고기압성 시계 방향 회전 소용돌이는 지상에 움직임이 느린 고기압을 만드는데 이를 **블로킹 고기압**이라고 합니다. 장마 때 오호츠크해 고기압도 블로킹 고기압의 일종입니다. 상공에 편서풍의 소용돌이가 생겨 움직임이 둔화되기 때문입니다. 다만 장마 때 매년 발생하기 때문에 이상 기상은 아닙니다.

한기 소용돌이를 **한랭 소용돌**이라고도 합니다. 한랭 소용돌이가 발생한 지역은 상공에 한기가 정지해 있기 때문에 대기가 불안정하고 적란운이 많이 발생하여 큰비가 내립니다. 그리고 블로킹 고기압의 서쪽이나 한랭 소용돌이 동쪽에는 남쪽 기류가 계속 유입되는 부분이 생깁니다. 지상에서도 남쪽에서 따뜻하고 습한 공기가 계속 유입되기 때문에 저기압이나 전선이 없는데도 적란운이 활발히 생성되어 돌발적인 호우가 내리기도 합니다.

그럼 반대로 그림 (a)처럼 편서풍이 그다지 사행하지 않는 상태는 어떨까요? 평온할 듯하지만 역시 예년과 다른 패턴을 보이면 추워야 할 계절이 따뜻하거나 그 반대인 현상이 일어납니다. 사행이 없다는 것은 저위도와 고위도의 열 교환이 쉽지 않다는 의미이므로 저위도에서는 고온, 고위도에서는 저온인 이상 기온이 일어나기 쉽습니다. 보통은 사행이 크게 움직이거나 작게 움직이면서 표준적인 기후가 발생합니다. 이렇게 편서풍의 움직임으로 저기압 발달을 예상할 수 있을 뿐만 아니라 장기간의 날씨 예측에도 도움이 됩니다. 다음 제6장에서는 이 장에서 다룬 온대 저기압과는 다른 형태의 저기압인 '태풍의 구조'를 살펴보겠습니다.

제 6 장

태풍의 구조

태풍은 조직화한 적란운

우주와 지상에서 본 태풍

1964년 후지산 정상에 설치된 기상 레이더는 약 800km 떨어진 지점의 비구름을 감시할 수 있어 태풍을 신속히 감지하는 게 주된 임무였습니다. 지금은 전시관으로 옮겨져 일반에 공개하고 있습니다. 이제 태풍 감시는 기상 위성이 수행합니다. 그림 6-1은 약 3만 6,000km 상공에서 태풍을 내려다본 사진입니다.

희고 둥근 덩어리가 태풍입니다. 중심에 있는 검은 부분이 태풍의 눈입니다. 태풍은 전체가 소용돌이치고 구름이 새하얗게 보입니다. 기상 위성의 적외선 사진은 흰색이 진할수록 그 부분의 온도가 낮다는 것을 의미합니다. 그래서 태풍 중심 부근의 구름은 구름 꼭대기의 표면 온도가 매우 낮고, 키가 큰

그림 6-1 **태풍의 구름 모양**

사진: 일본 기상청, 2009년 10월 5일, 태풍 8호, 적외선 사진

구름으로 이루어져 있음을 알 수 있습니다.

태풍 전체의 구름 영역을 주변 지형과 비교하면 직경이 족히 500km 이상임을 가늠할 수 있습니다. 발달한 온대 저기압과 비교하면 작지만 태풍이 거대한 구름으로 이루어진 구조체임을 실감할 수 있습니다.

그림 6-2는 태풍의 지상 일기도입니다. 태풍은 동심원 모양의 등압선으로 둘러싸인 저기압입니다. 온대 저기압과는 구조가 달라서 전선이 없습니다. 중심 기압은 965hPa로 매우 낮고 등압선은 중심으로 갈수록 좁아집니다. 기압 경도력이 매우 크기 때문에 중심 부근의 바람도 매우 강력합니다.

1959년 일본은 태풍 때문에 500명 이상이 희생되었습니다. 이때 태풍은 시오노미사키에 상륙할 때 중심 기압이 929hPa까지 떨어졌습니다. 온대 저기압은 일본을 통과할 때 중심 기압이 기껏해야 990hPa 정도이므로 태풍의 기압이 훨씬 낮습니다.

기압이 낮은 태풍 중심 부근은 해면을 누르는 기압도 낮아서 기압이 높은

그림 6-2 **태풍 일기도**

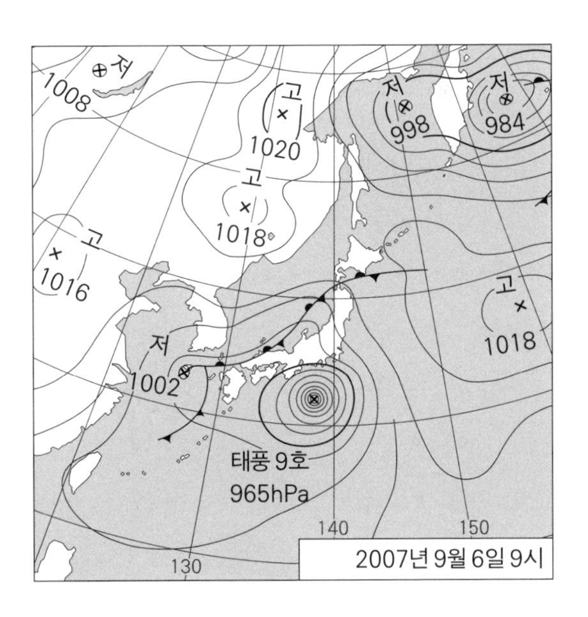

그림 6-3 **우주 왕복선에서 내려다본 허리케인 엘레나(1985년)**

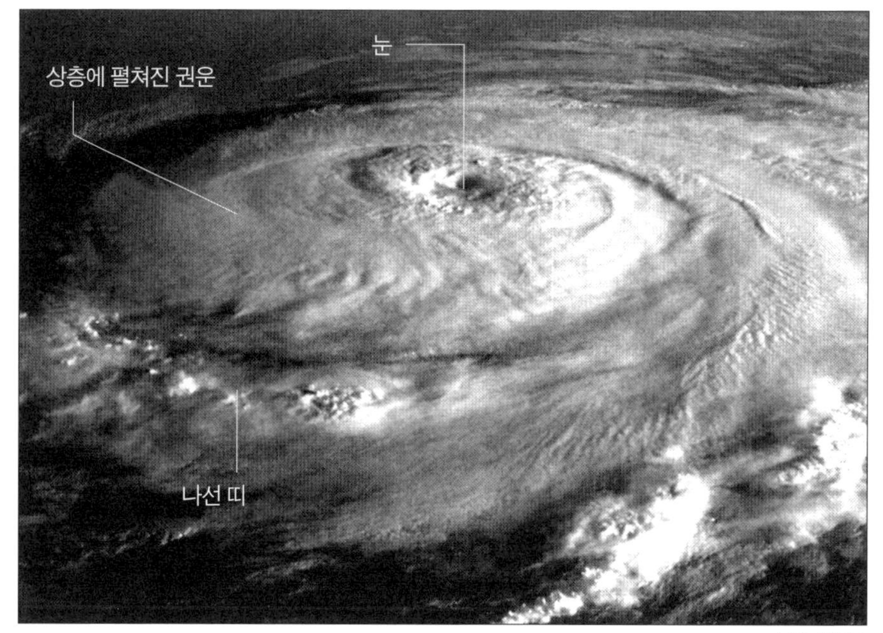

사진: NASA

주위보다 해면이 상승합니다. 기압이 1hPa 떨어지면 해면이 약 1cm 비율로 상승합니다. 여기에 만조나 강풍으로 해수가 만 깊숙이 밀려들어와 해수가 상승하는 효과까지 더해지면, 해면의 이상 상승인 고조(高潮)가 발생하여 해수가 제방을 넘어 육지로 흘러 들어오기도 합니다.

한편 앞의 기상 위성 사진을 언급하면서 태풍을 만드는 구름이 상당히 높다고 설명했는데 구체적으로 어떤 종류의 구름일까요? 좀 더 자세히 살펴보겠습니다.

그림 6-3은 북아메리카에서 관측되는 허리케인을 상공 약 250km에서 비행 중인 우주 왕복선이 촬영한 사진입니다. 허리케인은 태풍과 같은 현상입니다. 중심에 구멍처럼 보이는 눈이 있고, 그 주위에 소용돌이 모양의 구름이 돌고 있는 구조가 확실히 보입니다.

구름은 전반적으로 평평하게 보이는데 이는 대류권 상층에 펼쳐진 권운의 일종입니다. 자세히 보면 평평한 권운의 군데군데에 돌출된 구름이 보입니다. 이는 키가 큰 적란운의 꼭대기입니다. 또 소용돌이의 팔과 같은 부분에는 적란운이 줄지어 있음을 알 수 있습니다. 이렇게 줄지어 늘어선 소용돌이 모양의 구름을 **나선 띠**(spiral band)라고 합니다.

태풍이 접근하면 풍속 25m/s 이상의 폭풍이 불거나, 시간당 50mm가 넘는 매우 강한 비가 계속 내립니다. 태풍에 어떤 구조가 있기에 이런 기상 현상이 생길까요? 이제부터 태풍 구조를 살펴보겠습니다만, 태풍을 이해하는 데 필요한 열쇠는 '웜 코어'(warm core)와 바람 시스템임을 먼저 기억해둡시다. 웜 코어는 수증기 응결로 발생하는 열이 만들어냅니다.

태풍의 구름 구조

먼저 태풍을 만들어내는 구름의 구조를 모델화하여 살펴봅시다. 그림 6-4는 태풍의 구름 영역을 입체적으로 투시한 것입니다. 태풍의 눈 주위에는 원통형 영역에 밀집한 고도 수천 킬로미터에 달하는 적란운이 자리 잡고 있는데, 이 원통형 모양의 구름 전체를 **눈의 벽**(eye wall)이라고 합니다.

눈의 벽 속에 있는 기류는 태풍의 중심에서 나선을 그리며 상승합니다. 눈의 벽이 만들어지는 메커니즘은 태풍을 발달시키는 구조와 밀접한 관계가 있습니다. 이에 대해서는 이번 장에서 점차 설명하도록 하겠습니다.

눈의 벽 정상에서 대류권계면을 따라 바깥쪽으로 부는 기류가 있는데, 이 기류를 타고 구름이 흘러나와 펼쳐집니다. 이 고도에서는 기온이 섭씨 영하 수십 도이므로 구름은 모두 빙정으로 이루어진 권운입니다.

눈의 벽으로 둘러싸인 중심에는 태풍의 눈이 자리 잡고 있습니다. 여기에는 하강 기류가 약하게 흐르기 때문에 바람은 매우 약합니다. 일반적으로 구름은 없고 지상에서는 청명한 하늘을 볼 수 있습니다. 기상 위성 사진으로는 해

그림 6-4 **태풍의 구름 영역을 입체적으로 투시한 모식도**

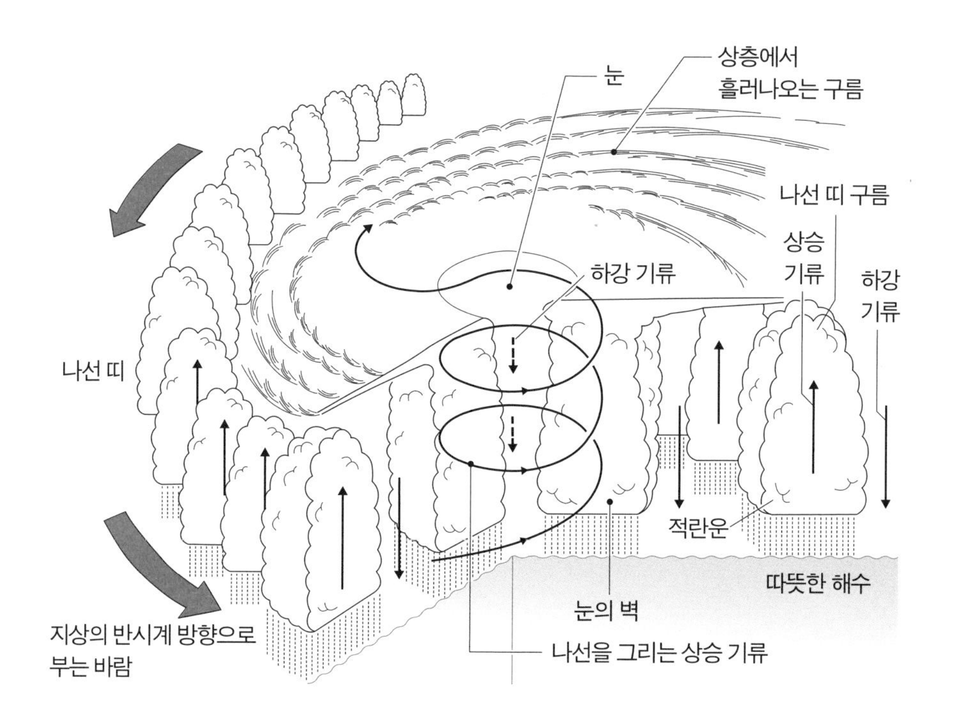

면이 검게 보입니다. 다만 태풍의 눈 상공이 권운으로 덮여 있다면 기상 위성으로 관측할 수 없습니다.

태풍 주위의 지상 부근에는 눈의 중심을 향해 반시계 방향으로 바람이 부는데, 그 속도는 눈의 벽 아래가 가장 빠릅니다. 이 바람을 따라 몇 가닥의 나선 띠가 보이고 눈의 벽과 연결되어 있습니다. 나선 띠는 적운이나 웅대적운, 적란운이 집단으로 줄지어 선 모양이기 때문에 운열(雲列)이라고도 합니다. 그림 6-4의 화살표는 나선 띠를 구성하는 개개의 구름에 상승 기류가 있음을 나타내며 그 주변에 구름이 없는 곳은 하강 기류도 존재합니다.

개개의 구름은 그 넓이가 수 킬로미터 정도이며 수명은 수십 분 정도입니다. 구름들은 각각 발생, 발달, 소멸을 반복합니다. 반면 규모가 수평으로 수백 킬로미터에 달하는 나선 띠 전체의 수명은 수 시간 이상입니다. 개개의 구름에 비해 10배 정도 큽니다. 다시 말해 개개의 구름이 나선 띠라는 집단으로 조직화해 있는 셈입니다.

이렇게 나선 띠 형태로 구름이 조직화하는 것은 제2장에서 설명한 다중 세포와 같은 구조입니다. 성숙기의 적란운이 뿜어내는 하강 기류가 태풍으로 부는 습하고 따뜻한 바람과 만나 새로운 적란운이 생성됩니다. 앞서 살펴본 스콜 선이나 당근형 구름과 같은 구조의 발생도 이러한 적란운의 조직화에 따른 결과물이며 나선 띠도 이와 유사합니다. 또 강풍 속에서 선 모양으로 조직된 구름 집단이라는 의미에서 제4장에서 살펴본 새털 모양 구름과도 유사합니다.

태풍이 불 때 강한 비가 계속 내리는 이유는 이런 나선 띠를 구성하는 개개의 대류운이 통과하기 때문입니다. 나선 띠가 통과하는 동안에는 비가 계속 내립니다. 나선 띠 하나가 통과한 후에는 비가 그치고 맑게 개기도 합니다. 하지만 다음 나선 띠가 지나가면 다시 거센 비를 뿌립니다. 태풍에서 조직화는 나선 띠만을 의미하지 않습니다. 태풍은 기상 현상 중에서 가장 큰 규모로 조직화한 적란운 집단입니다.

태풍은 어떻게 발생하는가?

태풍은 어디서 일어나는가?

태풍은 열대 지역에서 발생한 열대 저기압에서 비롯됩니다. 온대 저기압이 따뜻한 기단과 찬 기단의 힘겨루기로 생기는 데 비해 열대 저기압은 **적도 기단**

이라는 단일 기단에서 생깁니다. 이 기단은 고온 다습한 성질이 있습니다.

태풍은 열대 저기압 중에 북반구의 태평양 서부(동경 100도와 동경 180도 사이의 적도 북쪽)에서 발생하며 중심 부근의 최대 풍속은 17.2m/s(34노트) 이상인 것을 말합니다.

'태풍'이라는 명칭은 국제적으로 타이푼(typhoon)으로 통용됩니다. 또 기상학적으로 태풍과 똑같은 성질의 기상 현상이 세계 각지에서 발생하는데 앞서 설명한 허리케인처럼 각 지역에 따라 명칭이 다릅니다.

그림 6-5에서 열대 저기압의 발생 지역과 명칭을 알 수 있습니다. 인도 주변에서는 트로피컬 사이클론(tropical cyclone), 북아메리카의 태평양 연안 및 대서양 연안에서는 허리케인(hurricane)이라고 합니다. 오스트레일리아 주변 및 아프리카 동부 연안에서도 트로피컬 사이클론이라고 부릅니다.

그림 중에 진한 색으로 표시된 부분이 발생 지역으로 열대 지방에서만 태풍

그림 6-5 **열대 저기압이 발생하는 지역과 명칭**

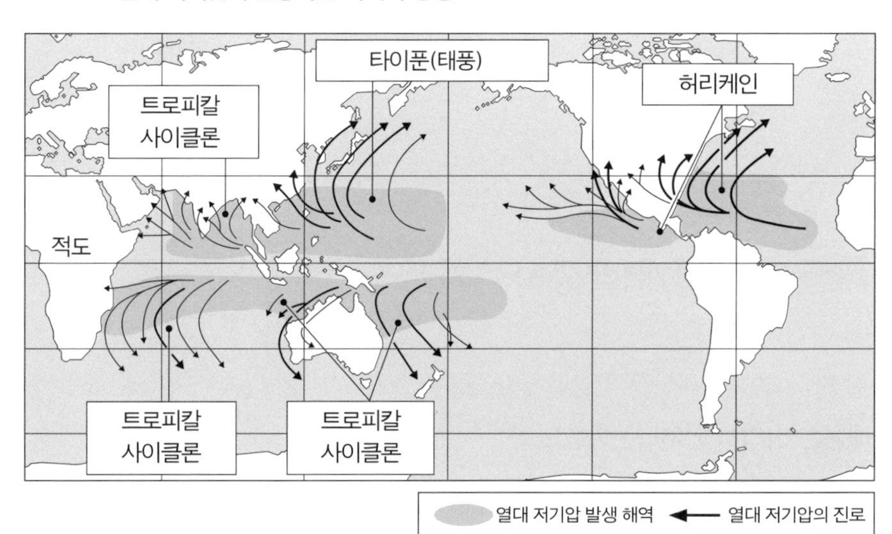

Gray, 1978년 등을 참고하여 작성

이 발생하는 것을 알 수 있습니다. 또 이 그림에서는 구별할 수 없지만 계절에 따라 북반구 기준으로 여름철에는 주로 북반구에서 발생하고, 겨울철에는 주로 남반구에서 발생합니다. 열대성 저기압이 적도를 넘어 이동하는 일은 없습니다.

열대 지방을 동서 방향으로 살펴보면 태풍이 어디서든 발생하는 것이 아니라는 사실을 알 수 있습니다. 발생 지역을 몇 개 영역으로 나눌 수 있는 겁니다. 다만 대륙에서는 전혀 발생하지 않습니다. 해상에서도 남미 대륙의 동해안이나 서해안, 아프리카 대륙의 서해안 등에서는 발생하지 않습니다. 이는 왜 그럴까요?

해수 온도와 열대성 저기압의 발생 지역

여기서는 열대 저기압의 발생과 해수면 온도의 관계를 살펴보겠습니다. 해수면 온도는 주로 햇볕에 의한 가열 정도에 따라 정해지지만, 온도가 다른 해수가 해류를 통해 이동하거나 해수면 아래에서 뿜어 나오는 찬 해수 등에도 영향을 받습니다. 그림 6-6은 7월 해수면 온도의 평균 분포입니다. 26℃ 혹은 27℃를 넘는 해역이 적도를 끼고 저위도 지방으로 넓게 펼쳐져 있습니다. 이 분포도를 그림 6-5와 비교해보면 열대 저기압의 발생 지역과 일치함을 알 수 있습니다.

같은 적도 부근이지만 남미 대륙의 동쪽 해안이나 서쪽 해안, 아프리카 대륙의 서쪽 해안 등에서는 열대 저기압이 발생하지 않는다고 설명했습니다. 이 해역은 한류(寒流)가 흐르고 있어 해수면 온도가 높지 않음을 그림으로 확인할 수 있습니다. 한류는 고위도에서 저위도로 흐르는 해류를 말하는데, 온도가 낮은 해수입니다.

해수 온도가 높은 곳은 하루 종일 공기의 하층 부근이 따뜻하고, 게다가 수증기를 많이 머금고 있어 태풍의 발생과 발달에 매우 적절한 환경입니다. 하

그림 6-6 **7월 해수 온도의 평균 분포**

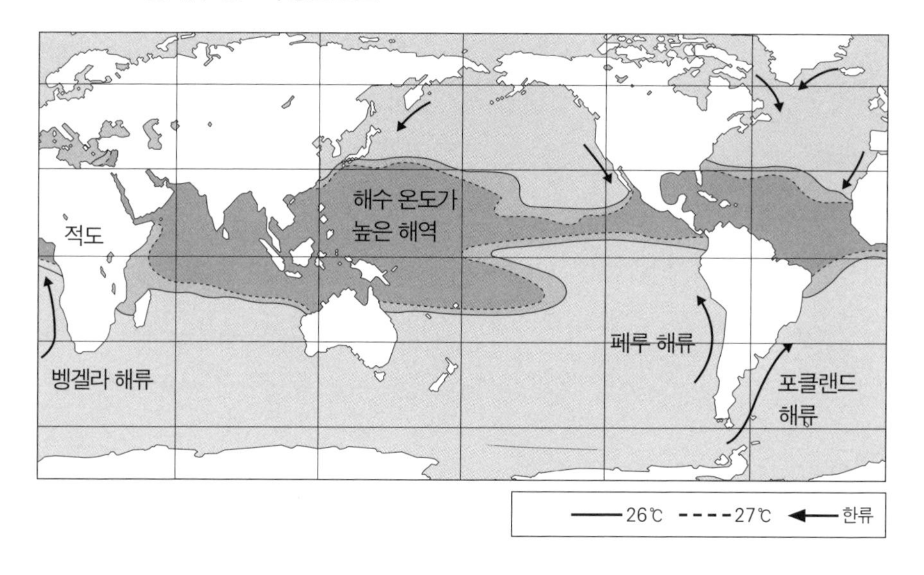

층이 따뜻하고 습한 대기는 제2장에서 설명한 바와 같이 잠재적으로 '불안정' 합니다. 예를 들어 상승 기류가 없더라도 하층의 공기가 어떠한 계기로 상층으로 들어 올려지면 곧바로 수증기가 응결을 하는데, 이때 방출되는 잠열로 인해 주위의 대기보다 가벼워져 스스로 상승하는 기류가 됩니다. 그래서 해수 온도가 높은 해역에 자리 잡고 있는 적도 기단의 대기는 불안정합니다.

하층의 공기가 들어 올려지는 계기는 지표 부근이 햇볕으로 특히 강하게 가열되는 경우 이 외에 다른 원인도 있습니다. 바로 저위도 지역의 독특한 바람입니다. 그럼 저위도의 바람에 대해 살펴보겠습니다.

열대 수렴대에서 발생하는 클라우드 클러스터

제4장 '바람의 구조'에서 적도 부근에는 띠 모양의 열대 수렴대가 있다고 설명했습니다. 이곳에는 적도를 끼고 남북에서 부는 무역풍이 모입니다. 열대 수렴대는 계절에 따라 남쪽이나 북쪽으로 이동하여 그림 6-7에 표시한 곳에 자

그림 6-7 **열대 수렴대**

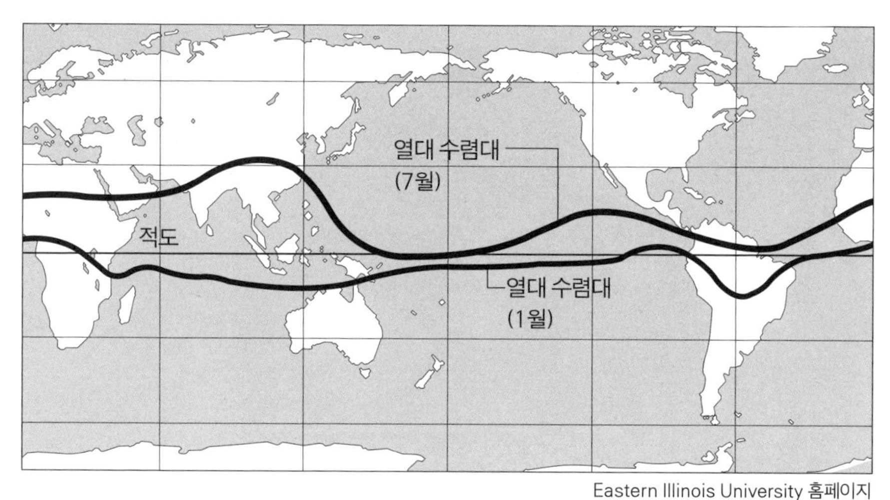

Eastern Illinois University 홈페이지
Figure 7.9 in The Atmosphere, 8th edition, Lutgens and Tarbuck, 8th edition, 2001에서 일부 발췌

리 잡습니다. 열대 수렴대는 기류가 모여드는 곳이기 때문에 공기의 강제 상승이 용이합니다. 그래서 다수의 불안정한 열대 해상의 대기에서 많은 적란운이 발달하는 것입니다.

열대 수렴대에서 발생하는 적란운 집단은 기상 위성에서도 확인할 수 있습니다. 그림 6-8에서 저위도 지역을 살펴보면 하얀 구름 집단이 보이는데, 이렇게 적외선 사진으로도 확인할 수 있는 적란운 집단을 **클라우드 클러스터**(cloud cluster)라고 합니다. 다만 이런 구름 무리는 열대 수렴대 이외의 지역에서도 관측됩니다.

클라우드 클러스터는 수백 킬로미터 규모로 수평 확장합니다. 그중에는 적란운이나 웅대적운 등 대류성 구름이 다수 존재하는데, 각 구름의 수명은 십여 분 정도이며 발생, 발달, 소멸을 반복합니다. 클라우드 클러스터 전체는 조직되어 있어 며칠간 활동을 이어가며 천천히 이동합니다.

열대 저기압의 대부분은 이런 클라우드 클러스터에서 발생합니다. 대류운

그림 6-8 **클라우드 클러스터**

이 일정 영역 내에 모여서 발생과 발달을 반복하면 각각의 구름에서 방출되는 응결열이 점차 그 영역의 상공에 축적되고, 상공의 공기는 따뜻해집니다. 지금까지 여러 차례 언급한 '공기 기둥 이론'을 떠올려봅시다. 공기 기둥이 데워지면 지상의 기압은 떨어집니다. 이렇게 해서 클라우드 클러스터는 지상에 약한 저압부를 만들어냅니다.

저압부가 형성되면 공기가 주변에서 흘러 들어오는데, 지구 자전 때문에 발생하는 코리올리의 힘이 작용해서 저압부를 향하는 공기의 흐름이 반시계 방향으로 돌고 약한 소용돌이가 발생합니다. 저기압의 발생에 코리올리의 힘이 작용한다는 것은 그림 6-5의 열대 저기압 발생 지역을 살펴보면 알 수 있습니다. 적도 바로 위(위도 약 5도 이하)에서는 해수 온도가 높지만 열대 저기압의 발생이 전혀 없습니다.

다만 모든 클라우드 클러스터가 열대 저기압으로 발달하는 것은 아니며 아직 그 원인은 충분히 해명되지 않았습니다. 일단 저기압이 된 이후 강력하게 발달해가는 구조는 규명되었습니다. 앞에서 언급했듯이 '웜 코어'와 바람 시스템이 이 구조를 밝히는 열쇠입니다. 다음에서 하나씩 설명하겠습니다.

태풍이 발달하는 구조

중심 기압을 떨어뜨리는 웜 코어의 형성

열대 저기압이 발달해서 태풍이 되면 일기도에서 살펴본 바와 같이 중심 부근의 기압 경도력이 매우 커집니다. '공기 기둥 이론'을 떠올려보면 알 수 있듯 기압은 공기 기둥의 무게와 관계 깊기 때문에 공기 기둥이 따뜻해지면 지상의 기압은 낮아집니다. 따라서 여기서도 태풍 내부의 온도 분포를 조사해 보면 어떤 특징이 있는지 알 수 있습니다.

그림 6-9는 태풍 내부의 온도 분포를 연직 방향으로 살펴본 것입니다. 그림의 온도는 절대치가 아닙니다. 그 고도의 평균적인 대기 온도를 기준으로 얼마나 온도가 높은지를 나타낸 것입니다.

중심 부근 약 10km 상공에 평균 대기 온도에 비해 15℃나 높은 영역이 있습니다. 이 영역은 코끼리 코처럼 아래쪽으로 길쭉한 모양입니다. 하층이나 중층은 중심에서 조금 떨어진 반경 부근에 선이 연직 방향으로 촘촘하게 그려져 있어 주변과의 온도차가 극심함을 알 수 있습니다. 이처럼 열대 저기압 중심 상공에 존재하는 온도가 높은 부분을 **웜 코어(온난 핵)**라고 합니다.

그림의 태풍 중심에서 수십 킬로미터 정도, 특히 선이 촘촘해 온도차가 극심한 부분은 눈의 벽의 가장 안쪽(태풍의 중심)에 해당합니다. 여기보다 더 안쪽 영역이 태풍의 눈입니다.

태풍의 중심 부근은 지상 일기도의 등압선이 매우 촘촘한데, 이는 중심 부

그림 6-9 **태풍 내부의 상대적인 온도 분포**

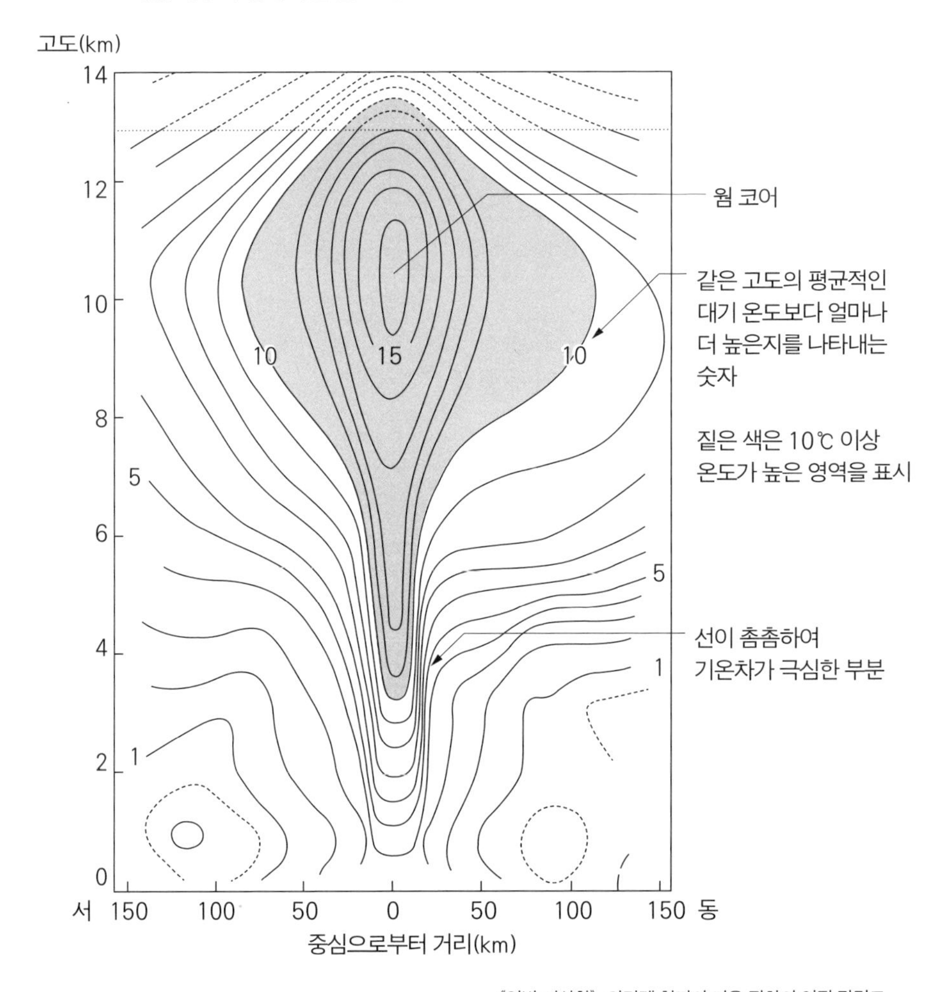

《일반 기상학》, 허리켄 힐더의 기온 편차의 연직 단면도
H. F. Hawkins et al., 1968: Mom. Rev., 96, 617-636을 수정

근에 웜 코어가 형성되어 있기 때문입니다. 중심 부근의 공기 기둥은 기온이 상승하기 때문에 가볍습니다. 그래서 지상 주변과 온도차가 커져 지상 등압선의 간격이 좁아지는 것입니다.

중심 부근의 공기가 데워지는 이유는 눈의 벽 내부에서 다량의 수증기가 응결하여 잠열을 방출하기 때문입니다. 또 눈의 안쪽은 수증기 응결로 인한 구름이 없지만 역시 온도가 높습니다. 이는 눈의 벽 안에서 가열되면서 상공에 이른 공기의 일부가 눈 내부에서 하강하여 단열 압축되기 때문입니다.

이상으로 수증기의 잠열이 웜 코어를 생성한다는 사실을 알아봤습니다. 그런데 반경 100km 이상에 걸쳐 폭풍우를 일으키는 에너지의 정체가 수증기라니 믿을 수가 없습니다. '기껏 수증기가?'라고 생각할지도 모르겠지만 수증기가 방출하는 잠열은 일반적으로 생각하는 것보다 훨씬 큽니다. 여기서 구름이 뿌리는 강수량으로 잠열이 얼마나 방출되는지 그 크기를 역산해봅시다.

1kg의 수증기가 응결할 때 방출하는 잠열 에너지는 2.5×10^{3}kJ(킬로줄)입니다. 반경 100km 영역에 시간당 20mm의 비가 내린다고 가정하면 총 강우량은 약 6억 톤(6×10^{11}kg)이며 다시 말해 이와 동일한 질량의 수증기가 1시간 동안 응결한 것입니다. 이때 방출되는 잠열의 총 에너지를 계산하면 1.5×10^{15}kJ이며 운동량으로 따지면 4×10^{11}kJ, 즉 4,000억 kW(킬로와트)입니다. 일본의 총 발전 능력인 약 2억 kW보다 2,000배 더 큰 에너지를 시간당 방출하는 것입니다. 구름 안에서 방출되는 잠열 에너지가 얼마나 막대한지 짐작하고도 남습니다.

바람 시스템이 눈의 벽을 만든다

이상으로 태풍 중심 부근이 가열되어 웜 코어가 형성된다는 사실을 알아봤습니다. 또 이 가열의 원인이 눈의 벽에서 다량의 수증기가 응결하기 때문이라는 것도 살펴봤습니다. 그럼 눈의 벽처럼 특수한 형태의 적란운 집단은 왜 발생하는 것일까요? 이를 이해하기 위해서는 바람 시스템을 알아야 합니다.

태풍이 일으키는 바람 시스템은 **대기 경계층**이 가장 중요한 역할을 합니다. 대기 경계층이란 지표 마찰이 영향을 미치는 층을 말합니다. 지상에서 약 1km 정도입니다. 제4장 '바람의 구조'에서 살펴본 바와 같이 지상 부근의 바

그림 6-10 **경도풍과 대기 경계층의 바람**

(a) 대기 경계층의 바람

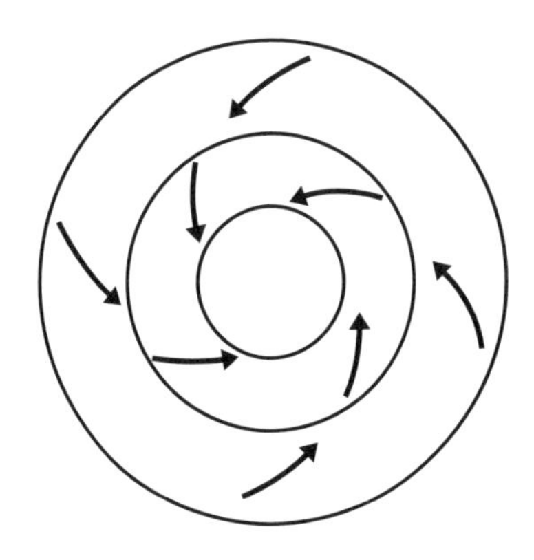

(b) 대기 경계층보다 상공의 바람

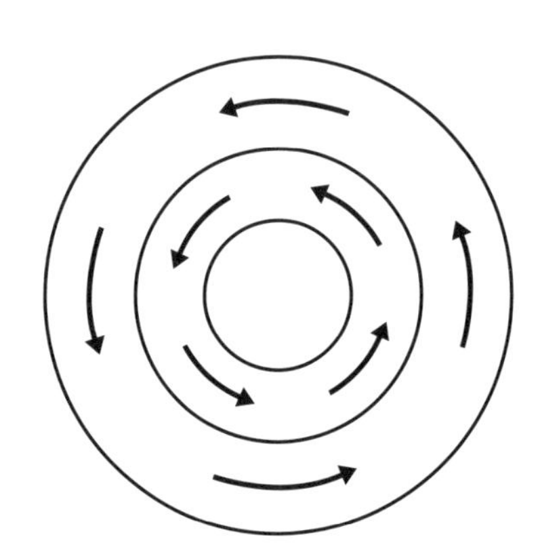

람(대기 경계층의 바람)은 그림 6-10처럼 마찰력 때문에 등압선에 대해 비스듬하게 붑니다.

대기 경계층보다 높은 대기에서는 이런 마찰을 무시할 수 있기 때문에 바람은 등압선 방향으로 붑니다. 바람은 태풍 중심 주위를 빙글빙글 돌 뿐이고, 중심으로 향하지는 않습니다. 더 상공인 대류권계면 가까이에 이르면 바람이 바깥쪽을 향해 붑니다. 따라서 태풍 주위에서 중심으로 향하는 바람은 대기 경계층에서만 불고 상공에는 중심으로 향하는 바람이 거의 없습니다.

대기 경계층에서 중심 부근으로 부는 바람은 반경이 작은 곳을 빠른 속도로 회전하기 때문에 밖으로 향하는 원심력이 크게 작용합니다. 중심에서 특정 반경 부분까지 접근하면 기압 경도력이 안쪽으로 향하더라도 원심력이 강하기 때문에 더는 중심으로 향하지 못합니다. 중심을 향하던 공기는 어쩔 수 없이 모두 상공으로 나선을 그리며 상승합니다.

그림 6-11은 대기 경계층에서 출발한 공기 덩어리가 어떤 궤도를 그리며 중심으로 접근하고 상승하는지 살펴본 컴퓨터 시뮬레이션입니다.

그림 6-11 **태풍의 공기 흐름 시뮬레이션 결과**

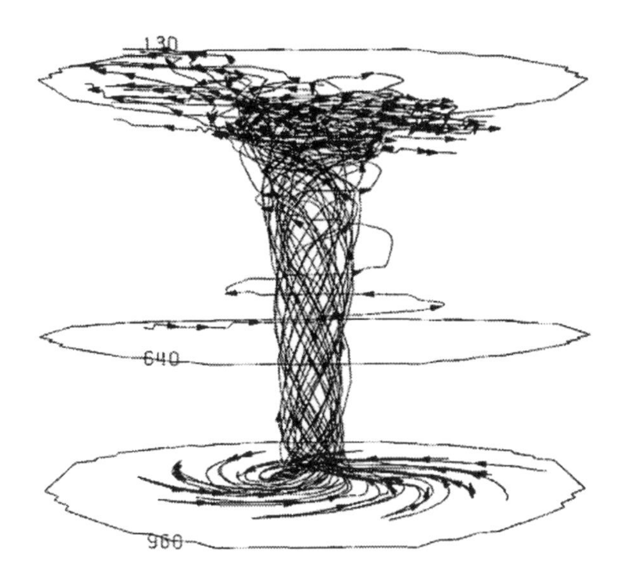

출처: J Monthly Weather Review, Vol. 100, No.6, p.467, RICHARDA, ANTHES

이 그림을 보면 대기 경계층의 공기는 반시계 방향으로 회전하면서 태풍의 중심으로 접근합니다. 원통 모양의 좁은 영역 속을 회전하면서 상승하여 대류권 상층에 도달하면 주위로 흩어집니다. 눈의 벽은 중층에 생기는 원통 모양의 강한 기류가 만듭니다.

상공에서 바람이 주위로 방출되는 이유는 눈의 벽 속을 반시계 방향으로 회전하며 상승한 공기가 대류권계면 부근에서 올라가지 못하기 때문입니다. 그리고 공기 기둥이 높아진 중심 부근의 상공에는 '공기 기둥 이론'에 따라 약한 고기압도 발생합니다. 결국 기압 경도력으로 인해 바람이 방출됩니다. 이렇게 방출된 바람은 중심에서 멀어지면 그림 6-4에서 화살표로 표시한 것처럼 시계 방향으로 휩니다. 이는 바람이 코리올리의 힘을 받기 때문입니다.

하층의 바람 일부는 나선 띠 구름 속에서도 상승하는데, 대부분 눈의 벽 아

그림 6-12 **대기 경계층의 바람과 상공의 바람**

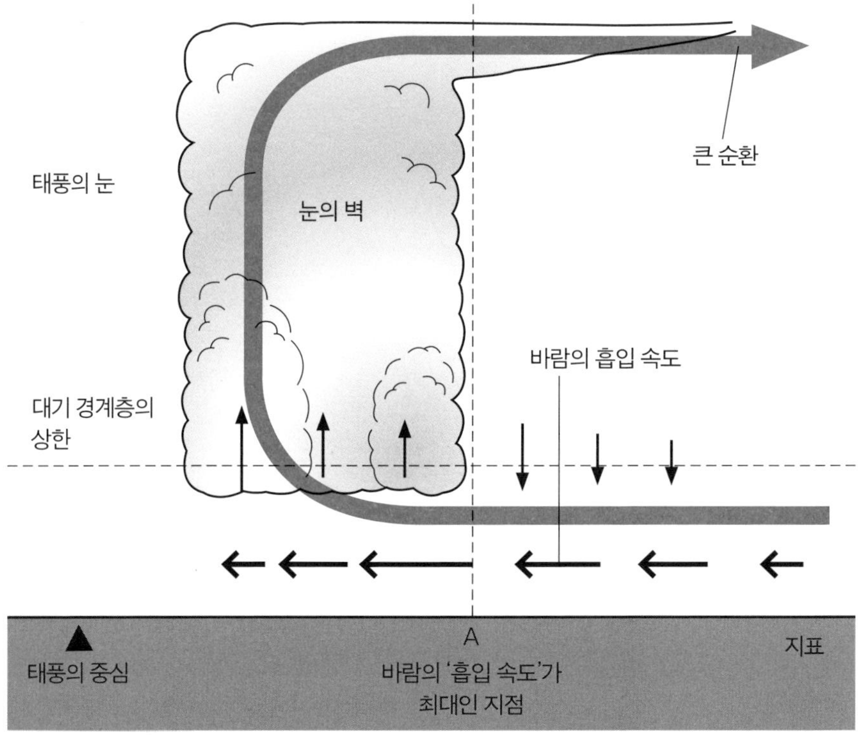

《일반 기상학》의 자료를 근거로 작성

래까지 흡입된 뒤 상승합니다. 눈의 벽 바깥쪽에서도 기류가 상승할 것 같지만 기본적으로 눈의 벽 이외에는 기류의 상승이 일어나기 힘듭니다.

그림 6-12는 태풍의 단면을 연직 방향에서 바라본 모습입니다. 수평 방향의 화살표는 대기 경계층 내부에 부는 바람 중에서 태풍 중심을 향하는 바람의 '흡입 속도'를 표시한 것입니다. 즉 중심 주변을 빙글빙글 돌기만 하는 바람은 '흡입 속도'가 제로(0)입니다. 태풍의 눈 바로 바깥쪽은 화살표가 존재하지 않는데 흡입 속도가 제로라는 의미입니다. 한편 태풍 중심에서 먼 쪽은 바람이 약하기 때문에 '흡입 속도'의 화살표가 짧고, 더 먼 쪽은 화살표가 없어

'흡입 속도'가 제로입니다. 이 두 가지 설명으로 중심에서 어느 정도 떨어진 곳이 '흡입 속도'가 최대임을 알 수 있습니다. 그 지점을 A라고 표시했습니다.

A를 경계로 안쪽은 중심으로 접근할수록 '흡입 속도'가 느립니다. 이 때문에 바깥쪽 바람이 안쪽 바람을 추월해 정체되어 공기가 수렴합니다. 수렴된 바람은 지면 아래로 빠질 수 없기 때문에 눈의 벽을 만드는 상승 기류가 됩니다.(그림에 표시한 연직 방향의 화살표) 수렴이 클수록 상승 기류도 강해집니다.

그런데 A보다 바깥쪽, 즉 눈의 벽보다 바깥에 있는 쪽은 어떤 상태일까요? 거기서는 중심으로 접근할수록 '흡입 속도'가 빨라지기 때문에 공기가 발산됩니다. 그것을 보완하듯이 대기 경계층의 상공에서 공기가 내려옵니다. 즉 나선 띠가 형성된 부분을 제외하면 그곳에서는 평균적으로 상승 기류가 아니라 하강 기류가 일어납니다.

지금까지 살펴본 바와 같이 태풍 내부에서 바람이 발생하는 구조는 필연적으로 큰 순환을 발생시켜 일종의 대류를 만들어냅니다. **그림 6-12 굵은 화살표** 그리고 태풍의 상승 기류는 눈의 벽에 집중되어 있습니다.

태풍 발달의 포지티브 피드백

태풍의 웜 코어와 바람 시스템은 서로를 강화하는 관계입니다. 이 관계를 정리해보겠습니다. 웜 코어가 태풍 중심 부근에 형성되면 상공에서 분출하는 공기가 증가하고, 중심 부근의 지상 기압이 낮아집니다. 이에 대응하여 대기 경계층의 흡입 바람과 고층의 분출 바람이 강해집니다. 대기 경계층의 바람은 따뜻한 해수면에서 수증기를 대량으로 모은 공기를 보다 많이 눈의 벽 아래로 보내는 역할을 합니다. 이를 통해 눈의 벽 속의 수증기 응결량이 증가하여 웜 코어는 한층 더 강화되며, 고층의 분출도 강해집니다.

이렇게 강화된 웜 코어는 중심 기압을 더욱더 떨어트리고 이는 다시 수증기를 공급하는 바람을 강화합니다. 이상과 같이 웜 코어와 바람 시스템은 서로를 강화하는 관계입니다. 이런 과정을 일반적으로 '포지티브 피드백'이라고 합니다.

태풍은 대기 경계층 안에서 주위의 공기를 흡입합니다. 그리고 중층을 관통하여 상층까지 이어진 눈의 벽이라는 거대한 굴뚝을 통해 공기를 상층까지 운반해 주위로 뿜어냅니다. 이런 상승 기류는 수증기 응결의 원인이며 이때 발생하는 막대한 응결열은 적란운을 성장시키고 태풍이라는 엔진을 가동시킵니다. 강풍이 해수면 위를 계속 불면 증발량이 증가하는 효과가 있습니다. 이처럼 강제로 수증기라는 '연료'를 보내는 구조는 경주용 자동차에 사용하는 '터보 엔진'과 닮았습니다.

바람이 등압선을 가로질러 수증기를 눈의 벽으로 보내기 위해서는 지표의 마찰이 반드시 필요합니다. 마찰이 없으면 대기 경계층에 부는 바람도 상공과 마찬가지로 등압선을 따라 태풍 중심 주변을 빙글빙글 돌 뿐이기 때문에 수증기를 눈의 벽까지 공급할 수 없습니다. 마찰력은 일반적으로 운동을 약화한다고 생각하는데, 오히려 마찰력이 태풍을 발달시키는 열쇠라는 점은 참으로 신기한 일입니다.

찻잔 속을 스푼으로 빙글빙글 회전시켜보면 태풍의 순환과 유사한 현상을 관찰할 수 있습니다. 찻잔 속을 회전하는 차는 회전력으로 인해 중심 부근이 움푹 들어갑니다. 이때 찻잔 바닥을 보면 찻잎 조각이 천천히 회전하면서 중심 부근으로 모여듭니다. 이 현상은 태풍의 순환에 지표 마찰이 관여하는 것처럼 찻잔 바닥에 인접한 부분에서 마찰이 발생하기 때문에 중심을 향하는 흐름이 만들어진 것입니다. 확실히 보이지는 않지만 옆에서 보면 중심 부근에서 차가 상승하다 주위로 흘러 다시 하강하는 흐름도 있습니다. 다만 이런 찻잔 속 실험은 스케일이 작기 때문에 코리올리의 힘은 무시되며 그 역할은 원심력이 대신합니다.

태풍의 눈

폭풍의 중심에 자리 잡은 텅 빈 원통 모양의 태풍의 눈은 기묘하고 거대한 기상 현상입니다. 원통 영역의 직경은 수십 킬로미터에 이르고 때로는 100km에 달하기도 합니다. 그림 6-13은 기상 정찰기가 허리케인 속을 실제로 들어가 눈의 안쪽에서 주변을 촬영한 사진입니다. 이미 설명한 바와 같이 눈의 경계는 눈의 벽입니다. 나무처럼 빽빽이 늘어선 적란운이 정말로 벽처럼 보이며 게다가 회전하고 있습니다.

태풍이 발달하면 기압 경도력도 강해지기 때문에 눈의 반경은 작아집니다. 태풍이 점점 발달해 정점에 이르면 태풍의 눈이 가장 작아집니다. 그러다가 쇠약기로 접어들면 기압 경도력이 약해져 넓어집니다. 태풍이 발생한 지 얼마 되지 않았거나 세력이 약한 시기에는 태풍 전체의 기압 경도력도 약하기 때문에 하층의 흡입 바람도 약합니다. 그래서 보통 태풍의 눈은 보이지 않습

그림 6-13 **태풍의 눈 안쪽에서 본 눈의 벽**

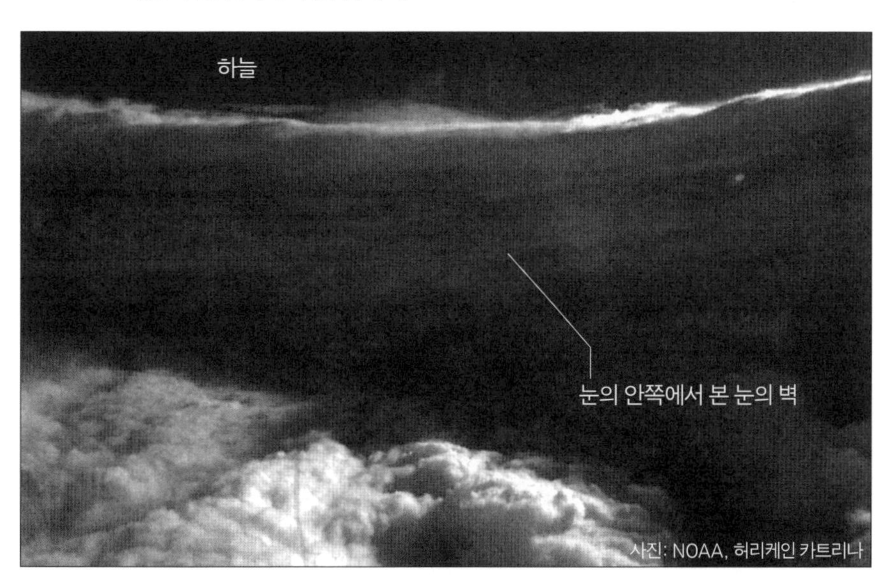

니다. 즉 태풍의 눈은 태풍의 기압 경도력에 따라 대기 경계층의 공기 덩어리가 중심으로 얼마나 접근할 수 있는지에 대한 임계점이라고 할 수 있습니다.

여기서 방재 대책을 위해서라도 꼭 알아둬야 할 사항이 있습니다. 태풍의 눈 안으로 들어간 지역은 태풍이 급속히 약해집니다. 이때 태풍의 눈 중심에 들어섰음을 모르고 태풍이 지나갔다고 안심해서는 안 됩니다. 바람이 가장 센 눈의 가장자리가 다시 접근해오기 때문입니다.

태풍은 왜 일본으로 가는가?

태풍을 움직이게 하는 힘

지구 대기에 생기는 대규모 파동이나 소용돌이는 코리올리의 힘이 위도에 따라 변하기 때문에 서쪽으로 이동하려는 성질이 있습니다. 자세한 내용은 생략하겠지만 이것을 '베타(beta) 효과'라고 합니다. 제5장에서 살펴본 편서풍 파동은 서쪽에서 동쪽으로 진행합니다. 파동이 서쪽으로 향하려는 성질인 베타 효과와 동쪽으로 향하는 편서풍 자신의 본래 움직임이 서로 경합한 결과, 동쪽으로 향하는 흐름이 이겼기 때문입니다.

태풍과 같은 소용돌이는 베타 효과를 비롯해 북쪽으로 이동하려는 자신의 성질인 '베타 자이로(beta gyro)'가 합쳐진 결과, 북서쪽으로 천천히 이동합니다. 이렇게 태풍이 북서쪽으로 이동하는 현상은 상공의 대규모 바람이 매우 약할 때 현저하게 나타납니다.

실제 태풍이 발생한 뒤 이동 경로를 살펴보면 그림 6-14처럼 북서 방향으로 곧장 이동하는 것과 도중에 커브를 그리며 일본 쪽으로 접근하는 것이 있

그림 6-14

태풍의 평균적인 진로

실선은 주요 경로고
점선은 그다음 경로다.

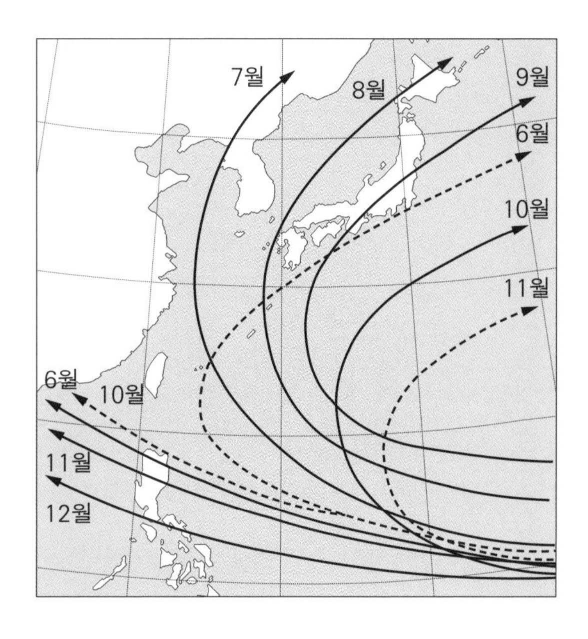

출처 : 일본 기상청

습니다. 이처럼 북상하는 태풍이 진로를 북동 방향으로 바꾸는 것을 **전향**(轉向)이라고 합니다. 7월을 지나 8월과 9월이 되면 태풍이 일본으로 접근하는 경우가 많습니다.

태풍 진로는 상공의 바람과 밀접한 관계가 있습니다. 그림 6-15는 고층 일기도입니다. 일기도를 보면 태평양 고기압이 일본의 동쪽에서 서쪽으로 확장하고 있습니다. 대부분의 바람은 실선으로 표시된 등압고도선을 따라 불며, 고기압 남쪽의 바람은 동쪽으로 기울고 북쪽의 바람은 서쪽으로 기웁니다. 태풍은 이 흐름을 타고 이동합니다. 태평양 고기압은 한여름에 서쪽으로 가장 많이 확장하기 때문에 태풍은 전향 지점인 일본의 서쪽을 크게 돌아 북상합니다.

그러다가 가을이 다가오면 태평양 고기압이 약해져 동쪽으로 후퇴하기 때문에 전향 지점도 동쪽으로 이동해 일본의 혼슈로 접근하는 경우가 많아집니다.

태풍은 전향 후 편서풍대로 진입합니다. 편서풍대는 일반적으로 서풍이 강

그림 6-15 **고층 일기도로 본 태평양 고기압과 태풍**

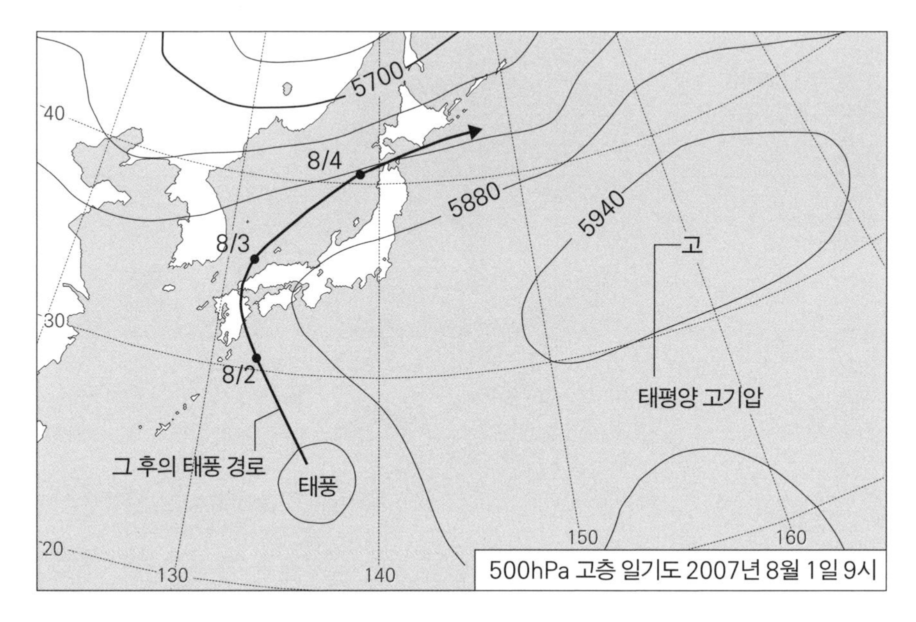

하기 때문에 태풍은 속도를 높여 북동쪽으로 신속히 빠져나갑니다. 결국 태풍 경로는 상공의 대규모 흐름에 좌우되며 편서풍의 위치와 강도, 태평양 고기압의 계절에 따른 변화에 좌우됨을 알 수 있습니다.

지금까지 설명한 경로는 어디까지나 일반적인 경우에 지나지 않습니다. 예상하기 힘든 태풍도 있는데 이를 '미주(迷走) 태풍'이라고 합니다. 태풍이 갈팡질팡하는 이유는 태평양 고기압이 약하고 상공의 바람이 약하다는 방증입니다. 태풍의 진로 방향 앞에 태평양 고기압이 있더라도 그것을 가르면서 진행하는 사례도 있습니다. 그리고 복수의 태풍이 서로 영향을 주며 진로가 복잡해지는 경우도 있습니다.

태풍을 움직이는 주변의 바람을 **지향류**(指向流)라고 합니다. 일찍이 태풍 진로를 예보하기 위해 지향류 연구가 활발했는데, 대기 중층인 500hPa 고층 일기도의 바람에 주목했습니다. 그러나 태풍의 소용돌이는 직경 500km가 넘을 만큼 거대하고 게다가 하층과 상층에서 바람을 강하게 흡입하고 방출합니다. 태풍 주변의 바람은 태풍과 무관하게 독립적으로 존재하는 것이 아니라 서로 영향을 주고받습니다. 태풍이 단지 흘러만 가는 존재가 아니라는 의미입니다. 특히 스케일이 크고 세력이 큰 태풍일수록 주변 바람과의 상호작용이 커집니다.

지향풍이라는 개념은 오늘날에도 태풍의 움직임을 설명하는 데 편리하기 때문에 이 책에서도 이용했지만, 항상 올바른 예측을 기대할 수는 없습니다. 이 같은 이유로 일본 기상청에서는 이미 폐기한 방법입니다.

현재 태풍 진로 예보는 컴퓨터를 이용하여 역학 법칙에 근거한 '수치 계산법'을 따릅니다. 기상 예보 전반에 이용되는 '수치 예보'는 다음 장 '일기예보의 구조'에서 자세히 살펴보겠습니다.

태풍의 바람

'비 태풍' 또는 '바람 태풍'이라는 말이 있습니다. 그러나 지금까지 한 설명에서 알 수 있듯이 비가 내리지 않을 때는 수증기의 응결이 왕성하지 않아 잠열 에너지가 공급되지 않기 때문에 바람도 강하지 않습니다.

다만 최대로 성장한 태풍은 새로운 에너지 보급 없이도 하루 이틀은 보유하고 있는 바람의 운동 에너지로 세력을 유지할 수 있습니다. 예를 들어 수증기 보급이 적은 일본의 동쪽 바다로 진출해 북쪽으로 향하는 태풍은 비보다는 바람이 현저히 강합니다. 일본에서는 도호쿠 지방의 사과 산지에 풍해를 주는 태풍을 '링고 태풍'이라고 부르기도 합니다.(링고는 사과라는 의미의 일본어-옮긴이)

여기서는 태풍의 바람 비대칭성에 대해 설명하겠습니다. 동심원 모양의 태풍 등압선을 자세히 보면 동쪽 간격이 서쪽 간격보다 약간 좁습니다. 따라서 바람도 동쪽이 강합니다. 동쪽 바람이 강한 이유는 자체 풍속으로 북상하는

그림 6-16
태풍 주위의 바람 강도

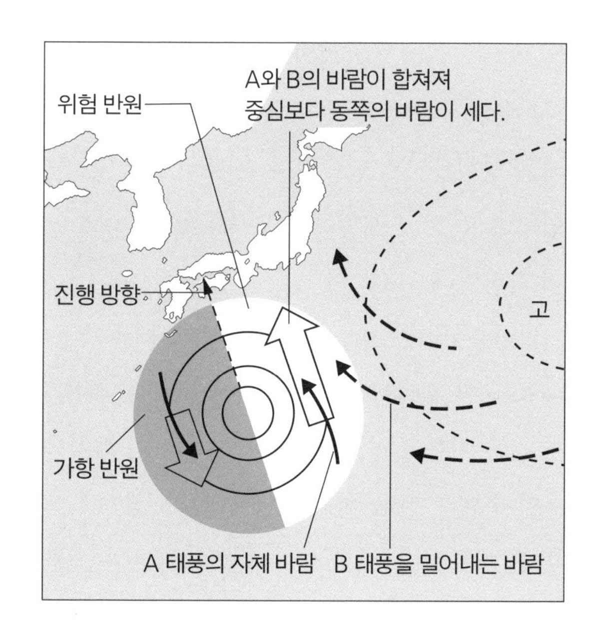

태풍에 미는 바람이 추가로 작용하기 때문입니다. **그림 6-16** 이런 바람 분포의 비대칭성은 선박이 태풍을 피할 때 매우 중요한 정보입니다. 태풍 진로의 오른쪽을 '위험 반원'이라고 하고 서쪽을 '가항(可航) 반원'이라고 합니다. '가항 반원'이라고 반드시 항해가 가능한 것은 아니지만 어디로 피하는 것이 덜 위험한지 판단할 수 있는 기준이 됩니다.

태풍이 동해를 따라 고속으로 이동할 때는 바람이 강한 위험 반원이 일본 각지에 걸쳐지기 때문에 태풍 피해가 커지기도 합니다. **그림 6-17** 이런 진로로 움직이는 태풍은 더욱 피해에 주의해야 합니다. 앞서 언급한 '링고 태풍'도 이런 진로로 이동하는 태풍입니다.

바람 세기는 보통 10분간 평균 풍속을 기준으로 '풍속 20m/s'와 같은 식으로 표시합니다. 평균 풍속이 10m/s를 넘으면 통상 바람 부는 방향으로 걷기 힘들고 우산을 쓸 수도 없습니다. 또 고속도로에서는 승용차가 횡풍에 밀리는 경험을 할 수 있습니다. 풍속 15m/s 이상에서는 바람 방향으로 걷기가 힘

그림 6-17
바람의 피해가 컸던 태풍의 진로

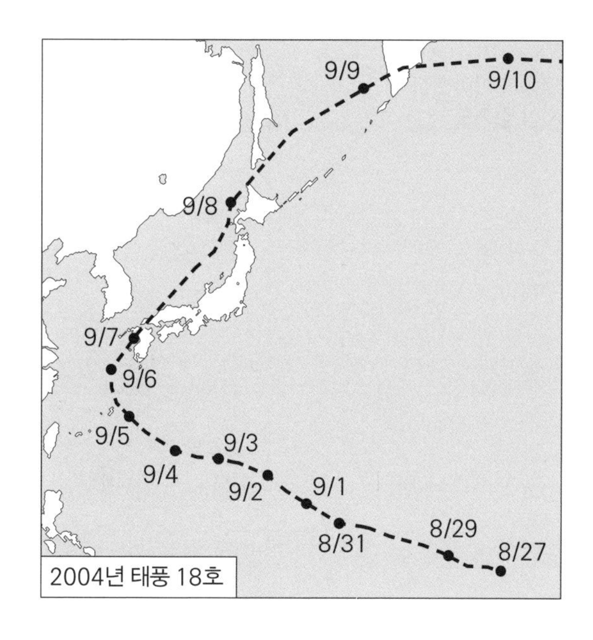

들 뿐만 아니라 넘어지는 사람도 생깁니다. 고속도로에서는 횡풍으로 차체가 휘청거려 평소 속도로 운전하기 어려우며 비닐하우스가 파손됩니다. 풍속 20m/s 이상에서는 몸을 가눌 수 없고 덧문 등이 파손되거나 바람에 날린 물건이 창문을 부수는 일도 생깁니다. 풍속 25m/s 이상이 되면 서 있을 수가 없어 바깥 활동이 위험합니다. 가로수가 전복되고 차량 운전도 위험합니다.

태풍이 전선을 자극하면 큰비가 내린다

일기예보 방송에서 기상 캐스터가 "태풍이 전선을 자극해서 큰비가 내리겠습니다."라고 말할 때가 있습니다. 혼슈 중부에 전선이 정체되어 있는데 남쪽에서 태풍이 북상하면 태풍의 동쪽에서 부는 남풍이 전선으로 흘러 들어갑니다. **그림 6-18** 이처럼 태풍이 전선을 만나면 각각 단독일 때보다 거센 비가 내립니다.

최대로 성장한 태풍은 일반적으로 점차 쇠약해집니다. 이는 해수 온도가 낮

그림 6-18
태풍과 장마전선의 지상 일기도

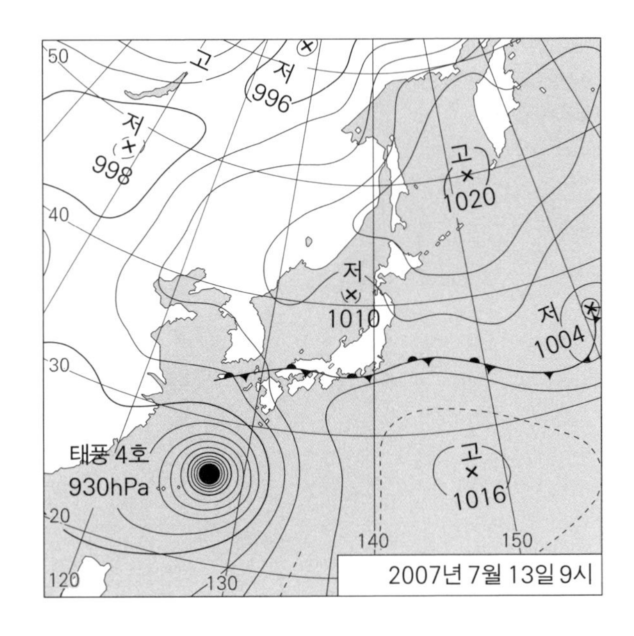

은 해역에 도달하거나 상륙하여 대기 경계층을 통해 공급되는 수증기가 적어지기 때문입니다. 이런 상태에서는 앞서 설명한 포지티브 피드백 시스템이 작용하지 않습니다.

또한 태풍이 중위도로 진출하면 중심의 서쪽에는 차고 건조한 공기가 유입되고, 동쪽에는 따뜻하고 습한 공기가 쉽게 유입되기 때문에 온대 저기압처럼 한랭전선 또는 온난전선을 가진 구조로 변질됩니다. 그림 6-19는 북상하여 전선이 생긴 태풍의 모습인데 수염을 기른 얼굴처럼 보입니다. 이후 태풍은 전선이 중심까지 연결되어 온대 저기압과 같은 형태가 되었습니다. 이런 변질을 태풍의 온대 저기압화라고 합니다. 여기서 주의할 점은 태풍이 온대 저기압으로 변질되었다고 해서 반드시 약해지는 것은 아니며, 상공의 기압골 동쪽으로 흘러 들어가 다시 발달하기도 합니다.

예를 들어 태평양 고기압의 서쪽 가장자리를 따라 북상한 태풍이 세력을 잃고 동쪽으로 기울며 일본의 남해상에서 동쪽으로 빠져나가 소멸될 줄 알았는

그림 6-19
전선이 발생한 태풍의 지상 일기도다. 태풍은 이후 완전히 온대 저기압으로 변한다.

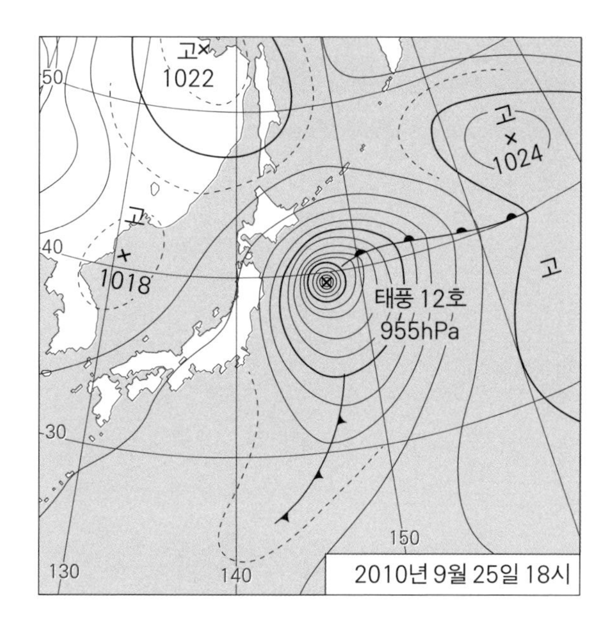

데, 태평양 고기압의 동쪽 가장자리까지 도달한 태풍이 이번에는 남하하면서 해수 온도가 높은 해역으로 진입해 다시 발달하기도 합니다. 이는 매우 드문 사례이지만 미주 태풍이 해수 온도가 높은 해역으로 돌아와 다시 발달하는 예는 간혹 볼 수 있습니다.

제 7 장

일기예보의 구조

일기예보에 필요한 기상 관측

일기예보는 컴퓨터가 수행한다?

오늘날 일기예보에는 기상학 이외의 다양한 분야의 기술들이 공헌하고 있습니다. 그 중심에는 기상청이 보유한 슈퍼컴퓨터가 있습니다.

이 컴퓨터는 국내뿐만 아니라 세계의 기상 관측 데이터를 수집해 지구 대기 현상을 재현합니다. 재현 방법을 살펴보면 먼저 지구 대기를 수평 방향과 연직 방향으로 상세히 구획하여 컴퓨터가 분석하기 쉽도록 격자 모양을 만듭니다. 그림 7-1 격자점 하나하나에 공기의 온도, 기압, 풍향과 풍속, 수증기량, 물방울 및 빙정의 양 등을 입력하여 지구 대기를 수치로 재현하는 것입니다.

세계 각지의 데이터를 수집하는 이유는 중위도 상공을 흐르는 편서풍의 겨울철 속도가 시속 300km에 달하며, 일주일에 지구를 한 바퀴 돈다는 사실을 생각해보면 알 수 있습니다. 지구 반대편의 기상 현상이라도 며칠 뒤면 우리에게 영향을 미치기 때문에 예보를 위해서는 지구 대기 전체를 파악해야 합니다.

컴퓨터는 각 격자점의 공기 변화를 계산합니다. 이 과정에는 일기도를 검토하여 저기압이나 태풍의 움직임을 예보하는 방식이나, 이 책에서 지금까지 설명한 저기압이나 태풍의 모델 그림이 프로그래밍되어 있지는 않습니다. 컴퓨터는 단지 격자점 공기의 물리적인 변화를 수없이 계속 계산할 뿐입니다. 컴퓨터는 이렇게 계산한 미래의 지구 대기 상태를 각 격자점의 수치로 출력합니다. 모든 과정이 수치로 계산되기 때문에 이와 같은 방식을 **수치 예보**라고 합니다.

컴퓨터를 이용하여 가상 실험을 하거나 체험하는 일을 시뮬레이션이라고 하는데 수치 예보도 일종의 시뮬레이션입니다. 비행기 조종사가 훈련을 위해

그림 7-1 **대기를 격자 모양으로 구획한 모습**

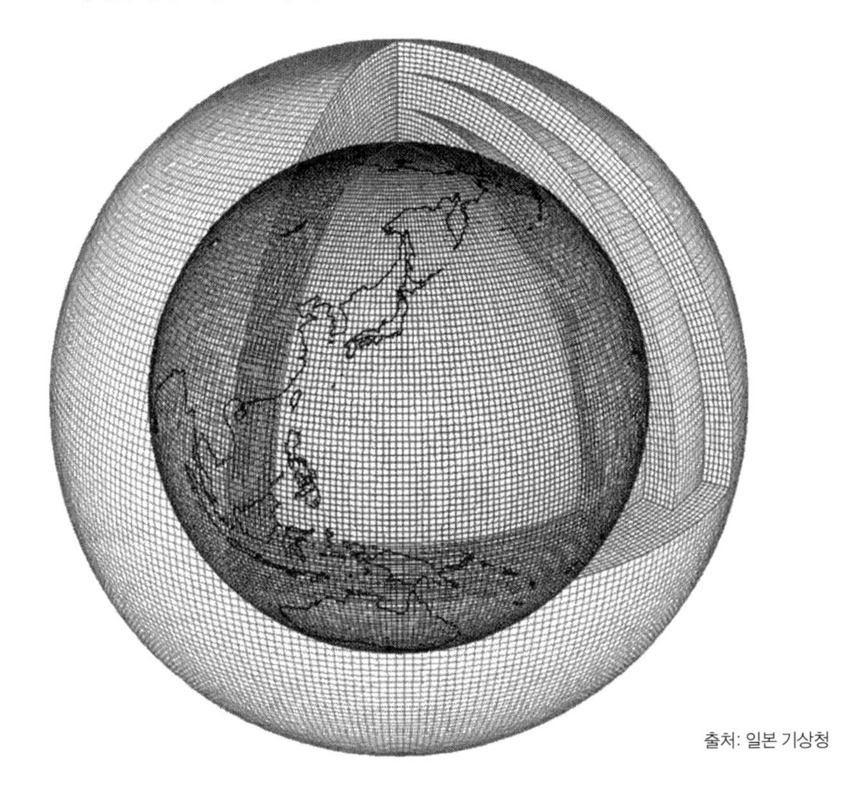

출처: 일본 기상청

사용하는 항공 시뮬레이션을 떠올려보면 이해가 쉽습니다. 컴퓨터가 현실처럼 재현한 자연 환경을 화면으로 보면서 조종 연습을 하는 것입니다. 현실과 똑같이 항공기를 조종할 수 있고, 여러 문제를 체험해볼 수도 있습니다. 이와 마찬가지로 수치 예보도 컴퓨터로 지구 대기를 실제와 똑같이 재현하여 시뮬레이션합니다.

그럼 컴퓨터로 예보할 수 있다면 기상청 예보관은 이제 필요 없을까요? 컴퓨터가 정말로 인간 없이 기상 예보를 할 수 있을지는 수치 예보의 구조나 그 한계를 살펴볼 필요가 있습니다. 그 전에 먼저 수치 예보의 기본인 기상 데이터를 어떻게 관측하고 확보하는지 살펴보겠습니다.

자동 기상 데이터 수집 시스템 '아메다스'

일기예보에 필요한 기상 관측은 전국에 산재한 관측소에서 실시합니다. 여기서는 구름, 풍향 및 풍속, 기온, 기압 등 가장 기본적인 '지상 기상 관측'을 수행하고, 관측 데이터는 국내뿐만 아니라 여러 나라에서도 이용합니다.

예전부터 일본 기상청은 전국의 농가 등에 기상 관측을 의뢰하여 수집한 정보로 농업 지원을 위한 기상 업무를 수행했습니다. 이후 아메다스(AMeDAs)가 도입됩니다. 아메다스는 영어로 Automated Meteorological Data Acquisition System의 첫 글자를 따서 만든 이름으로 번역하면 '자동 기상 데이터 수집 시스템'입니다. 1974년부터 도입한 이 시스템은 지금 농업 지원보다는 집중호우 등 국지적인 기상 감시를 목적으로 운영됩니다.

현재 무인 관측소**그림 7-2**가 일본 전역(약 1,300개)에 설치되어 있고 주로 강수량을 관측합니다. 이 중 약 850개소는 풍향 및 풍속, 온도, 일조 시간도 관측합니다. 적설량을 관측하는 관측소도 있습니다. 아메다스의 시스템에는 약

그림 7-2
아메다스 관측소의 예

160개소에 달하는 지방 기상대나 특별 지역 기상 관측소(기존의 측우소를 무인화한 것), 항공 관측소 등 기상 관서의 관측 데이터도 포함됩니다. 관측 데이터는 네트워크를 통해 기상청 컴퓨터로 자동 수집됩니다.

아메다스 데이터는 기상대의 기상 관측 데이터와 함께 수치 예보 시에 입력되는 데이터로 활용됩니다. 이뿐만 아니라 강수량이나 온도 분포 등을 지도에 표시한 자료를 수시로 발표하기 때문에 기상청의 홈페이지에서 항상 확인할 수 있습니다. 강수량이 토사 재해를 발생시킬 정도로 위험한 수준이라면 컴퓨터가 기상 주의보나 경고를 발하도록 프로그래밍되어 있습니다. 예보관은 이에 따라 최종 판단을 내린 후 각 지역에 통지하거나 관계 지방자치단체에 상세 정보를 제공하고 보도 기관을 통해 발표합니다. (한국은 전국 500여 곳에서 자동 기상 관측 장비로 기상 데이터를 수집하고 있으며, 기상자료개방포털과 공공데이터포털을 통해 기상 관련 데이터를 공개한다.-편집자)

고층 기상 관측에 활용되는 존데

수치 예보는 지상뿐만 아니라 상공의 기상 데이터도 반드시 필요합니다. 그래서 고층 기상을 관측해야 하는데 여기에는 몇 가지 방법이 병용됩니다.

첫째로 '라디오존데'(radiosonde)라는 관측기구가 있습니다. 수소 혹은 헬륨 가스를 넣은 고무 재질의 기구에 기압, 온도, 습도를 관측하는 센서를 탑재한 소형 상자를 매달아 공중으로 날리는 방식입니다. 기구의 관측 장치는 상공의 기상을 탐색(독일어로 sonde)하여 지상에 무선(영어로 radio)으로 송신하기 때문에 라디오존데라고 부릅니다. 기구는 분당 300m 정도의 속도로 상승하여 고도 약 30km까지 관측할 수 있습니다.

라디오존데는 기압, 기온, 습도를 관측하는 장비인데 여기에 바람 관측 장비를 추가 탑재한 관측 기기를 **레이윈존데**(rawinsonde)라고 합니다. 레이윈은 'ra(dio) win(d)'의 약자로 무선을 사용한 바람 관측이라는 의미입니다. 그림

그림 7-3 **레이윈존데를 날리는 모습**

사진: 일본 기상청

7-3은 레이윈존데를 날리는 모습입니다. 일본에서 이러한 장비를 이용하는 관측소는 수십 곳이고 전 세계적으로는 약 1,000여 곳이 있습니다. 극소수이지만 해상의 기상 관측선에서 이런 장비를 이용하기도 합니다. 고층 기상 관측은 수치 예보에 반드시 필요한 데이터이므로 전 세계에서 시간을 맞춰 1일 2회 시행합니다.

그렇다면 어떻게 무선으로 기구의 고도나 지도상의 위치를 알 수 있을까요? 기구가 지상에서 상공으로 날아갈 때 기온, 습도, 기압이 바뀌는데 이들 정보를 활용해 계산하면 고도 변화를 추측할 수 있습니다. 또 수집한 고도 정보와 전파 방향을 파라볼라 안테나로 탐지하면 지도상 위치도 특정할 수 있습니다. 이렇게 위치를 파악하면 기구를 움직이는 바람의 풍향과 풍속도 알 수 있습니다.

최근에는 기구의 고도나 위치를 파악하는 방법으로 자동차 내비게이션 시스템에 사용하는 GPS 수신기를 활용합니다. 이때는 기구에 탑재한 GPS 수신기가 지구를 도는 각기 다른 서너 개의 GPS 위성의 전파를 수신하여 자신의 위치나 고도를 산출해냅니다.

레이윈존데는 한계 고도까지 상승하면 기구가 파열되고 낙하산이 펼쳐지면서 지표로 낙하합니다. 관측 장치는 센서가 달린 전자기판과 전지를 조합한 것으로 두꺼운 도시락 크기의 발포 스티로폼 용기에 담겨 있습니다. 가벼워서 떨어지더라도 위험하지는 않습니다. 한 번 관측에 드는 비용은 일본의 경우 약 1만 엔 정도입니다. 장비는 보통 편서풍에 날려 바다로 떨어지는데 태평양 쪽에 인접한 이시가와 현의 기상대에서 날린 관측 장비를 도쿄에서 회수하기도 합니다.

윈드 프로파일러를 이용한 고층 기상 관측

기구를 날리지 않아도 상공의 바람을 관측하는 방법이 있습니다. 윈드 프로파일러(wind profiler)는 지상에 설치한 장치로 고도 약 6km까지의 풍향과 풍속을 관측할 수 있고, 상승 기류나 하강 기류도 관측할 수 있습니다. 일본 전국에 약 30개소가 있으며 하늘의 아메다스라고 불립니다.

윈드 프로파일러의 관측 원리를 알기 위해서는 먼저 도플러(Doppler) 효과를 이해해야 합니다. 도플러 효과는 전파를 발하는 물체와 관측자가 상대적으로 가까워지거나 멀어질 때 전파의 파장도 짧아지거나 길어지는 것을 의미합니다. 소리도 도플러 효과가 발생합니다. 사이렌을 울리며 달리는 구급차의 소리는 차가 가까울 때는 크게 들리지만 멀어지면 점점 작게 들립니다.

이와 같은 현상은 물체에 부딪쳐 반사되는 전파에도 일어납니다. '스피드 건'도 이런 현상을 이용합니다. 날아가는 야구공에 전파를 쏴서 반사되는 전파의 파장 변화로 공의 속도를 측정하는 것입니다.

윈드 프로파일러도 스피드 건과 같은 원리입니다. 상공으로 전파 빔을 발사하면 온도, 습도 등이 균일하지 않은 대기의 미세한 흔들림으로 인해 전파가

그림 7-4
윈드 프로파일러

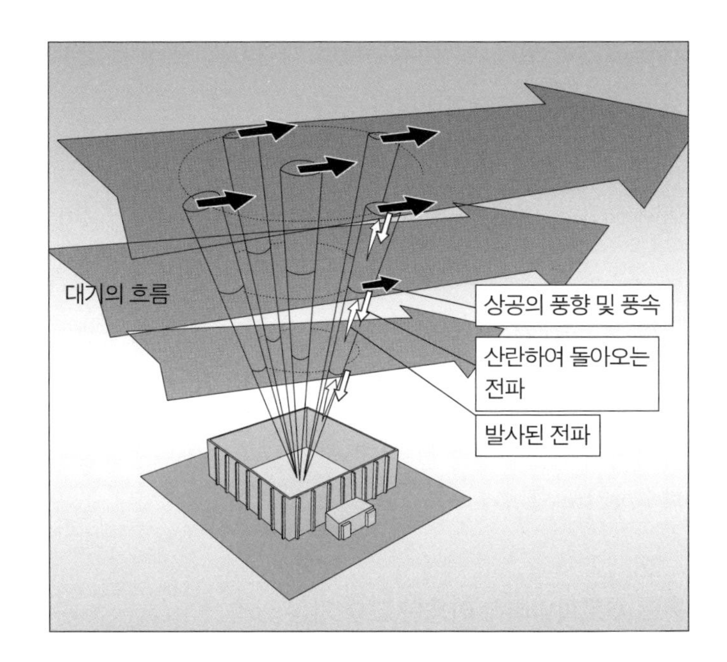

출처 : 일본 기상청

반사되어 관측 장치로 돌아옵니다. 이때의 파장 변화를 조사해 상공의 풍향이나 풍속을 측정합니다.

도플러 효과로는 관측 장치로 접근하는 운동과 멀어지는 운동만 알 수 있지만 그림 7-4처럼 전파 빔을 조금 기울여 다섯 방향으로 발사하면 상승 및 하강 기류를 포함한 바람의 3차원적인 움직임을 관측할 수 있습니다. 이렇게 관측된 바람 데이터는 수치 예보로 활용되며 상공의 바람 변화를 파악하여 전선의 통과 여부를 예측하는 데도 활용합니다.

윈드 프로파일러는 실제로 바람이 부는 장소와 떨어진 위치에서 기상을 관측할 수 있는 획기적인 장비입니다. 이러한 원격지 관측법을 통틀어 리모트 센싱(remote sensing)이라고 합니다.

기상 위성은 구름만 관측할까?

기상 관측에 이용하는 리모트 센싱의 대표적인 예는 기상 위성입니다. 기상 위성이 촬영한 사진은 앞서 여러 차례 구름 사진을 통해 확인할 수 있었습니다.

최초의 인공위성은 1957년 구소련이 발사한 스푸트니크 1호입니다. 이 책의 필자 중 한 사람인 후루카와 씨는 기상청에서 근무하던 1961년에 오사카항으로 들어온 미국 함선의 기상 작전실을 견학할 기회가 있었습니다. 그때 당시 그 존재도 몰랐던 기상 위성에서 촬영한 구름 사진이 팩스로 전송되는 광경을 목격하고 매우 놀랐다고 합니다. 스푸트니크 1호가 발사된 지 약 3년 뒤인 1960년에는 미국이 세계 최초의 기상 위성인 '타이로스 1호'를 발사합니다. 이후 일본은 1977년에 기상 위성 '히마와리'를 쏘아 올렸습니다. 2010년부터 운용하고 있는 것은 '히마와리 7호'입니다.

기상 위성은 정지 위성과 극궤도 위성으로 나눌 수 있습니다. 전자는 지구 자전 주기에 맞춰 적도 상공의 궤도를 서쪽에서 동쪽으로 비행합니다. 그래서 지상에서 보면 항상 같은 위치에 있는 것처럼 보입니다. 이런 위성은 적도 상공 고도 약 3만 6,000km의 궤도를 비행하도록 정해져 있습니다. 이 궤도는 지구 반경의 5.6배이므로 꽤 먼 거리입니다.

적도 상공의 정지 위성에서 지구를 볼 때 지구는 둥근 모양이므로 중위도에서는 다소 비스듬하게 관측됩니다. 고위도로 갈수록 더 비스듬해지기 때문에 관측이 어려워집니다. 기상 관측이 목적인 정지 위성의 발사와 운영은 그림 7-5처럼 일본 이외에 유럽, 중국, 미국, 러시아가 각각 세계 기상 기관의 계획에 따라 분담합니다.

한편 극궤도 위성은 지구를 거의 남북 방향으로 일주합니다. 이런 궤도를 도는 위성은 지구에서도 그 움직임을 관측할 수 있습니다. 고도 800~1,000km 궤도에서 관측을 수행하기 때문에 정지 위성보다는 고도가 많이 낮

그림 7-5 **세계의 기상 위성**

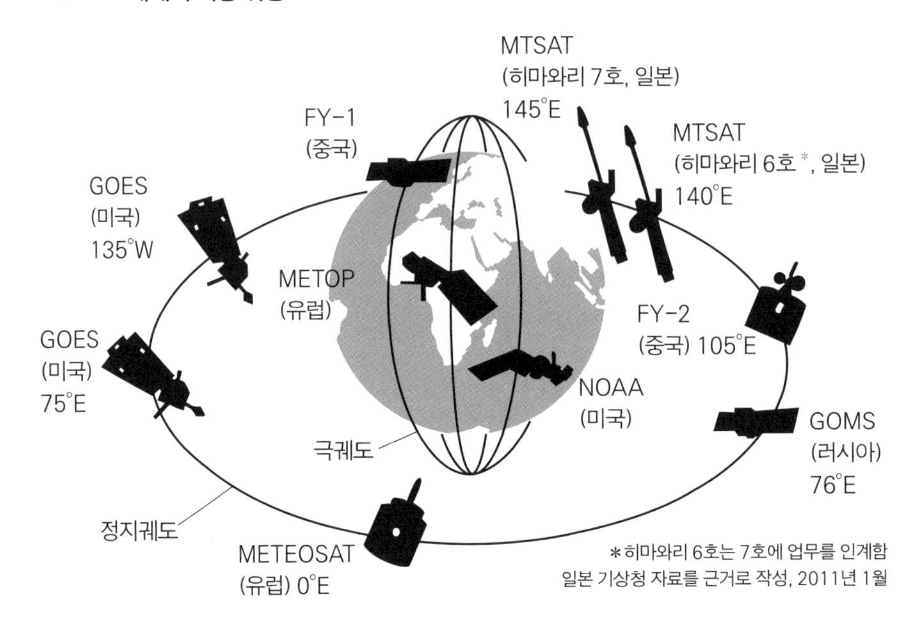

습니다. 지구를 일주하는 시간도 몇 시간 정도로 짧습니다.

일본은 극궤도 위성을 보유하고 있지 않지만 미국의 극궤도 위성(NOAA)이 관측한 데이터를 수신하여 이용합니다. '히마와리'가 보내오는 사진은 카메라처럼 셔터를 눌러 전체를 한 번에 촬영하는 방식이 아닙니다. 위성에 탑재된 관측용 센서는 지구 표면의 어떠한 점에서 나오는 가시광선이나 적외선의 강도를 측정합니다. 그리고 그 지점을 동서 방향으로 조금씩 움직여가며 측정합니다. 지구의 끝자락까지 도달하면 위도를 살짝 바꿔서 다시 동서 방향으로 측정합니다. 기상 위성은 이런 일을 반복하면서 지구 반구 전체를 스캔한다고 생각하면 됩니다. 가정용 스캐너나 팩스가 문서를 끝에서부터 읽는 것과 비슷한데 물론 시간은 훨씬 오래 걸립니다. 지구의 반구를 스캔하는 '전지구 사진'은 관측 시간이 20분 정도 걸립니다.

위성 관측 데이터는 지상 기지가 수신하여 도쿄의 '기상 위성 센터'로 보낸

그림 7-6 **세 가지 기상 위성 사진**

가시광선 사진

적외선 사진

수증기 사진

출처 : 일본 기상청

후 비로소 사진으로 구현됩니다.

'히마와리'를 이용해 가시광선 사진, 적외선 사진, 수증기 사진을 확보할 수 있습니다. 그림 7-6 가시광선 사진은 가시광선의 반사를 측정한 사진이므로 사람의 눈으로 보는 모습과 동일합니다. 적외선 사진은 온도가 높은 곳이 검게, 온도가 낮은 곳이 희게 표현됩니다. 높은 곳에 있는 구름일수록 온도가 낮기 때문에 희게 보입니다. 이상은 제3장에서 설명한 바 있습니다.

수증기 사진은 적외선 사진과 마찬가지로 적외선을 이용하여 관측하는데 수증기가 잘 흡수하는 특징을 가진 파장을 선별해 관측합니다. 지표가 복사하는 적외선이 대기 중층의 수증기에 의해 흡수되는데, 그 흡수 비율이 수증기량에 따라 다르기 때문에 대기 중층의 수증기량을 사진으로 표시할 수 있는 것입니다. 수증기 자체는 눈으로 볼 수 없지만 수증기량의 분포를 사진으로 확인할 수 있습니다.

적외선 사진이나 수증기 사진은 강한 비를 뿌리는 적란운이 발생하는지 또는 수증기가 어디로 유입되는지를 파악할 때 도움이 됩니다. 그런데 구름의 표면 온도나 수증기량의 분포와 같은 기상 정보만으로는 수치 예보에 필요한 데이터를 얻을 수 없습니다.

그래서 기상 위성의 사진을 분석하여 수치 예보에 필요한 상공의 바람 정보를 축출합니다. 구름은 일반적으로 주위의 공기 흐름을 타고 이동하기 때문에 하층이나 상층 구름의 시간당 이동 거리로 풍향과 풍속을 알아냅니다.

미국의 극궤도 위성은 대기 온도의 연직 분포를 관측할 수 있는데 이 관측 데이터를 이용하기도 합니다. 고층에서는 등고도선에 따라 바람이 불기 때문에 대기의 온도 분포로 기압 분포를 추정해서 풍향과 풍속을 예측할 수 있습니다. 이렇게 위성의 데이터를 분석하여 수치 예보에 필요한 입력 데이터를 확보합니다. 이런 방법은 특히 관측소가 적은 해상 지역의 관측을 보완하는 데 유용합니다.

컴퓨터 예보

컴퓨터로 지구 대기를 재현하는 '객관 분석'

이 장의 앞부분에서 살펴본 바와 같이 수치 예보는 대기 상태를 컴퓨터로 재현하고 물리 법칙에 근거해 시뮬레이션하는 방법입니다. 그럼 수치 예보를 그림 7-7과 같이 세 가지 단계로 나눠서 설명해보겠습니다.

첫 단계는 컴퓨터에 입력할 초기 데이터를 준비하는 일입니다. 앞서 그림 7-1에서 설명한 바와 같이 대기를 격자 모양으로 구획을 나누고, 각각의 격자점에 온도나 기압 등의 기상 데이터 값을 부여합니다.

다만 실제 대기 온도나 기압 등은 격자점에만 존재하는 것이 아니고, 그 사이에 있는 공간에도 연속적으로 존재하기 때문에 격자가 촘촘할수록 실제 지구 대기에 가깝습니다. 수치 예보의 결과는 각 격자점의 온도나 기압 등으로 출력되기 때문에 격자의 촘촘함은 예보의 정확도로 연결됩니다.

격자를 너무 촘촘하게 나누면 그만큼 계산량이 많아져 결과를 축출하는 데 시간이 많이 소요됩니다. 24시간 후의 예보를 계산하는 데 24시간이 걸려서는 의미가 없습니다. 따라서 예보의 시간 및 공간을 고려하여 컴퓨터 능력에 따라 알맞은 수준의 격자로 구성해야 합니다.

일본 기상청에 수치 예보가 도입된 것은 1959년입니다. 스웨덴, 미국, 구소련 다음으로 세계에서 네 번째입니다. 당시 컴퓨터는 현재 개인용 컴퓨터에도 미치지 않는 성능이었지만 이후 5년에서 8년을 주기로 업그레이드하여 2006년부터 사용하는 슈퍼컴퓨터는 1초에 21조 5,000억 회라는 막대한 계산을 수행할 수 있는 성능을 갖추고 있습니다. 지구 대기 전체가 시뮬레이션 대상인 '전 지구 모델'(2007년부터 사용)은 대기를 연직 방향으로 60층으로 나누고 수평 방향으로는 한 변이 20km인 격자로 구성합니다.

그림 7-7 **수치 예보의 흐름**

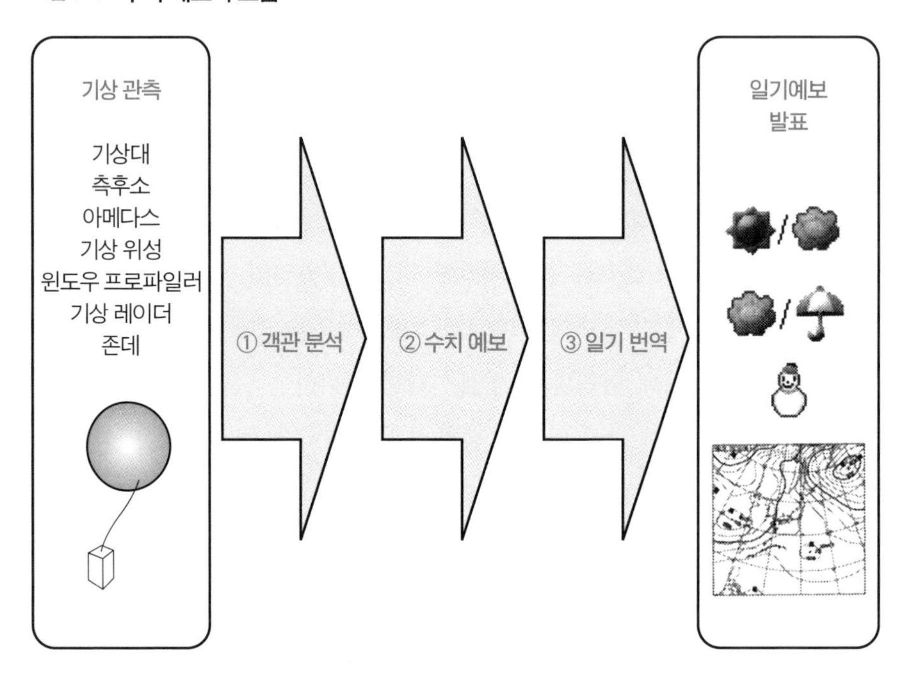

격자점 구획이 정해지면 모든 격자점에 온도, 기압, 수증기량, 풍향과 풍속 등의 수치를 부여해야 합니다. 그런데 과연 이렇게 막대한 기상 관측 데이터 수집이 가능할까요? 왜냐하면 해상 지역처럼 관측이 빈번하지 않은 영역도 있고, 격자점과 실제 관측점이 일치하지 않는 경우도 많습니다. 항공기 등에서 수시로 보내는 관측 데이터는 다른 곳에서 수집한 데이터와 관측 시각이 다를 수도 있습니다.

이렇게 데이터에 공백이 있거나 공간적, 시간적으로 오차가 있는 경우라도 모든 격자점에 동시각으로 데이터를 기입하지 않으면 수치 계산을 진행할 수 없습니다. 그래서 시간적, 공간적으로 근접한 주위의 데이터에서 적절한 방법으로 데이터를 추측하여 부족한 부분을 메웁니다. 이때 바로 이전에 실시한 수치 예보의 결과를 추정치로 이용하기도 합니다.

이렇게 입수된 모든 관측 데이터를 정리하여 수치 예보의 초기 데이터를 준비하는 작업을 **객관 분석**이라고 합니다. 객관 분석은 지구 대기 현상을 컴퓨터로 재현하는 작업이라고도 할 수 있습니다. 객관 분석의 결과를 근거로 현재 기상을 나타낸 각종 일기도를 만들 수 있습니다. 그러나 수치 예보는 이러한 일기도가 아니라 각 격자점에 부여한 수치로 계산합니다. 일기도는 예보관이 현황을 파악하거나 기상 캐스터가 해설하기 위한 자료일 뿐입니다.

객관 분석에 이용하는 관측 데이터는 사용하기 전에 다양한 각도로 품질 관리를 실시하여 잘못된 관측을 배제하고 수정합니다. 예를 들어 라디오존데가 적란운 속으로 들어가면 매우 국지적인 영향을 받기 때문에 간격이 20km인 격자점의 대기를 대표하는 데이터로 사용할 수 없습니다. 보정 작업이 필요한 것입니다.

객관 분석의 정확성 여부가 이후 진행할 수치 예보의 정밀도에 큰 영향을 미칩니다. 물론 이러한 번잡하고 막대한 작업은 예보관이 아니라 슈퍼컴퓨터가 자동으로 수행합니다. 객관 분석의 정밀도를 높이기 위해서는 관측점 수를 확대하여 최대한 공백을 줄이려는 노력도 필요합니다.

수치 예보의 계산법과 카오스

두 번째 단계는 수치 예보의 계산입니다. 객관 분석으로 모든 격자점의 초깃값이 준비되면 본격적인 계산을 수행합니다. 이때 사용하는 프로그램을 '수치 예보 모델'이라고 합니다. 수치 예보 모델에는 지구 대기 전체를 시뮬레이션하는 '전 지구 모델' 이외에 특정 지역만 취급하는 모델도 있습니다.**표 7-1** 여기서는 전 지구 모델을 중심으로 수치 예보 모델을 살펴보겠습니다.

수치 예보 모델에는 지구 표면의 지형 정보를 비롯하여 그림 7-8에 나와 있는 법칙과 방정식에 근거한 연립 방정식이 짜여 있습니다. 식의 변수는 온도, 기압, 바람 속도(동풍, 남풍, 연직 방향 성분), 수증기량, 구름에 포함된 물의 양

(얼음 포함)입니다.

이 연립 방정식은 수학적으로 '비선형'이라는 복잡한 형태를 띠기 때문에 학교에서 배우는 연립 방정식처럼 명확히 풀리지는 않습니다.

다만 각 변수에 초깃값을 부여하면 매우 짧은 시간 뒤에 각 변수가 어떻게 변할지 예측할 수 있습니다. 이렇게 도출된 값을 새로운 초깃값으로 설정하여 좀 더 앞선 시간의 값을 계산하고, 다시 이 과정을 수차례 반복해서 원하는 시간대의 값을 계산할 수 있습니다. 이것이 바로 수치 예보의 계산법입니다.

시간 간격은 전 지구 모델인 경우 10분으로 설정합니다. 84시간 혹은 216시간 앞까지 예보할 수 있고, 반복 횟수는 약 500회 혹은 약 1,300회에 달합니다. 격자점의 개수도 많은데 이런 반복 계산까지 실시해야 하기 때문에 수치

표 7-1 **다양한 수치 예보 모델**

예보 모델 종류	모델을 이용해서 발표하는 예보	예보 영역과 수평 해상도	예보 기간	실행 회수
메소 수치 예보 모델	방재 기상 정보	전국 주변 5km	~33시간	1일 8회
전 지구 수치 예보 모델	분포 예보, 시계열(時系列) 예보, 지자체 일기예보, 태풍 예보, 주간 예보	지구 전체 20km	~9일	1일 4회
태풍 앙상블 수치 예보 모델	태풍 예보	지구 전체 60km	5일	1일 4회
주간 앙상블 수치 예보 모델	주간 예보	지구 전체 60km	9일	1일 1회
1개월 앙상블 수치 예보 모델	이상 기후 조기 경보 정보, 1개월 예보	지구 전체 110km	1개월	주 2회
3개월 앙상블 수치 예보 모델	3개월 예보, 난후기(暖候期)와 한후기(寒候期) 예보	지구 전체 180km	~7개월	월 1회

출처 : 일본 기상청, 2010년

예보에는 고성능 컴퓨터가 반드시 필요합니다.

대기 운동을 나타내는 방정식이 비선형인 것은 대기 현상이 본질적으로 **복잡계**이기 때문입니다. 복잡계란 수많은 요소들이 모여 서로 복잡하게 작용하는 모습을 의미합니다.

지금까지 설명한 내용 중에 대기 현상이 복잡계라는 사실을 방증하는 예를 하나 들어보겠습니다. 태풍이 일으키는 강한 바람은 눈의 벽을 이루는 적란운 내부의 수증기가 응결한 에너지로 발생합니다. 그러나 반대로 태풍의 강한 바람이 적란운에 수증기를 공급하기 때문에 응결이 촉진된다고도 말할 수 있습니다. 태풍에서 '바람'과 '수증기 응결'은 서로 원인이면서 결과입니다. 그리고 바람이나 수증기는 앞에서 언급한 방정식의 변수 중 일부일 뿐이며 태

그림 7-8 **수치 계산에 사용되는 법칙과 방정식**

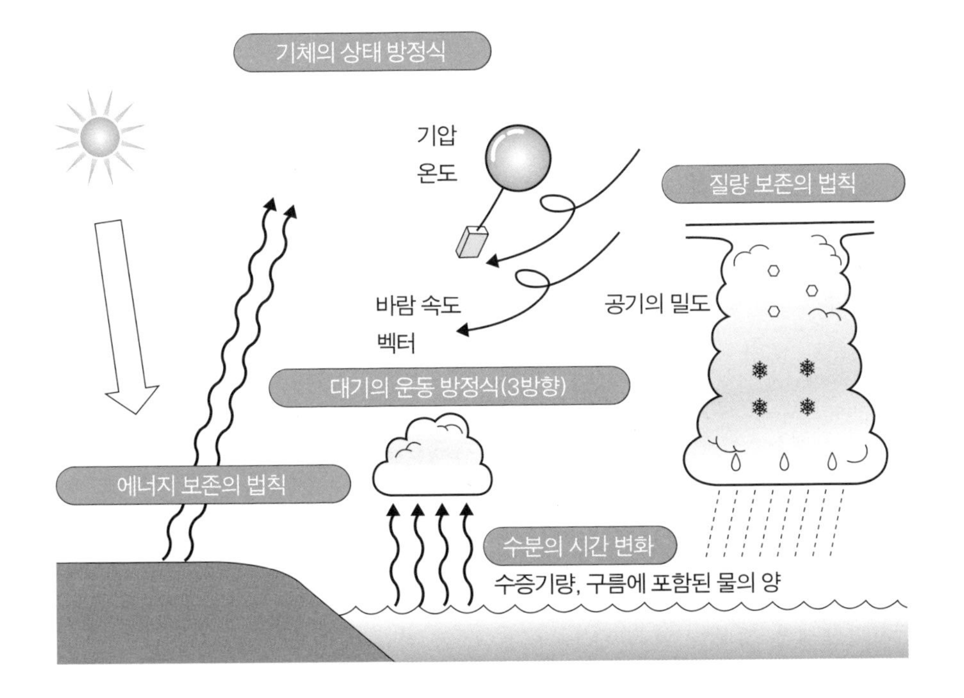

풍은 '온도' '기압' 등 여러 요소가 복잡하게 얽혀 상호작용한 결과물입니다.

이러한 이유 때문에 복잡계인 대기 운동을 예측할 때는 수식이 명확하게 풀리지 않아 조금씩 반복 계산하는 방식이 필요합니다. 그런데 이외에 또 다른 문제가 있습니다. 바로 **초깃값 민감성**이라는 성질입니다.

이것을 나뭇잎 낙하 실험으로 설명해보겠습니다. 나뭇잎을 특정 지점에서 떨어뜨린 후 낙하 운동이나 낙하점을 예상해봅시다. 나뭇잎은 낙하할 때 주위 공기와 마찰을 일으켜서 방향이나 속도가 변합니다. 또 나뭇잎의 움직임으로 인해 공기에는 소용돌이나 바람이 생깁니다. 이 소용돌이나 바람은 다시 나뭇잎의 움직임을 변화시킵니다. 즉 나뭇잎의 운동과 주위 공기의 운동은 복잡하게 상호작용하는 관계입니다. 이 경우에 같은 곳에서 같은 조건으로 나뭇잎을 떨어뜨리더라도 나뭇잎은 매번 완전히 똑같이 낙하하지 않습니다. 떨어질 때 생긴 아주 작은 차이가 완전히 다른 결과를 초래하는 것입니다. 이렇게 초깃값의 미세한 차이로 앞으로 일어날 움직임이 크게 달라지는 성질을 초깃값 민감성이라고 합니다.

수치 예보도 마찬가지로 초깃값의 작은 차이가 전혀 다른 결과를 초래할 수 있습니다. 이러한 초깃값 민감성 때문에 복잡계의 현상을 예측할 때 한결같은 결과물이 도출되지 않는 것입니다. 이를 **카오스**(chaos)라고 합니다. 카오스는 1960년대 초기 에드워드 로렌츠(Edward Lorenz, 1917년~2008년)가 대류를 나타내는 비선형 방정식을 이용한 수치 실험을 하면서 발견했습니다. '나비 효과'라는 말이 있습니다. 이 말은 "브라질에서 나비 한 마리가 날갯짓을 하면 텍사스에서 큰 돌풍이 분다."라는 제목을 단 '대기 예측에 관한 연구'가 발표되면서 알려졌습니다. 나비의 날갯짓으로 인한 대기의 미세한 흐트러짐이 멀리 떨어진 곳의 돌풍에 관여한다는 초깃값 민감성을 비유한 말입니다.

대기 대류의 초깃값 민감성은 다음과 같은 실험으로 확인할 수 있습니다. 어떤 액체를 평편한 판 위에 넓게 붓고, 판 아래를 일정하게 가열합니다. 그러면 액체 중에 미세한 세포로 나누어진 대류가 다수 발생하는데, 이 대류는 특정 온도에 이르면 새털 모양으로 늘어선 롤 구조가 됩니다. 106쪽에서 살펴본 베나르 대류와 같습니다.(겨울철 동해에서 관측되는 새털 모양의 구름을 만든다.) 이런 대류의 회전 방향은 불안정하여 도중에 몇 번이고 불규칙적인 회전을 반복합니다. 게다가 결코 같은 대류가 일어나지 않습니다. 수치 예보로 구름 형성 구조를 예측할 수는 있지만, 초깃값 민감성 때문에 초깃값에 매우 사소한 오차만 발생해도 전혀 다른 결과가 전개됩니다.

수치 예보의 결과에 초깃값 민감성이 어떻게 작용하는지 그림 7-9를 통해 살펴보겠습니다. 이는 태풍 중심의 위치를 수치 예보로 예상한 결과물인데

그림 7-9 **태풍 진로를 예상한 수치 예보 결과**

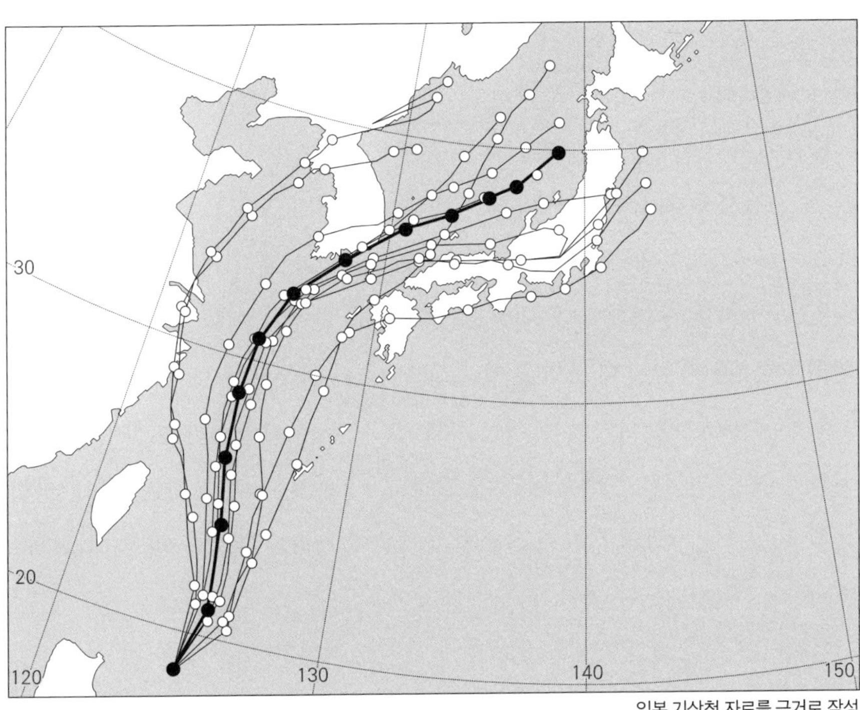

일본 기상청 자료를 근거로 작성

초깃값 변경으로 살펴본 태풍의 예상 진로입니다. 모두 11가지나 됩니다. 초기에는 예상이 크게 벗어나지 않지만 시간이 지날수록 매우 다르게 전개됨을 알 수 있습니다.

즉 수치 예보는 단기 예보를 할 때는 신뢰도가 높지만, 장기 예보에는 한계가 있다는 의미입니다. 그래서 다음처럼 '앙상블(ensemble) 예보'가 고안되었습니다.

앙상블 예보는 초깃값 민감성을 극복하고 가능한 한 예보 기간을 길게 늘이려고 개발된 기술입니다. 먼저 실제 관측 데이터뿐만 아니라 임의로 조금씩 다른 다수의 초깃값을 준비해 각각의 초깃값으로 수치 예보를 수행합니다. 이렇게 얻은 예보 결과의 불규칙한 분포 중에서 가장 현실성이 높은 예보를 선택합니다. 결과가 불규칙하겠지만 극단적으로 다른 예보만 제외한 뒤 남은 예보를 평균화하면 어느 정도 신뢰도 있는 예보를 찾아낼 수 있습니다. 그림 7-9에는 굵은 선으로 표시된 경로가 하나 있는데 이것이 앙상블 예보로 도출한 결과입니다.

주간 예보나 1개월 예보, 태풍 예보 등에서는 앙상블 방식이 적용된 수치 예보 모델을 사용합니다. '주간 앙상블 예보 모델'과 '1개월 앙상블 예보 모델'은 50가지나 되는 수치 예보를 수행하며, '태풍 앙상블 예보'에서는 11가지 정도의 수치 예보를 수행합니다. 계산 횟수가 많기 때문에 이들 모델에서는 격자점의 수를 '전 지구 모델'보다 줄여 계산 부담을 낮춥니다.

수치 예보는 장기 예보에 한계점을 보이지만 이런 방식을 가미하여 제법 신뢰도가 높은 결과를 도출합니다. 참고로 수치 예보 결과는 기온, 기압, 바람 등의 요소가 격자점의 값으로 산출되기 때문에 **격자점 값** 또는 GPV(Grid Point Value)라고 합니다.

컴퓨터는 수치 예보 결과를 일기도 모양으로 구현한 각종 '예상 일기도'도 출력합니다. 이를 보면 저기압의 위치나 강우 영역의 넓이 등을 알 수 있습니다.

수치 예보의 결과는 그대로 사용할 수 없다

수치 예보의 세 번째 단계를 살펴보겠습니다. 수치 예보의 결과인 격자점 값이나 예상 일기도는 그대로 사용하지 않습니다. 수치 예보 모델에서 지형은 계산의 편의를 위해 단순하게 표현했습니다. 즉 실제 지형과 다소 차이가 있습니다. 그리고 일기예보를 발표할 때 필요한 '맑음'이나 '흐림' '안개' '최고, 최저 기온' '강수 확률' 등도 표시되어 있지 않습니다. 게다가 어떤 특정 구역이나 지점에 대한 예보도 아닙니다.

수치 예보의 결과는 일정한 처리를 거쳐 사람들이 이용할 수 있게 만들어야 합니다. 이런 작업을 **일기 번역**이라고 하고 이렇게 작성된 자료를 **가이던스**(guidance) 혹은 '예보 지원 자료'라고 합니다. 가이던스는 수치 예보 모델의 계산이 종료되면 격자점 값을 이용해 컴퓨터가 자동으로 계산해서 출력합니다.

가이던스의 작성 예로 도쿄 오테마치(大手町) 지역의 최고 기온을 구하는 법을 살펴봅시다. 먼저 오테마치의 과거 최고 기온과 상공 3,000m의 격자점 값(풍향 및 풍속, 온도, 습도 등)의 기존 통계 자료를 분석하여 이들을 연결할 관계식을 미리 구해둡니다. 그 관계식에 새로운 수치 예보 결과인 상공 3,000m 격자점 값을 대입하면 오테마치의 최고 기온 예상치가 나옵니다. 가이던스에는 이렇게 구한 대표 지점의 최고 기온이 작성되어 있습니다. 또 관계식에 나타난 계수는 고정되어 있지 않고, 항상 예측 결과와 실제 결과 값 사이에 발생한 오차를 계산하여 그것이 최소가 되도록 조정합니다. 이 조정 작업도 컴퓨터가 자동으로 진행합니다.

각 지방의 일기예보 발표문도 컴퓨터로 자동 작성됩니다. 가이던스는 일기예보 업무를 수행하는 예보관이나 기상 캐스터가 의지하는 안내서와 같습니다. 기상청의 내부 조직뿐만 아니라 민간 기상 사업자에도 배포되며, 여러 미디어의 일기예보가 거의 유사한 것은 이 때문입니다.

다양한 일기예보

섬세함이 필요한 강우 예보

2007년부터 일본에서 사용하고 있는 수치 예보 모델 중 가장 상세한 것은 '메소 모델'입니다. 격자점의 간격(표 7-1에서 '수평 해상도'로 표기)은 5km이며 1일 8회, 즉 3시간에 한 번씩 새로운 예보를 냅니다. 이 모델에는 상승 기류나 수증기의 응결, 비나 눈, 싸라기눈 등의 낙하와 같은 구름 속에서 일어나는 현상이 어떠한 효과를 초래하는지에 대한 정보를 포함하고 있습니다.

일기예보의 중요한 역할 중 하나는 큰비로 인한 재해를 방지하는 것입니다. 짧은 시간 동안 좁은 지역에 집중적으로 내리는 '집중호우'나 '게릴라성 호우'를 대비하기 위해서는 예보가 시간과 공간 측면에서 섬세하게 이루어져야 합니다. 기상청은 수치 예보 모델의 해상도(격자점의 미세함)를 더 향상하기 위해 노력하고 있습니다.

다만 비 예보를 수치 예보로만 할 수 있는 것은 아닙니다. 예를 들어 기상 관측 장비로 비가 얼마나 오는지 수시로 관측하고 있고, 이후 살펴볼 기상 레이더도 비를 감시하고 있습니다. 이들을 이용하면 단시간 예측이기는 하지만 수치 예보로 해낼 수 없는 섬세한 예보가 가능합니다.

기상 레이더와 기상 관측 장비의 연계

기상 레이더는 원격지에서 비를 관측할 수 있는 리모트 센싱 기술 중 하나입니다. 파라볼라 안테나로 빔 모양의 전파를 발사하여 비 입자에 반사되는 전파를 잡아냅니다. 비 입자까지의 거리는 반사되어 돌아오는 시간으로 파악하고, 그 방향은 안테나 방향으로 알 수 있습니다. 또 반사된 전파의 강도로 강우 강도를 예측하는 계산을 수행합니다. 기상 레이더 하나가 관측할 수 있는 범위는 거리로 따지면 200km 정도입니다. 일본 기상청은 약 20개에 이르는 레이더 기지의 데이터를 연결해 전국 규모의 레이더 사진을 작성합니다. (한국의 경우, 기상레이더센터 홈페이지에서 실시간 관측 영상을 확인할 수 있다.-편집자)

기상 레이더는 공기 중의 물방울을 관측하여 강수량을 추정하는데, 이것이 반드시 지상의 강수량과 일치하지는 않습니다. 그래서 다른 기상 관측 장비에서 관측한 '비 관측 데이터'와 맞춰본 후 레이더 관측 결과를 보정하여 **레이더 분석 강우량**(강우량 분석도)을 작성합니다. **그림 7-10** 아메다스(기상 관측 장비)에서 관측한 비에 관한 정보를 시각 정보로 표현하면 드문드문한 점의 집합일 뿐이지만, 기상 레이더의 정보와 조합하면 연속적인 면의 형태로 기상 정

그림 7-10 **기상 레이더 사진(레이더 분석 강우량)**

출처 : 일본 기상청

보를 구현할 수 있습니다.

참고로 기상 레이더에는 비 입자나 곤충 등의 움직임으로 바람을 관측할 수 있는 기상 도플러 레이더도 있습니다. 이는 기상 레이더에 도플러 효과를 검출할 수 있는 처리 장치를 탑재하여 관측합니다. 보통 용오름이나 풍향이 급변하는 돌풍전선 등의 검출에 사용합니다. 도플러 레이더가 감지한 바람 데이터는 섬세한 수치 예보를 위한 '메소 모델'에도 활용됩니다.

이렇게 기상 레이더와 기상 관측 장비를 연계하면 섬세한 강우 정보를 파악할 수 있습니다. 강우 지역의 이동 방향이나 속도를 조사해 강우 지역이 그대로 이동한다고 가정하면 일정 시간 이후의 강우 영역을 예측할 수 있기 때문입니다. 실제로는 메소 모델의 수치 예보와 조합해서 강우 지역의 이동을 예측합니다. 이러한 예측을 통해 6시간 후의 강우 구역과 강도를 지도에 표시한 강수 단시간 예보가 1시간 단위로 발표됩니다. (한국은 초단기 예보가 1시간 단위로 발표된다.-편집자)

1시간 단위의 예보로 집중호우를 대비하기에는 늦을 수 있습니다. 그래서 수치 예보 결과를 사용하지 않고 비구름 움직임에 변화가 없다는 가정하에 10분 단위로 예보하는 레이더 강수 나우 캐스트(now cast)라는 예보를 시행합니다. 이는 적란운에 따른 벼락이나 용오름 발생 예보에도 활용됩니다. 이들 정보는 기상청 홈페이지에서 항상 볼 수 있기 때문에 외출 직전에 체크하면 야외 활동 시 큰비를 피할 수 있습니다. (한국도 기상청에서 제공하는 동네 예보의 현재 날씨가 10분 단위로 갱신된다. - 편집자)

예보관은 어떤 일을 하는가?

예전에는 기상 예보관이 기상청의 단파 방송을 수신하여 각지의 기상 관측 데이터를 입수했습니다. 관측 값을 손으로 일일이 기입하여 일기도를 작성했습니다. 또 단파 방송으로 모사전송(模寫電送. 사진, 지도, 투명도 및 서류 등을 전기 수단을 이용해 통신하는 방법-옮긴이)이라는 팩스의 일종을 이용하여 기상본청의 고층 일기도 등을 수신했습니다. 기상본청은 저기압의 향후 추이 등 주의해야 할 사항을 보냈습니다.

예보관은 이런 여러 자료에 자신의 경험을 가미하여 '남풍, 맑고 점차 흐림, 저녁부터 일시적인 비' 등 예보문 형식으로 일기예보를 발표합니다. 작업의 대부분은 사람의 힘으로 이루어졌으며 가장 중요한 예보문도 예보관의 지혜와 경험에 의지했습니다. 예보의 달인이라고 불리는 사람들은 실제로 독자적인 자료를 가지고 예보를 했으며, 다른 사람에게 가르쳐주지 않았다는 이야기도 있습니다.

최근에 이르러서는 일기예보의 작업 형태가 크게 변모했습니다. 관측의 자동화, 컴퓨터의 보급 그리고 무엇보다도 수치 예보의 정교화로 예측 정밀도가 현저히 향상되었습니다. 예보 작업 전체가 시스템화한 것입니다. 당연히 예보관의 작업 및 역할도 크게 변했습니다.

기상청은 물론이고 지방의 예보 작업실의 책상에는 그림 7-11처럼 컴퓨터로 구성된 워크스테이션을 갖추고 있으며, 벽면에는 대형 액정 디스플레이가 설치되어 있습니다. 워크스테이션은 LAN으로 기상청의 데이터뱅크와 연결되어 있어 예보관은 언제나 필요한 데이터를 참조할 수 있습니다. 매뉴얼에 따라 컴퓨터를 조작하면 예보문의 원안이 화면에 나타납니다. 예보관의 필요에 따라 수정하여 마지막에 엔터키를 누르면 공식적인 기상청의 일기예보가 되며, 생활정보가 필요한 미디어 등으로 송출할 수 있습니다.

요즘 예보관의 업무는 일기예보보다는 기상주의보나 경보의 발표 여부를 판단하는 쪽으로 옮겨가고 있습니다. 또 주의보나 경보의 변경이나 해제 타이밍도 중요합니다. 지방자치단체의 방재 담당자와 연락하는 일도 필요하고, 미디어 문의에도 대응해야 합니다. 이런 의미에서 현재 예보관에게는 사회 움직임을 파악하여 종합적으로 판단할 수 있는 능력이 요구됩니다.

그림 7-11
예보관의 사무실

기상청 이외의 민간 기관도 살펴보겠습니다. 일본에서는 1868년경부터 기상 사업을 시작한 이후 일기예보는 기상청의 업무로 인식되었기 때문에 민간 기관이 없었습니다. 그러나 예보 기술이나 통신 기술의 향상으로 기상 예보를 공유하는 일이 편리해졌고, 민간 사업자에게도 사업을 개방해야 한다는 목소리가 커졌습니다.

1993년 기상 업무법이 개정되어 기상청 이외에서 일기예보를 할 수 있게 되었습니다. 기상 사업자에 대한 기상 자료 제공 체제도 확립되어 민간에서도 수치 예보의 결과나 가이던스를 입수하여 이를 기준으로 일기예보를 실시합니다.

민간 기상 사업자가 예보를 할 경우에는 기상 캐스터를 두어야 합니다. 미국에서는 미국기상학회가 인정하는 기상 캐스터가 미디어에서 활약하고 있는데 일본처럼 시험 제도를 도입한 나라는 흔치 않습니다. 일본에서는 지금까지 수험자가 1994년 제1회 시험 이후 총 13만 명을 넘어섰으며, 합격자는 약 8,000명에 달합니다. 지금까지 평균 합격률은 약 6%입니다.(2011년 1월 현재)

현재 민간 기상 사업자는 약 50개사입니다. 각각 특화 분야를 살려 미디어나 기업 등에 예보를 제공하고 있습니다. 기상 캐스터는 당연히 자사의 자료나 기술에 근거하여 독자적인 일기예보를 할 수 있습니다. 기상에 관련된 컨설팅은 다양한 분야에서 필요합니다. 농업이나 건설, 토목공사, 레저산업은 날씨에 따라 사업이 좌우되며 편의점도 날씨에 따라 매상이 달라지는 등 날씨에 영향을 받는 업종은 상당히 많습니다.

가장 친근한 기상 업무 종사자는 TV나 라디오 날씨 방송의 기상 캐스터입니다. 기상 캐스터 자신만의 독자적인 예보인지 기상청 가이던스를 그대로 따른 예보인지 명확히 알 수는 없지만 한편으로는 시청자의 요청에 따라 독자적으로 만든 정보를 제공하기도 합니다. 기상 캐스터는 기상학이나 기상 예보 업무라는 전문 영역과 일상생활 사이에서 가교 역할을 하고 있습니다.

(한국은 1997년 법적 근거를 마련해 민간 기상 산업 시장을 개척했다. 2009년에는 기상산업진흥법이 만들어졌고, 등록된 기상 사업자는 2013년 기준으로 193개사 정도이며 기상 예보 사업자는 11개사다. – 편집자)

참고 도서

《가장 강한 대기 현상, 태풍 기상학 산책로 10》, 야마사키 마사노리 지음, 도쿄도슈판, 1982년
《관측 기상학 입문》, 오구라 요시미츠 지음, 도쿄대학출판부, 2000년
《구름과 안개와 비의 세계, 비가 오는 기상의 과학-I》, 키쿠치 카츠히로 지음, 세이잔도쇼텐·기쇼우북스
《기상 과학 사전》, 일본기상학회 편저, 도쿄쇼세키, 1998년
《기상 수치 시뮬레이션 : 기상 교실 5》, 토키오카 사토시·야마사키 마사노리·사토 노부오 지음, 도쿄대학출판부, 1993년
《기상 위성 사진을 보는 방법과 이용법》, 하세가와 류지·우에타 후미오·카키모토 타이조 지음, 오무샤, 2006년
《기초 기상학》, 아사이 토미오 · 니우타 히사시·마츠노 타로 지음, 아사쿠라쇼텐, 2000년
《뉴스테이지 신정 지학 도표》, 하마시마쇼텐
《도해 기상 · 날씨의 구조를 아는 사전》, 아오키 타카시 감수, 세이비도슈판, 2008년
《로렌츠 카오스의 본질》, E. N. Lorenz 지음, 스기야마 카츠·스기야마 토모코 옮김, 쿄리츠슈판, 1997년
《비의 과학, 구름을 잡는 이야기》, 타카시 타케다 지음, 세이잔도쇼텐·기쇼우북스
《새로운 교양 기상학》, 일본기상학회 편저, 아사쿠라쇼텐, 1998년
《새로운 기상학 입문》, 이이다 리쿠지로 지음, 고단샤 · 블루백스, 1980년
《속담에서 읽어내는 일기예보》, 미나미 토시유키 지음, NHK슈판, 2003년
《수치 예보, 슈퍼컴퓨터를 이용한 새로운 일기예보》, 이와사키 슌키 지음, 쿄리츠슈판·정보 프런티어 시리즈
《앙상블 예보, 새로운 중장기 예보와 이용법》, 후루카와 타케히코·사카이 카즈노리 지음, 도쿄도슈판
《이과 연표》, 일본국립천문대 편저, 마루젠
《일기예보를 위한 전선 지식》, 야마기시 요네지로 지음, 오무샤, 2007년
《일반 기상학》, 오구라 요시미츠 지음, 도쿄대학출판부, 1999년
《최신 관측기술과 해석기법으로 일기예보를 만드는 법》, 시타야마 카즈오·이토 죠지 지음, 도쿄도슈판, 2007년
《최신 기상 백과》, C. Donald Ahrens 지음, 후루카와 타케히코·이노 준이치·이토 토모유키 옮김, 마루젠, 2008년
《태풍의 과학》, 다이사니 하루오 지음, NHK슈판 · NHK북스, 1992년
《편서풍의 기상학》, 타나카 히로시 지음, 세이잔도쇼텐·기쇼우북스, 2007년

참고 논문 및 학술지

《기상 연구 노트》(일본기상학회 129호), 〈태풍의 구조와 발달의 역학〉, 야마사키 마사노리 기고
《이론응용역학 강연회 : 강연 논문집》(일본학술회의), 제56회 이론응용역학 강연회 특별강연 〈태풍 연구의 여러 과제 – 지구 온난화의 영향을 이해하기 위해〉, 야마사키 마사노리 기고

Richard A. Anthes : "Development of Asymmetries in a ThreeDimensional Numerical Model of the Tropical Cyclone", Monthly Weather Review Vol. 100, No.6(June 1972), 461-476), Cram, Thomas A, John Persing, Michael T. Montgomery, Scott A. Braun : "A Lagrangian Trajectory View on Transport and Mixing Processes between the Eye, Eyewall, and Environment Using a High-Resolution Simulation of Hurricane Bonnie (1998)", Journal of the Atmospheric Sciences 64(2007), 1835-1856

참고 웹페이지

일본 기상청 : http://www.jma.go.jp/
기상 컴퍼스 : http://www.met-compass.ecnet.jp/
HBC 전문 기상도 : http://www.hbc.co.jp/pro-weather/
기상 위성센터 : http://mscweb.kishou.go.jp/panfu/
JAXA : http://www.jaxa.jp/
NOAA : http://www.aoc.noaa.gov/
NASA : http://www.nasa.gov/
Eastern Illinois University : http://www.eiu.edu/

기상도 사전

본서의 기상도는 일본 기상청과 기상업무지원센터의 자료를 토대로 작성했다.

※ 본문에서는 출처나 참고 자료의 제목만 표시했다.

찾아보기

사

아

옮긴이 신찬

인제대학교 국어국문학과를 졸업하고, 한림대학교 국제대학원 지역연구학과에서 일본학을 전공하며 일본 가나자와 국립대학 법학연구과 대학원에서 교환 학생으로 유학했다. 일본 현지에서 한류를 비롯한 한·일간의 다양한 비즈니스를 오랫동안 체험하면서 번역의 중요성과 그 매력을 깨닫게 되었다고 한다. 현재 번역에이전시 엔터스코리아에서 출판 기획 및 일본어 전문 번역가로 활동 중이다.
역서로는《비행기 엔진 교과서》《자동차 운전 교과서》《미사일 구조 교과서》《어라 수학이 이렇게 재미있었나》《생명의 신비를 푸는 게놈》등 다수가 있다.

기상 예측 교과서
위성사진과 일기도로 날씨를 예측하는 폭우·태풍·폭염 기후 변화 메커니즘 해설

1판 1쇄 펴낸 날 2020년 9월 10일

지은이 후루카와 다케히코, 오키 하야토
옮긴이 신찬
주 간 안정희
편 집 윤대호, 채선희, 이승미, 윤성하, 이상현
디자인 김수혜, 이가영
마케팅 함정윤, 김희진

펴낸이 박윤태
펴낸곳 보누스
등 록 2001년 8월 17일 제313-2002-179호
주 소 서울시 마포구 동교로12안길 31 보누스 4층
전 화 02-333-3114
팩 스 02-3143-3254
이메일 bonus@bonusbook.co.kr

ISBN 978-89-6494-456-1 03450

• 이 책은《기상 구조 교과서》의 개정판입니다.

• 책값은 뒤표지에 있습니다.
• 이 도서의 국립중앙도서관 출판예정도서목록(CIP)은 서지정보유통지원시스템 홈페이지(http://seoji.nl.go.kr)와 국가자료공동목록시스템(http://www.nl.go.kr/kolisnet)에서 이용하실 수 있습니다.(CIP제어번호: CIP2020033504)